Biologie végétale

Plantes supérieures : appareil reproducteur

DU MÊME AUTEUR

Biologie végétale. Plantes supérieures : appareil végétatif. Collection Abrégés, Masson, 1996, 5e édition, 264 pages.

Organisation et biologie des Thallophytes. Doin, 1989, 246 pages.

CHEZ LE MÊME ÉDITEUR

Dans la collection Enseignement des Sciences de la vie

Botanique : les Embryophytes, par G. Cusset. 1997, 528 pages.

Biologie générale, par P. Van Gansen. 4e édition à paraître en 1997, 512 pages.

Biochimie générale, par J.-H. Weil *et al.* 8e édition à paraître en 1997, 600 pages environ.

Les biomolécules, par C. A. Smith et E. J. Wood. 1996, 256 pages.

Dans la collection Abrégés

Physiologie végétale, par R. Heller, R. Esnault et C. Lance.

1. *Nutrition.* 1993, 5e édition, 304 pages.
2. *Développement.* 1995, 5e édition, 328 pages.

Dans la série Amphi Sciences (DEUG)

Biologie moléculaire, par A. Maftah et R. Julien. 1996, 192 pages.

Biochimie, par M. Guilloton et B. Quintard. 1996, 208 pages.

Hors collection

Atlas de biologie végétale.

1. *Organisation des plantes sans fleurs,* par J.-C. Roland et B. Vian. 1997, 4e édition, 136 pages.
2. *Organisation des plantes à fleurs,* par J.-C. et F. Roland. 1997, 6e édition, 144 pages.

Atlas de biologie cellulaire, par J.-C. Roland, A. et D. Szöllösi et J.-C. Callen. 1993, 4e édition, 128 pages.

Enseignement des SCIENCES DE LA VIE

Biologie végétale

Plantes supérieures : appareil reproducteur

Robert GORENFLOT

Professeur honoraire à l'université de Paris-Sud, correspondant du Muséum national d'histoire naturelle

4e édition révisée et augmentée

MASSON

Paris Milan Barcelone

Les trois précédentes éditions de cet ouvrage étaient publiées dans la collection des Abrégés de sciences.

ISBN : 2-225-85446-7

ISSN : 1240-1714

MASSON S.A. 120, bd Saint-Germain, 75280 Paris Cedex 06

TABLE DES MATIÈRES

Avant-propos de la première édition

Comme dans le premier volume, notre préoccupation a été double : mise en évidence et coordination de faits indiscutables, ce qui conduit à dégager des idées générales, et, plus encore, incitation du lecteur à la réflexion sur de grands problèmes, afin de lui permettre d'établir la part du relatif (de beaucoup la plus grande) et celle de l'absolu. Pour tenter d'y parvenir, nous avons, une nouvelle fois, rejeté l'étude successive des groupes de Cormophytes, au profit de la discussion de grands thèmes communs à tous, tant pour les formes actuelles que pour les formes fossiles.

Dans certains cas, les comparaisons ont été étendues aux Thallophytes, ou il a été signalé que des problèmes physiologiques étaient liés aux questions exposées. Le lecteur est alors renvoyé respectivement à *Organisation et biologie des Thallophytes,* par R. Gorenflot et M. Guern (Doin, 1989), ou aux deux tomes de l'*Abrégé de physiologie végétale* de R. Heller et coll. (Masson).

Ayant, au cours des deux volumes de cet abrégé de biologie végétale, traité de l'appareil végétatif et de l'appareil reproducteur des Cormophytes, il nous a paru nécessaire de justifier leurs grandes coupures systématiques et de rassembler les principales tendances évolutives de leurs divers groupes, tendances qui se sont dégagées progressivement au cours de la succession des chapitres (sans donner, pour autant, un abrégé de systématique). C'est volontairement que nous avons présenté des classifications et des idées phylogéniques différentes, afin que le lecteur soit sensibilisé aux difficultés que rencontre le botaniste dans ces deux domaines. Il est parfaitement normal et même nécessaire que, par esprit de synthèse, les naturalistes aient tenté de classer leurs idées, en même temps que les plantes et les animaux, mais ce travail n'est vraiment constructif que si l'on n'oublie jamais la relativité des systèmes quels qu'ils soient. La connaissance de la Nature encore bien incomplète qui est la nôtre, doit nous inciter à beaucoup de prudence et d'humilité dans la compréhension de la diversité des phénomènes actuels.

Nous avons tenté de donner au lecteur une certaine tournure d'esprit qui devrait le conduire à acquérir avec discernement un savoir plus approfondi. Afin de lui faciliter la quête d'informations complémentaires, nous proposons une liste d'ouvrages de langue française traitant des Cormophytes, du niveau abrégé à celui du traité. Bien que cette liste soit loin d'être exhaustive, elle peut satisfaire, au moins en grande partie, la curiosité qu'aurait fait naître l'utilisation de cet abrégé.

Si nous étions parvenu, tout en lui apportant un certain bagage, à faire réfléchir le lecteur et à lui faire sentir toutes les difficultés d'une connaissance même imparfaite de la Nature, nous serions comblé.

R.G.

Notes sur la quatrième édition

Paru à l'origine dans la collection des *Abrégés de sciences,* le texte et l'illustration de cet ouvrage consacré à la reproduction des Cormophytes ont été revus et enrichis, et un glossaire introduit. En outre, à la faveur de cette réédition et du changement de collection, la présentation intérieure a été améliorée grâce à une nouvelle maquette plus lisible et à l'emploi d'une seconde couleur.

Mais cette nouvelle édition se différencie principalement des précédentes par un souci constant d'ordre terminologique destiné à lever toute ambiguïté, du début à la fin de l'ouvrage, à propos du nombre chromosomique respectif du sporophyte et du gamétophyte. D'autre part, l'intérêt de l'illustration a été valorisé par l'apport de la couleur.

Dans la présentation des cycles de développement, on oppose souvent le sporophyte diploïde au gamétophyte haploïde (du grec *diplous* = double et *haplous* = simple). Malheureusement, ces deux qualificatifs peuvent avoir deux sens différents, d'où des confusions possibles dans leur emploi. Dans le cas présent, ils signifient que les noyaux des cellules du sporophyte possèdent deux fois plus de chromosomes que ceux des cellules gamétophytiques, ce que l'on traduit en disant que le sporophyte est à $2n$ chromosomes et le gamétophyte seulement à n. Mais, d'une manière générale, la diploïdie est l'état d'un organisme dont chacun des noyaux cellulaires comporte la juxtaposition de deux lots de chromosomes homologues, tandis que, dans l'haploïdie, à chaque noyau correspond un unique lot chromosomique. Dans le premier cas, deux génomes sont en jeu, et dans le second, un seul.

Certes, en présence d'une espèce diploïde, on peut affirmer que le sporophyte est diploïde et le gamétophyte haploïde. En revanche, il en va tout autrement pour les espèces polyploïdes. Or, chez les Cormophytes et, en particulier, parmi les Angiospermes, il existe des familles au sein desquelles la polyploïdie (tout particulièrement la tétraploïdie) est très bien représentée (Rosacées, Malvacées, Graminées, Iridacées, etc.). Dans le cas d'une espèce tétraploïde, par exemple, le sporophyte étant tétraploïde, le gamétophyte est diploïde et non haploïde, d'où la possibilité de confusion dans l'esprit d'un lecteur non averti, si l'on oppose le sporophyte diploïde au gamétophyte haploïde en omettant de préciser, comme il est fait malheureusement beaucoup trop souvent, le degré de ploïdie de l'espèce en cause. En revanche, dans tous les cas, au cours d'une reproduction sexuée normale, le nombre chromosomique sporophytique est toujours double de celui du gamétophyte correspondant. C'est pourquoi, dans un souci d'exactitude générale, il est plus rationnel d'opposer le sporophyte à $2n$ au gamétophyte à n, qu'un sporophyte diploïde à un gamétophyte haploïde, ce que nous avons fait tout au long de cette quatrième édition. C'est comme indicateurs généraux des nombres chromosomiques relatifs du sporophyte et du gamétophyte qu'il faut considérer $2n$ et n, c'est-à-dire comme deux valeurs différant sensiblement du simple au double, mais sans leur donner un sens rigoureusement arithmétique.

Prenons des exemples afin d'illustrer ces précisions d'ordre terminologique. Si une espèce diploïde possède 10 chromosomes, chacun de ses deux génomes en comporte 5. Dans ce cas, le sporophyte est à $2n = 2x = 10$, x étant le nombre de base, c'est-à-dire le nombre de chromosomes par génome, et le gamétophyte à $n = x = 5$. Pour une espèce tétraploïde ayant encore 5 comme nombre de base, le sporophyte est, cette fois, tétraploïde ($2n = 4x = 20$) et le gamétophyte diploïde ($n = 2x = 10$). Enfin, si l'on est en présence d'un aneuploïde à 11 chromosomes ($2n = 2x + 1$), il est évident qu'au cours de la méiose le chromosome surnuméraire ne sera pas coupé en deux et que les 11 chromosomes se répartiront en deux lots qui ne seront pas rigoureusement égaux : $n = x = 5$ et $n + 1 = x + 1 = 6$.

Nous espérons que la préoccupation permanente qui a été la nôtre, de ne pas utiliser certains termes comme haploïde et diploïde, par exemple, sans savoir si leur emploi peut être général ou non, ceci au risque de plonger le lecteur dans l'erreur, aidera celui-ci dans ses réflexions. Si nous cherchons toujours à le faire réfléchir, faut-il encore qu'il dispose de données rigoureuses, faute de quoi ses efforts seront stériles.

Dans une partie de l'illustration, une couleur a été introduite, le rouge. Bien que, dans un texte et encore plus dans une figure, la couleur apporte une satisfaction supplémentaire à l'œil, nous n'utilisons pas ici la couleur pour son côté attractif, mais comme complément d'information. En effet, dans les schémas bicolores, le rouge caractérise toujours le sporophyte à $2n$ chromosomes, quel que soit son degré de ploïdie, et le noir (ou un grisé) le gamétophyte à n. La légende de ces figures se trouve indirectement complétée et d'une manière beaucoup plus précise que par un texte qui, dans certains cas, devrait être assez long pour présenter la place respective de la génération sporophytique et de la génération gamétophytique si souvent intimement intriquées chez les Cormophytes, et ce, avec moins d'exactitude que l'opposition de deux couleurs.

Les grands groupes de Cormophytes		
BRYOPHYTES (25 000 espèces actuelles)		– MOUSSES : Bryales, Sphagnales, Andraéales. – ANTHOCÉROTES : Anthocérotales. – HÉPATIQUES : Metzgériales, Jungermanniales, Marchantiales.
PTÉRIDOPHYTES = CRYPTOGAMES VASCULAIRES (10 000 espèces actuelles)	PSILOPHYTES	– PSILOPHYTINÉES : Rhyniales (†), Psilophytales (†), Psilotales.
	LYCOPHYTES	– LYCOPODINÉES : Drépanophycales (†), Protolépidodendrales (†), Lépidodendrales (†), Isoétales, Lycopodiales, Sélaginellales, Miadesmiales (†).
	SPHÉNOPHYTES (= ARTHROPHYTES) NOEGGÉRATHIOPHYTES (†)	– ARTICULÉES : Hyéniales (†), Pseudoborniales (†), Sphénophyllales (†), Calamitales (†), Équisétales.
	FILICOPHYTES	– FILICINÉES : Cœnoptéridales (†), Cladoxylales (†), Ophioglossales, Marattiales, Osmondales, Filicales, Hydroptéridales, Aneurophytales (†), Protopityales (†), Pityales (†).
PRÉSPERMAPHYTES (= PRÉPHANÉROGAMES)		– PTÉRIDOSPERMES : Ptéridospermales (†), Caytoniales (†), Cycadales. – CORDAÏTES : Cordaïtales (†), Ginkyoales.
SPERMAPHYTES = PHANÉROGAMES (250 000 espèces actuelles)	GYMNOSPERMES	– BENNETTITINÉES : Bennettitales (†), Wielandiellales (†), Pentoxylales (†). – CONIFÈRES : Lébachiales (†), Pinales, Araucariales, Podocarpales, Cupressales, Taxales.
	CHLAMYDOSPERMES	(Éphédrales, Welwitschiales, Gnétales)
	ANGIOSPERMES	Cinq grandes lignées dans lesquelles s'incluent : 1. Casuarinales. 2. Protéales – Olacales – Santalales. 3. Urticales – Centrospermales – Primulales – Amentiflores, etc. 4. Térébinthales – Rubiales – Ébénales – Contortales – Tubiflores – Tricoques – Malvales, etc. 5. Liliiflores – Pipérales – Spadiciflores – Hélobiées – Polycarpiques – Pariétales – Synanthérées – Éricales – Rosales, etc.

Chez les Végétaux eucaryotes, on oppose les Cormophytes aux Thallophytes, l'appareil végétatif des premiers étant un cormus (ensemble de rameaux feuillés), celui des seconds un thalle.
Les Végétaux vasculaires (Ptéridophytes, Préspermaphytes et Spermaphytes) sont pourvus de tissus conducteurs lignifiés. Ce sont des trachéophytes.
Dans ce tableau, si le nom d'un groupe est suivi de (†), ce groupe est entièrement fossile.

1
OPPOSITION THALLOPHYTES-CORMOPHYTES

- **Opposition thalle-cormus**
- **Sporocystes et sporanges, gamétocystes et gamétanges**

Les différences entre Thallophytes et Cormophytes reposant sur l'appareil végétatif (thalle des uns, cormus des autres) n'autorisent pas à opposer formellement les premiers aux seconds, tant sur le plan morphologique que sur le plan histologique, et ceci d'autant moins que les Bryophytes et les Ptéridophytes sont représentés par des thalles pendant tout ou partie de leur existence, bien qu'ils appartiennent aux Cormophytes (voir T. I, chap. 7). Par ailleurs, « la différenciation morphologique de l'appareil végétatif des Algues peut parfois atteindre une grande complication et beaucoup d'Algues brunes et d'Algues rouges ne méritent plus d'être qualifiées de "Thallophytes" » *(Feldmann).*

La nature des organes reproducteurs permet-elle une distinction plus précise et plus générale entre ces deux groupes de végétaux eucaryotes ?

1. OPPOSITION THALLE-CORMUS

Si, à première vue, un cormus constitué d'un ensemble de rameaux feuillés (pourvu *ou non* de racines) est nettement différent d'un thalle ne comprenant ni tiges, ni feuilles, celui-ci pouvant même être réduit à une cellule, il est frappant de constater l'existence de convergences morphologiques entre le thalle de certaines Algues et le cormus de Mousses, de Fougères et d'Angiospermes. Inversement, ce dernier est thalloïde et adapté à la vie aquatique chez des Angiospermes comme les Podostémonacées (voir T. I, conclusion du chapitre 3).

La taille relative des thalles et des cormus ne permet pas une discrimination entre ces deux types d'appareil végétatif. En effet, les uns comme les autres peuvent être minuscules : Algues unicellulaires d'une part et le *Wolffia arrhiza* d'autre part, une des Lentilles d'eau (Lemnacées), le plus petit des Cormophytes avec un millimètre de diamètre. Inversement, thalles et cormus atteignent aussi une très grande taille : les *Macrocystis* (Phéophycophytes) avec une cinquantaine de mètres et plus sont parmi les plus grandes Algues actuelles, tandis que les Séquoias (Taxodiacées) s'élèvent à une centaine de mètres au-dessus du sol.

L'histologie n'offre pas non plus de critères stricts. C'est ainsi que des Phéophycophytes *(Dictyota dichotoma, Fucus)* présentent une initiale apicale comme les Mousses et que d'autres Algues brunes (Laminaires) montrent des canaux mucifères, des tubes criblés et des méristèmes primaires, ou secondaires, ressemblant à s'y méprendre à ceux des trachéophytes (Cormophytes vasculaires) (voir Gorenflot et Guern, *Organisation et biologie des Thallophytes,* Doin).

En revanche, la structure des organes reproducteurs fournit la possibilité d'opposer Thallophytes et Cormophytes.

2. SPOROCYSTES ET SPORANGES GAMÉTOCYSTES ET GAMÉTANGES

Au moment de la reproduction, les Thallophytes eucaryotes produisent des spores et des gamètes logés respectivement dans des sporocystes et des gamétocystes issus d'une cellule-mère. Le noyau de celle-ci subit plusieurs divisions successives et chaque noyau-fils sera celui d'une spore ou d'un gamète. La cellule-mère se transforme donc en un sporocyste ou un gamétocyste limité par la paroi squelettique de celle-ci (fig. 1-1).

Au contraire, chez les Cormophytes, au cours des premières divisions d'une cellule-mère, une paroi pluricellulaire est mise en place, la partie profonde du protoplasme ainsi isolée produisant spores ou gamètes. La paroi des sporanges et des gamétanges est donc constituée de la paroi squelettique de la cellule-mère originelle *doublée* d'une ou de plusieurs couches de cellules[1].

Le gamétange femelle des Cryptogames (Bryophytes et Ptéridophytes), des Préspermaphytes et de certains Spermaphytes (Gymnospermes et Chlamydospermes), est l'*archégone* (du grec *gonê* = semence et *arca* = coffre) en forme de bouteille dont le *ventre* surmonté d'un *col* ne contient qu'un seul gamète, l'*oosphère.* Ces Cormophytes sont donc des Archégoniates. Les Angiospermes ne présentant pas d'archégones typiques, il y aura lieu de rechercher s'il existe une unité de la reproduction sexuée au sein des Cormophytes.

L'opposition entre Thallophytes et Cormophytes se précise quand on considère la nature des spores qu'ils émettent. Pour les premiers, elles sont de deux types. Les unes, d'origine mitotique, donc équationnelles, assurent la multiplication végétative du thalle qui les dissémine. D'autres, au contraire, toujours réductionnelles car dérivant d'une méiose *(méiospores),* participent uniquement à la reproduction sexuée. En revanche, la multiplication végétative des Cormophytes ne se réalise jamais grâce à des spores équationnelles (voir T. I, chap. 9), mais ce sont encore des méiospores qui sont impliquées dans leur reproduction sexuée. **C'est dire que, tout au long de cet ouvrage, il s'agira toujours de méiospores quand nous considérerons des spores de Cormophytes.**

---

1. D'une manière générale, pour caractériser l'existence d'une seule couche de cellules, on utilise le qualificatif monostromatique par opposition à pluristromatique.

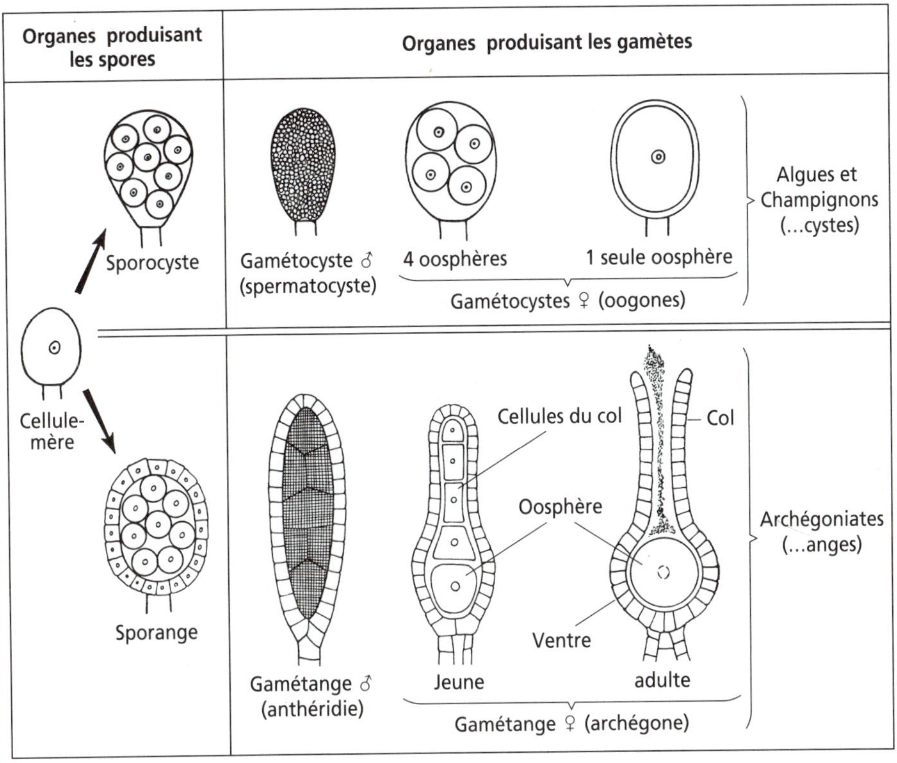

Figure 1-1. Distinction entre sporocystes et gamétocystes des Thallophytes, sporanges et gamétanges des Cormophytes (FELDMANN, *in* DES ABBAYES et coll., 1978).

3. CONCLUSION

Si, d'après le seul appareil végétatif, il n'est pas aisé, au sein des Eucaryotes végétaux, de mettre en évidence une frontière nette entre Thallophytes et Cormophytes, en revanche la structure des organes producteurs de spores et de gamètes le permet. Néanmoins, il faut indiquer que chez certaines Algues évoluées, sporocystes et gamétocystes préfigurent sporanges et gamétanges. Par exemple, l'oogone des Charophycées (Chlorophycophytes), gamétocyste femelle à une seule oosphère, est entouré de cinq filaments pluricellulaires appliqués à sa surface et autour duquel ils s'enroulent en hélices. Le gamétocyste est donc revêtu secondairement d'un cortex, mais celui-ci ne fait pas partie intégrante de l'oogone (voir Gorenflot et Guern, Organisation et biologie des Thallophytes, *Doin).*

2
NOTIONS DE GAMÉTOPHYTE ET DE SPOROPHYTE

- **Chez les Mousses, la plante feuillée porte des gamétanges**
- **Chez les Fougères, la plante feuillée porte des sporanges**
- **Sporophyte des Mousses**
- **Gamétophyte des Fougères**
- **Cycle de développement des Mousses et des Fougères**

Lorsqu'il atteint la maturité, l'appareil végétatif des Bryophytes met en place des gamétanges et celui des Ptéridophytes des sporanges. A première vue, la reproduction sexuée ne semble donc pas se dérouler de la même manière chez ces deux types de Cormophytes. Il est alors nécessaire de préciser les grandes différences et de rechercher d'éventuelles ressemblances existant entre les cycles de développement des uns et des autres, ceci à partir de deux exemples, celui des Mousses pour les Bryophytes et celui des Fougères pour les Ptéridophytes.

1. CHEZ LES MOUSSES, LA PLANTE FEUILLÉE PORTE DES GAMÉTANGES

Au printemps, sur des rameaux végétatifs de Bryales ayant terminé leur croissance, apparaissent à leur extrémité *(Polytrichum, Atrichum, Mnium)* ou en position latérale *(Hypnum, Fontinalis),* des bourgeons gamétangiaux dont les gamétanges se développent à l'aisselle de feuilles (voir p. 117).

Un gamétange mâle (♂)[1] (= *anthéridie*) est un sac ovoïde constitué d'une paroi monostromatique entourant un tissu fertile dont chaque cellule engendre un gamète mâle (*anthérozoïde* = spermatozoïde). Parvenues à maturité, les anthéridies éclatent à leur sommet, libérant ainsi les gamètes.

Les gamétanges femelles (♀)[1] sont des *archégones* typiques constitués d'un ventre limité par une paroi bistromatique enveloppant l'*oosphère,* et d'un col monostromatique qui peut atteindre une cinquantaine d'étages de quatre cellules entourant une file de cellules du canal allant de l'oosphère au sommet du col. Quand l'oosphère

1. ♂ : Bouclier et lance du dieu Mars. ♀ : Miroir de la déesse Vénus.

est mûre, ces cellules se désorganisent en une masse gélifiée dont le gonflement provoque l'ouverture du sommet du col par laquelle pénètre un gamète mâle.

Les tiges feuillées des Mousses et le protonéma qui les porte (voir T. I, chap. 7) représentent un gamétophyte, puisqu'elles portent des gamétanges producteurs de gamètes (du grec *gamos* = mariage et *phuton* = plante).

2. CHEZ LES FOUGÈRES, LA PLANTE FEUILLÉE PORTE DES SPORANGES

Sur la face inférieure des frondes de nos Fougères aériennes, des amas de sporanges (ou *sores*) se forment à la fin du printemps. Lorsque son développement est terminé, chaque sporange libère des méiospores microscopiques. Productrice de spores, une Fougère est un *sporophyte* (du grec *spora* = semence)[1].

Puisque le cormus d'une Mousse et celui d'une Fougère sont de natures différentes (gamétophyte ou sporophyte) quant aux organes reproducteurs qu'ils mettent en place, il faut rechercher s'il existe un sporophyte chez les Mousses et quel peut être le gamétophyte des Fougères.

3. SPOROPHYTE DES MOUSSES

Après union d'une oosphère et d'un spermatozoïde, l'œuf[2] formé se développe sans phase de repos. L'embryon s'enfonçant dans la tige feuillée qui portait l'archégone fécondé est donc parasite du gamétophyte qui le précède.

La nouvelle génération qui dérive de cet embryon est un *sporogone* constitué d'un *pied* surmonté d'un pédicelle grêle (ou *soie*) à l'extrémité duquel se trouve une *capsule* contenant un sac sporifère. Par temps sec, cette capsule s'ouvre et laisse échapper les méiospores, tandis que le sporogone dégénère et meurt. Celui-ci est donc un *sporophyte.*

En germant, chaque méiospore produit un protonéma filamenteux, sur lequel de nouvelles tiges feuillées se forment (voir T. I, chapitre 7).

4. GAMÉTOPHYTE DES FOUGÈRES

Quand les méiospores échappées des sporanges trouvent un milieu favorable, elles germent et engendrent un prothalle libre (voir T. I, chapitre 7). Celui-ci est hermaphrodite et porte sur sa face inférieure des gamétanges (anthéridies et archégones). C'est donc un *gamétophyte.* Bien que produites par un sporophyte, chacune de ces spores engendre un gamétophyte comme chez les Bryophytes. On n'est donc pas en présence d'une multiplication végétative.

Les anthéridies sont en relief, sphériques et constituées d'une paroi monostromatique entourant des cellules spermatogènes, tandis que les archégones sont

---

1. D'une manière générale, le mot sporophyte se rapporte à un organisme producteur de méiospores, c'est-à-dire de spores jouant un rôle uniquement dans la reproduction sexuée. Aussi serait-il plus juste de parler de méiosporophyte (p. 207).
2. Encore nommé zygote (du grec *jugos* = joug, évoquant l'accouplement).

enfoncés en partie dans le prothalle. Seul, le col plus court que celui des archégones des Mousses (cinq à sept étages cellulaires) fait saillie. Lors de l'ouverture des anthéridies parvenues à maturité, des spermatozoïdes sont libérés. Ils assurent la fécondation des oosphères.

Chaque zygote se développe encore sans phase de repos. L'embryon vit en parasite sur le prothalle qui portait l'archégone fécondé. Ce prothalle meurt rapidement et la jeune plante devenue *autonome* grandit en une nouvelle fougère qui formera à son tour des sporanges. Le parasitisme du sporophyte sur le gamétophyte n'est donc ici que transitoire, alors qu'il est permanent chez les Mousses.

5. CYCLE DE DÉVELOPPEMENT DES MOUSSES ET DES FOUGÈRES (figures 2-1 et 2-2)

Le cycle de développement des Mousses et des Fougères est caractérisé par l'alternance d'un sporophyte d'une part et d'un gamétophyte d'autre part, *deux générations très différentes* à plusieurs points de vue : caractères morphologi-

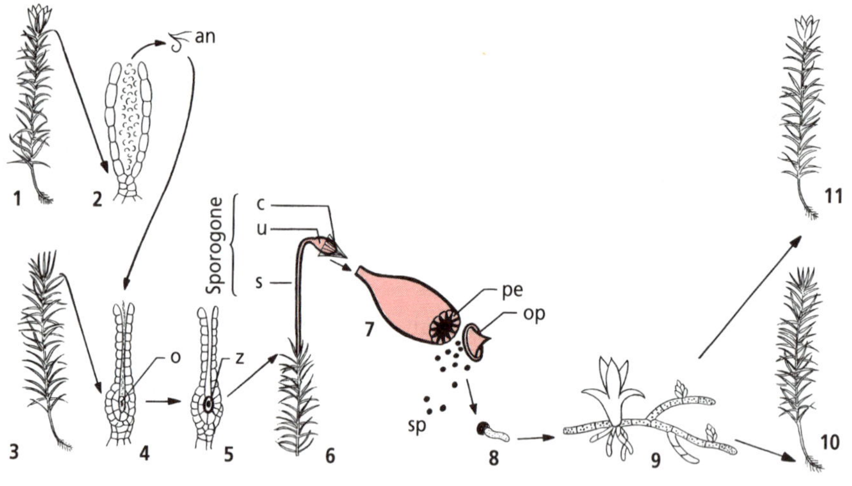

Figure 2-1. Cycle de développement des Mousses.

1, plante feuillée portant des anthéridies; **2,** l'une d'elles libère des anthérozoïdes *(an)*; **3,** plante feuillée portant des archégones; **4,** chacun d'eux contient un gamète femelle ou oosphère *(O)*; **5,** après fécondation, l'oosphère s'est transformée en œuf ou zygote *(z)*; **6,** celui-ci évolue en un sporogone parasite de la tige feuillée (*s,* soie; *u,* urne ou capsule; *c,* coiffe, reste du sommet de l'archégone); **7,** capsule à maturité libérant des méiospores *(sp),* après chute de l'opercule *(op)* et écartement des dents du péristome *(pe)*; **8,** germination d'une méiospore; **9,** le protonéma qui en résulte; **10** et **11,** nouvelles tiges feuillées identiques respectivement à *(1)* et à *(3)* apparues sur le protonéma (d'après GUINOCHET, 1965).

Dans cette figure, comme dans toutes celles en deux couleurs de cet ouvrage, le sporophyte (2 *n*) est représenté en rouge et le gamétophyte *(n)* en noir, que les espèces considérées soient diploïdes ou polyploïdes (voir Avant-propos).

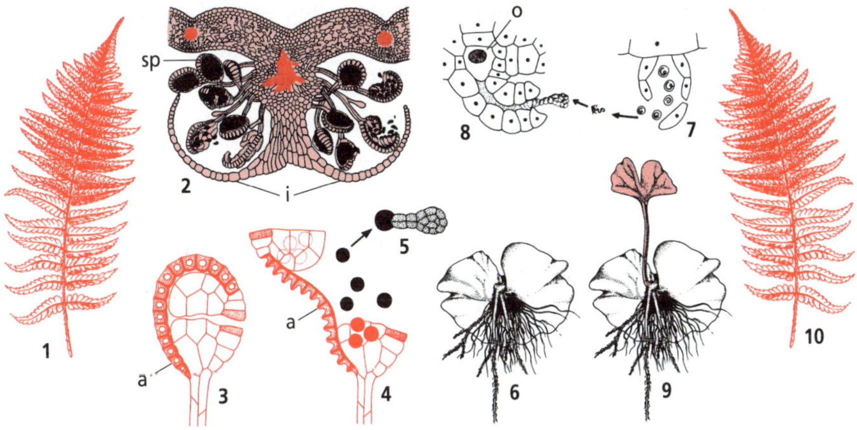

Figure 2-2. Cycle de développement d'une Fougère (*Dryopteris Filix-mas*, Dryoptéridacées). **1,** une des feuilles du sporophyte porteuse de sporanges; **2,** sur la face inférieure de cette feuille une indusie *(i)* recouvre des sores de sporanges *(sp)*; **3** et **4,** déhiscence d'un sporange grâce au fonctionnement de son anneau *(a)* et libération de spores (voir également la figure 6-6); **5,** germination d'une spore; **6,** le prothalle qui en est issu; **7,** anthéridie libérant des gamètes mâles nageurs; **8,** archégone et son oosphère *(o)*; **9,** jeune sporophyte se développant en parasite sur un prothalle; **10,** nouveau sporophyte autonome qui forme, à son tour, des sporanges.

ques, durée de vie, nature des cellules émises (méiospores ou gamètes). C'est pourquoi ce cycle est qualifié de *digénétique* et d'*hétéromorphe*. Mais, si le sporophyte est dominant chez les Fougères, tant par sa taille que par la longueur de son existence, c'est l'inverse chez les Mousses au profit du gamétophyte.

Sporophyte et gamétophyte s'opposent encore par le nombre chromosomique des noyaux cellulaires de l'un et de l'autre, ceux du premier possédant toujours deux fois plus de chromosomes que ceux du second. Aussi dit-on que le sporophyte est à 2 *n* chromosomes et le gamétophyte seulement à *n*[1]. Ceci est la conséquence du fait que les spores des Bryophytes et des Ptéridophytes sont toujours des méiospores, les cellules-mères de spores contenues dans les sacs sporifères des uns ou les sporanges des autres subissant la méiose. Résultant de la germination d'une méiospore, le protonéma et la tige feuillée des Mousses, comme le prothalle des Fougères, sont à *n* chromosomes, tandis que le sporogone et la fougère feuillée sont à 2 *n*, car ils proviennent d'un œuf issu de la fécondation d'un gamète femelle par un gamète mâle, tous deux à *n* chromosomes seulement. Si les deux cycles sont digénétiques, ils sont donc également *diplohaplophasiques*, c'est-à-dire qu'une phase à 2 *n* alterne avec une phase à *n*, et non pas qu'une phase est obligatoirement diploïde et l'autre haploïde[1]. *A l'alternance morphologique de générations se superpose une alternance de phases nucléaires.*

1. Voir à ce sujet la discussion d'ordre terminologique rapportée dans l'avant-propos.

Le cycle de développement des Bryophytes et des Ptéridophytes est complété par l'existence d'une multiplication végétative d'au moins une génération : le gamétophyte chez les Mousses et tous les Bryophytes d'une manière générale, le sporophyte et le gamétophyte chez les Fougères et tous les Ptéridophytes (voir T. I, chap. 9).

6. CONCLUSION

Nous aurons l'occasion de préciser que le cas des Mousses et des Fougères s'étend à l'ensemble des Bryophytes d'une part (gamétophyte toujours dominant) et à celui de tous les Ptéridophytes d'autre part (sporophyte toujours dominant) (voir chap. 6 et 7).

Les uns et les autres étant des Cryptogames, puisque leurs organes reproducteurs ne sont jamais intégrés à une structure florale, nous devons nous demander dans quelle mesure le cycle digénétique hétéromorphe diplohaplophasique se retrouve chez les Phanérogames et, plus particulièrement, si la réduction du gamétophyte observée des Mousses aux Fougères s'accentue encore. Une étude comparée du cycle de développement dans les différents groupes de Cormophytes est donnée au chap. 10.

*Le cycle digénétique hétéromorphe et diplohaplophasique s'observe également chez des Thallophytes, qu'il soit à gamétophyte dominant (*Cutleria multifida/*Phéophycophytes), ou à sporophyte dominant (Laminaires/Phéophycophytes) (voir Gorenflot et Guern,* Organisation et biologie des Thallophytes, *Doin).*

3
ORGANISATION DE LA FLEUR DES ANGIOSPERMES[1]

- **Comment traduire les différentes particularités morphologiques d'une fleur**
- **Symétrie florale**
- **Disposition et nombre des pièces florales**
- **Polymorphisme des pièces florales**
- **Fleurs incomplètes**

Avec les Spermaphytes ou Phanérogames, nous sommes en présence de Cormophytes qui, contrairement aux Bryophytes et aux Ptéridophytes, ne sont jamais constitués d'un thalle, quelle que soit la période de leur existence. En outre, ce groupe est caractérisé par ses fleurs *qui matérialisent la reproduction sexuée (Phanérogames, du grec* phaneros *= clair, apparent et* gamos *= mariage), alors que les Cryptogames (du grec* kruptos *= caché), comme les Bryophytes et les Ptéridophytes, qui en sont dépourvus, ont une reproduction sexuée très discrète.*

Chacun a pu remarquer l'extrême diversité des fleurs (taille, couleur, nombre et forme des pièces qui les constituent). Il est donc nécessaire de se demander dans quelle mesure une étude du polymorphisme floral permettrait de dégager la notion de fleur.

1. COMMENT TRADUIRE LES DIFFÉRENTES PARTICULARITÉS MORPHOLOGIQUES D'UNE FLEUR

Si les caractères morphologiques, le nombre et les rapports des pièces constitutives d'une fleur sont variables d'une espèce à l'autre, leur ordre d'insertion sur le *réceptacle* terminant le *pédoncule floral* est constant. Quand une fleur est *complète,* on distingue successivement, de l'extérieur vers l'intérieur (fig. 3-1), le *périanthe* comprenant le *calice,* ensemble de sépales, et la corolle, ensemble de pétales, l'*androcée* constitué d'*étamines* dont les anthères laissent échapper des grains de *pollen* et, enfin, le *gynécée* formé de *carpelles* portant les *ovules* insérés

1. Pour les Préspermaphytes et les Gymnospermes, voir p. 73 et p. 76.

à l'intérieur d'une ou de plusieurs cavités closes. C'est ce dernier fait que le terme *Angiosperme* est censé traduire (du grec *aggeion* = tout ce qui sert à contenir et *sperma* = graine). Pourtant, celui d'*Angiovulé* serait plus juste. En effet, les ovules mûrs des Angiospermes sont toujours enfermés dans une ou plusieurs enceintes closes, alors qu'ils sont nus chez les Gymnospermes. En revanche, il arrive fréquemment que, dans le second groupe, les graines dérivées des ovules soient isolées secondairement de l'extérieur (voir p. 193). Inversement, et beaucoup plus rarement d'ailleurs, dans des familles d'Angiospermes (Violacées et Dioncophyllacées), par suite d'une ouverture précoce de la cavité ovarienne, les ovules se transforment en graines à l'air libre.

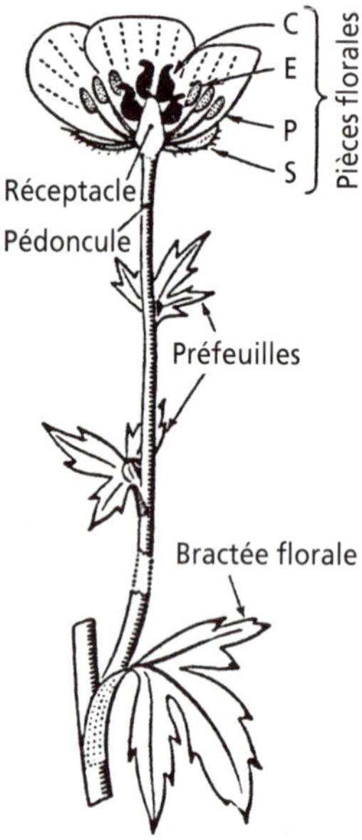

Figure 3-1. Organisation d'une fleur complète de Renoncule (Renonculacées).

S, sépale; *P*, pétale; *E*, étamine; *C*, carpelle (*in* CHADEFAUD, 1948).

Formule florale

Elle indique uniquement le nombre de pièces florales (sépales, S; pétales, P; étamines, E; carpelles, C). Elle s'écrit par exemple : 5 S + 5 P + (5 + 5) E + 5 C chez des Caryophyllacées et beaucoup de Dicotylédones (fleurs de type 5 ou pentamères), et 3 S + 3 P + (3 + 3) E + 3 C chez les Liliacées, ainsi que pour la majorité des Monocotylédones (fleurs de type 3 ou trimères)[1].

Si, dans une catégorie de pièces, le nombre est élevé, il est indiqué par le signe ∞ (5 S + 5 P + ∞ E + ∞ C, pour les Renoncules/Renonculacées).

1. (5 + 5) E et (3 + 3) E signifient que les dix étamines dans le premier cas, les six dans le second, sont réparties sur deux cycles de cinq ou de trois étamines chacun (voir p. 20).

Diagrammes floraux

Un diagramme est une représentation de l'organisation florale.

Diagrammes de section (fig. 3-2)

■ Le **diagramme empirique** d'une fleur donnée est une coupe transversale de cette fleur passant par un niveau moyen intéressant toutes les pièces florales que l'on suppose insérées sur un axe conique; elles sont donc d'autant plus rapprochées du centre du diagramme qu'elles sont insérées plus haut. Sépales et pétales sont figurés par des arcs de cercle, les étamines par la coupe de leurs anthères et le gynécée par celle des carpelles. Les pièces soudées sont réunies par un trait.

Tout diagramme est orienté par rapport à l'*axe* du rameau portant la fleur et à la *bractée axillante* à l'aisselle de laquelle est inséré le pédoncule floral (fig. 3-1). Il a été convenu de placer la représentation de cet axe en haut et celle de la bractée en bas, de qualifier d'antérieur ou de postérieur, ce qui est disposé du côté de la bractée ou de l'axe. Le plan passant par l'axe du rameau et par la nervure médiane de la bractée définit le *plan floral.*

Le diagramme doit comporter aussi les *préfeuilles* (fig. 3-1) quand celles-ci sont présentes. Chez les Dicotylédones, où il existe deux cotylédons autour de la gemmule de la plantule et deux préfeuilles végétatives en position latérale sur les côtés des bourgeons (voir T. I, chap. 1), on peut observer deux préfeuilles latérales le long du pédoncule floral, entre la bractée et le réceptacle (fig. 3-1). Au contraire, les Monocotylédones ne sont pourvues que d'un cotylédon et d'une unique préfeuille végétative adossée à l'axe caulinaire (voir T. I, chap. 1), et la fleur est généralement introduite par une seule préfeuille encore adossée.

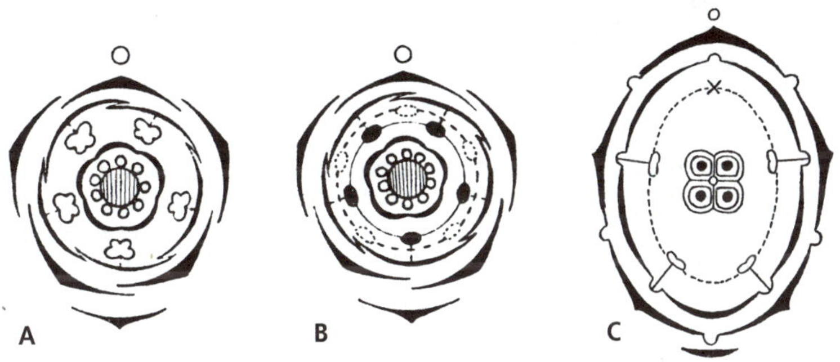

Figure 3-2. Diagrammes de section.

A et **B**, d'une fleur de Primevère (Primulacées), le premier empirique, le second théorique, avec cinq étamines virtuelles figurées en pointillé et cinq réelles en noir; **C**, d'une fleur de Lamier blanc (Labiées), diagramme théorique, avec une étamine virtuelle représentée par une croix (A et B, *in* GUINOCHET, 1965, d'après EICHLER; C, OZENDA, *in* GAUSSEN et coll., 1982).

■ Si le diagramme empirique traduit seulement les faits observés, le **diagramme théorique** (fig. 3-2) en propose une interprétation rationnelle à laquelle on parvient de différentes manières.

– En tirant parti de la *morphologie* et de l'*anatomie comparées.* S'il existe des Labiées à cinq étamines, il en est à quatre et même seulement à deux. On peut alors supposer que, dans le deuxième et le troisième cas, une ou trois étamines ont avorté.

– En suivant les différentes étapes du *développement* de fleurs normales. Il est possible alors d'assister à l'avortement d'une ou de plusieurs pièces florales, même quand il n'en reste pas de traces dans la fleur définitivement constituée. De même, la soudure entre des pièces peut n'intervenir qu'après un temps variable entre ébauches libres à l'origine.

– En exploitant les observations d'ordre *tératologique,* que les anomalies rencontrées soient à rapporter à une tératogenèse naturelle ou expérimentale. Si la fleur des Plantaginacées est apparemment de type 4, l'existence de fleurs anormales de type 5 montre que le type 4 est, en fait, secondaire par avortement du sépale postérieur, soudure des deux pétales antérieurs et avortement de l'étamine postérieure (fig. 3-3).

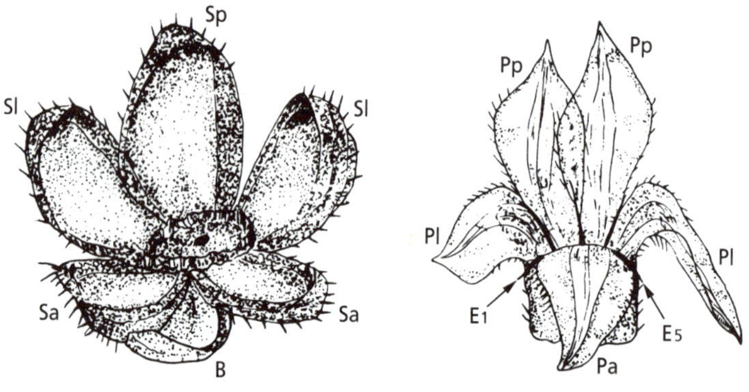

Figure 3-3. Fleur tératologique de *Plantago coronopus* (Plantaginacées) : son calice pentamère (à gauche) et sa corolle pentamère (à droite).

B, bractée; *Sa,* sépales antérieurs; *Sl,* sépales latéraux; *Sp,* sépale postérieur; *Pa,* pétale antérieur; *Pl,* pétales latéraux; *Pp,* pétales postérieurs; E_1 et E_5, étamines stériles (*in* Gorenflot, 1959).

Diagrammes d'insertion (figure 3-4)

Si les diagrammes de section fournissent de nombreuses données relatives à l'architecture de la fleur, on peut leur reprocher de négliger totalement la forme et la place des surfaces d'insertion des pièces florales (fig. 3-4), ce qui interdit, en particulier, toute étude phyllotaxique valable conduisant à une interprétation de la nature de ces pièces (voir chap. 4).

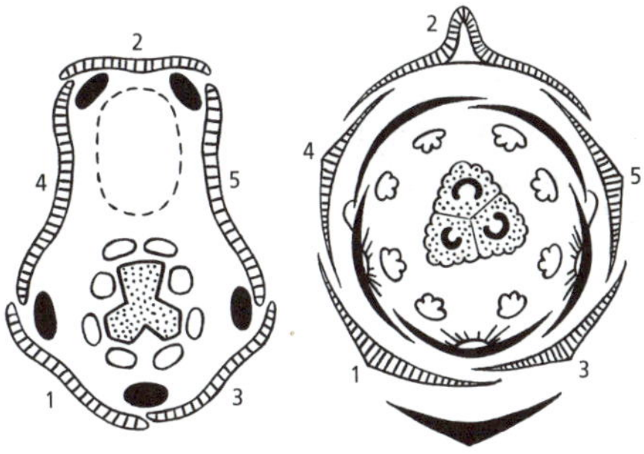

Figure 3-4. Diagramme d'insertion (à gauche) et diagramme de section (à droite) de la fleur pentamère de Capucine (*Tropaeolum majus*/Tropéolacées) (*in* GUINOCHET, 1965, d'après PLANTEFOL).

Coupe longitudinale

Quels qu'ils soient, les diagrammes ne fournissent aucun renseignement sur les niveaux d'insertion des pièces, ni sur leurs rapports relatifs dans un plan vertical. C'est pourquoi, il est nécessaire d'établir une coupe longitudinale définie conventionnellement par le plan floral (fig. 3-5).

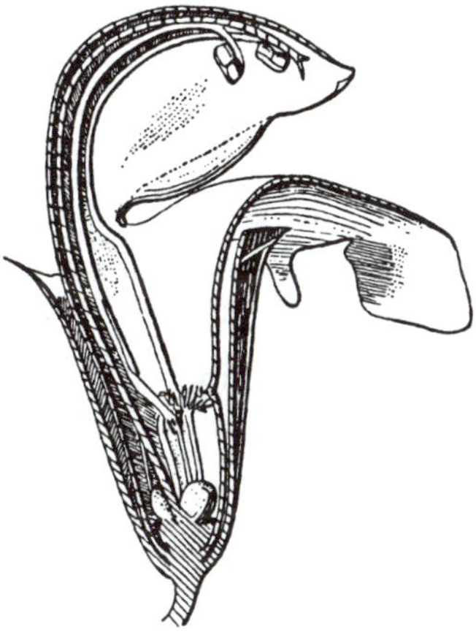

Figure 3-5. Coupe longitudinale de la fleur de *Phlomis fruticosa* (Labiées).
Les pièces florales traversées par le plan de coupe sont hachurées (*in* EMBERGER, 1960).

2. SYMÉTRIE FLORALE

On distingue des fleurs *symétriques,* et, plus rarement, des fleurs *asymétriques.*

■ Les **fleurs symétriques.** Elles sont de deux types suivant qu'elles admettent un *axe* ou un *plan* de symétrie.

Dans le premier cas (fig. 3-2), les fleurs sont *régulières* ou *actinomorphes* (du grec *aktis, -inos* = rayon). Si la fleur est de type 3 (ou 5), une rotation de $2\pi/3$ (ou de 2π/5) fait superposer toutes les pièces du diagramme de section. L'actinomorphie serait l'état fondamental de la fleur.

Dans le second cas (fig. 3-6), les fleurs sont dites irrégulières ou zygomorphes (du grec *zugos* = couple et *morphê* = forme). Le plan de symétrie peut coïncider avec le plan floral (zygomorphie droite des Papilionacées et des Labiées, voir fig. 3-2), lui être perpendiculaire (zygomorphie transverse) ou oblique (zygomorphie oblique).

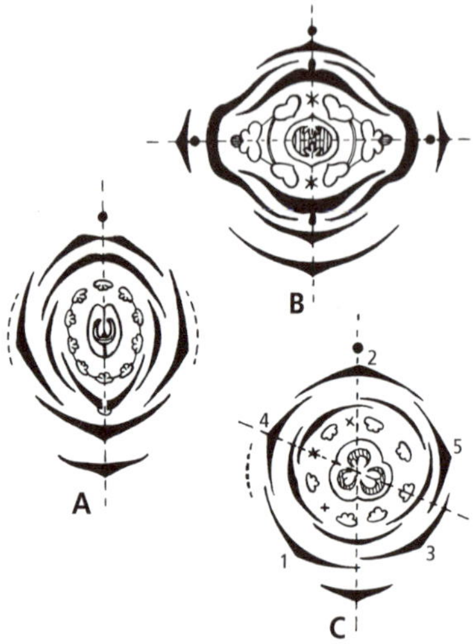

Figure 3-6. Zygomorphies droite (**A**), transverse (**B**) et oblique (**C**), respectivement chez les Légumineuses Papilionacées, le genre *Dicentra* (Papavéracées) et le Marronnier d'Inde (*Aesculus hippocastanum*/Hippocastanacées).

Les astérisques se rapportent à des étamines virtuelles (*in* Guinochet, 1965, d'après Eichler).

Au point de vue des diagrammes floraux de section, il est convenu que celui des fleurs actinomorphes doit être de forme circulaire et celui des fleurs zygomorphes de forme elliptique (fig. 3-2).

■ Les **fleurs asymétriques.** L'absence d'axe ou de plan de symétrie est très souvent liée à l'avortement de certaines pièces florales (Valérianacées).

3. DISPOSITION ET NOMBRE DES PIÈCES FLORALES

Deux types principaux se rencontrent (fleurs *cycliques* et fleurs *acycliques*), auxquels il faut ajouter un type intermédiaire (fleurs *hémicycliques*).

Fleurs cycliques

Elles sont ainsi appelées car *toutes* leurs pièces sont insérées en *verticilles* ou *cycles* (analogie avec les feuilles verticillées) (fig. 3-2).

Nombre de cycles

Si le cas le plus fréquent est le suivant : calice constitué d'un cycle de sépales, corolle d'un cycle de pétales, androcée d'un ou de deux cycles d'étamines, gynécée d'un cycle de carpelles, il existe tous les intermédiaires entre les fleurs mâles des

Carex (Cypéracées) ne comprenant qu'un cycle d'étamines et les fleurs dites « pleines » aux cycles multiples pour toutes les catégories de pièces ou seulement pour certaines d'entre elles, en particulier pétales et étamines (fig. 4-7).

Nombre de pièces par cycle

Les cycles sont *isomères* quand ils sont composés d'un même nombre de pièces (Caryophyllacées, Liliacées), ou *hétéromères* quand le nombre de pièces varie d'un cycle à l'autre.

La *règle d'isomérie* se vérifie très fréquemment pour les fleurs cycliques. Quant à l'hétéromérie, elle est originelle ou secondaire. Dans le second cas, elle est la conséquence de l'avortement, de la soudure ou du dédoublement de certaines catégories de pièces.

On dit qu'un cycle est *pléiomère* quand il comprend plus de pièces florales que les autres et *méiomère* dans le cas contraire, la pléiomérie et la méiomérie pouvant concerner un ou plusieurs cycles par fleur (fig. 5-8).

Les fleurs de type 5 et de type 3 sont les plus répandues, respectivement parmi les Dicotylédones et les Monocotylédones, mais si l'on connaît des Dicotylédones trimères, il n'existe pas de Monocotylédones pentamères.

On connaît des fleurs *monomères* (fleurs mâles réduites à une étamine des Euphorbes/Euphorbiacées, voir fig. 8-3) et d'autres dont certains cycles seulement sont monomères (gynécée à un carpelle des Papilionacées, alors que les autres cycles sont pentamères). La monomérie est toujours un état dérivé par réduction.

Le **type floral** considéré comme le type normal d'organisation est une notion d'ordre statistique, car il n'est pas forcément constant, variant plus ou moins autour d'un état modal. La fleur trimère des Monocotylédones, par exemple, peut devenir accidentellement 2-, 4-, 5- et même 7-mère, c'est-à-dire être constituée de 2, 4, 5 ou 7 pièces florales par cycle.

Alternance des cycles

Les pièces constitutives d'un cycle sont, le plus souvent, situées entre celles des autres cycles qui entourent immédiatement celui-ci, donc en alternance (fig. 3-2). On dit souvent que la *règle d'alternance* est si générale que toute fleur qui semble faire exception peut être expliquée par l'avortement ou le clivage tangentiel des pièces de l'un des cycles (voir p. 31). *« Cependant l'alternance ne doit pas être considérée comme une loi d'une rigueur absolue. Beaucoup de structures superposées sont certainement dérivées, mais il est également sûr qu'il existe des structures très normales et complètes dans lesquelles il n'y a pas d'alternance. La superposition des cycles est, en effet, constante et normale dans des groupes étendus (Amaranthacées, Chénopodiacées, Urticales,* Quercus, Betula, *etc.). Le dispositif alterne ou superposé dépend souvent de l'origine phylogénétique de la plante considérée. »* (Emberger)

Fleurs acycliques

Sépales, pétales, étamines et carpelles sont insérés le long d'une ou de plusieurs spirales (analogie avec des feuilles alternes). De telles fleurs montrent souvent des transitions entre les différentes catégories de pièces florales, de la bractée aux carpelles. Chez le *Calycanthus floridus* (Calycanthacées), le périanthe est constitué d'après Eichler d'une trentaine de pièces au moins (de 1 à 33 sur le diagramme de la figure 3-7), les plus externes vertes teintées de pourpre brunâtre et ressemblant à des bractées, les plus internes typiquement pétaloïdes par leur taille plus grande et leur couleur pourpre. D'abord nettement opposées décussées (1-2), ces pièces s'insèrent ensuite suivant deux séries spiralées 1, 3, 5… 33 et 2, 4, 6… 32.

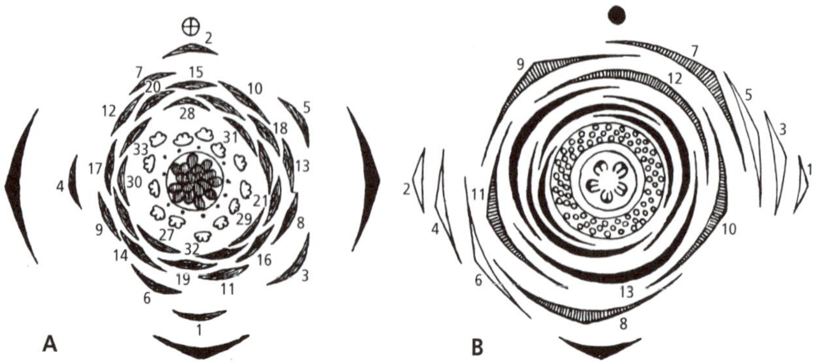

Figure 3-7. Fleur acyclique de *Calycanthus floridus* (Calycanthacées) (**A**) et fleur hémicyclique de *Camellia japonica* (Théacées) (**B**) (*in* PLANTEFOL, 1949).

Fleurs hémicycliques

Seuls certains types de pièces sont disposés en verticilles, les autres étant insérés sur une ou plusieurs spirales. Les exemples les plus nombreux concernent des fleurs aux sépales et pétales verticillés, aux étamines et carpelles en disposition spiralée (*Ranunculus*/Renonculacées). Au contraire, chez le *Camellia japonica* (Théacées), c'est le périanthe qui est typiquement acyclique (fig. 3-7). Sans que l'on observe de véritables préfeuilles, la fleur comprend six pièces bractéiformes vertes (1, 3, 5 et 2, 4, 6), six «sépales» (7, 9, 11 et 8, 10, 12) et sept «pétales» répartis le long de deux spirales, sans que l'on puisse dire exactement où commence et où s'arrête le calice.

4. POLYMORPHISME DES PIÈCES FLORALES

La grande diversité des fleurs porte sur tous leurs éléments constitutifs, de la bractée aux carpelles.

Bractée, axe floral, préfeuilles

■ Quand elle est présente, la **bractée** est en général verte, d'une forme et d'une taille intermédiaires entre celles des feuilles d'une part et celles des préfeuilles ou des sépales d'autre part. Mais elle peut être vivement colorée et devenir ainsi *pétaloïde* (*Melampyrum*/Scrophulariacées, *Bougainvillea*/Nyctaginacées, *Poinsettia*/Euphorbiacées).

Dans des cas particuliers, elle est modifiée en éperon ou en urne et porte des nectaires sécrétant un liquide sucré, le nectar, riche en glucose, fructose et saccharose (Marcgraviacées, famille d'Amérique intertropicale voisine des Théacées).

■ L'**axe** de la fleur est constitué du *pédoncule floral* (absent chez les fleurs sessiles) et d'un *réceptacle* sur lequel les pièces sont insérées. Celui-ci est hémisphérique, sphérique ou conique pour les fleurs cycliques, plus ou moins allongé pour les fleurs acycliques ou hémicycliques.

Il peut arriver que le gynécée ou (et) l'androcée soient portés par un axe plus ou moins long situé dans le prolongement du pédoncule floral : *gynophore* dans le premier cas, *androphore* dans le second (fig. 3-8).

Les rapports du réceptacle et des différentes pièces sont très variés, en particulier avec le gynécée (voir p. 36).

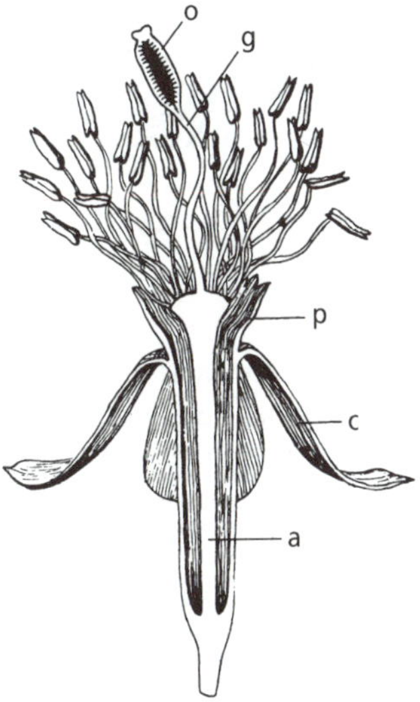

Figure 3-8. Coupe longitudinale de la fleur de *Maerua angolensis* (Capparidacées).
a, androphore; *g*, gynophore; *c*, calice; *p*, corolle; *o*, ovaire (*in* EMBERGER, 1960, d'après BAILLON).

■ Entre la bractée et le calice, le pédoncule floral porte habituellement deux **préfeuilles** α et β (α étant par convention l'inférieure) chez les Dicotylédones et une chez les Monocotylédones (fig. 3-1). Si leur nombre est supérieur à deux, elles constituent un *involucre* plus ou moins rapproché du périanthe. Un exemple typique est celui des Anémonoïdées (Renonculacées). Chez l'*Anemone nemorosa,* trois préfeuilles palmatifides ressemblant aux feuilles sont situées nettement sous la fleur, tandis que pour l'*A. hepatica* les préfeuilles sont réduites et appliquées contre le périanthe, ce qui conduit dans ce cas à penser que l'involucre représenterait un calice (fig. 3-9).

Des familles sont dépourvues de préfeuilles (Orchidacées, Primulacées), leur absence pouvant être d'origine ou résulter d'avortements.

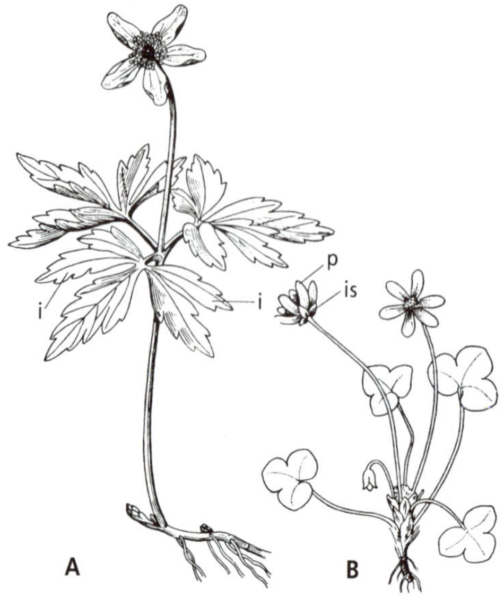

Figure 3-9. Fleur des Anémones (Renonculacées).

A, *Anemone nemorosa*; **B,** *Hepatica nobilis* (= *Anemone hepatica*). *i,* involucre; *is,* involucre sépaloïde; *p,* périanthe pétaloïde (*in* MANGENOT, 1973).

Périanthe

Partie stérile de la fleur comprenant le calice et la corolle, le périanthe est constitué, au plus, de *sépales* et de *pétales,* sans qu'il soit toujours possible de distinguer ces deux catégories de pièces florales. On parle alors de *tépales.*

Sépales, pétales et tépales sont de taille très variable d'une espèce à l'autre (du millimètre à plusieurs dizaines de centimètres).

Les pièces périanthaires, plus particulièrement les pétales, portent souvent des *nectaires,* et des *osmophores* libérant des parfums[1].

Calice

Cette partie de la fleur, la moins variable de toutes, tend à disparaître chez certaines familles (Ombellifères), ou est disparue totalement (*asépalie* de fleurs incomplètes). Partie habituellement la plus discrète, il arrive quelquefois qu'elle soit la plus voyante, tant par la taille que par la couleur des sépales. C'est le cas du *Nuphar lutea* (Nymphéacées). En effet, le Nénuphar jaune possède cinq grandes sépales jaunes masquant de nombreux petits pétales minces (fig. 3-10).

■ **Nombre, forme et couleur des sépales.** Le calice est isomère le plus fréquemment, méiomère ou pléiomère plus rarement.

1. Le périanthe n'est pas seul à être nectarifère. Il existe des nectaires extrafloraux sur les parties végétatives de la plante (voir T. I, chap. 2). D'autres sont situés à la base des filets des étamines (Caryophyllacées) ou du gynécée (Primulacées).

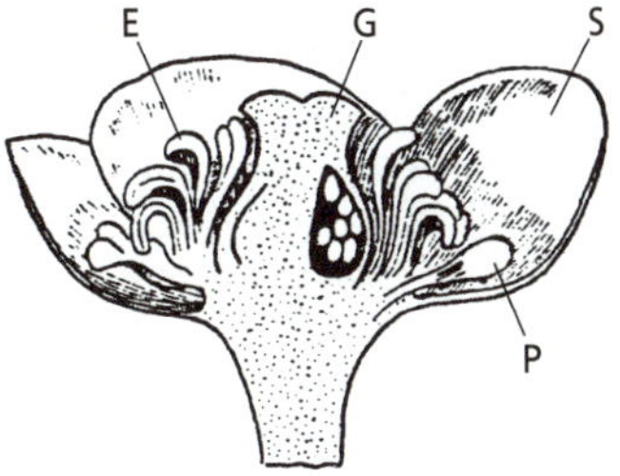

Figure 3-10. Coupe verticale d'une fleur de *Nuphar lutea* (Nymphéacées). *S*, sépale; *P*, pétale; *E*, étamine; *G*, gynécée (*in* DEYSSON, 1967).

Par leur forme et leur teinte verte, les sépales rappellent, en plus simples, bractées et préfeuilles, mais sont pétaloïdes d'une manière générale chez les Monocotylédones.

Les sépales d'une fleur sont tous semblables *(homosépalie)* ou, plus rarement, de deux types *(hétérosépalie).* Le calice des Pieds-d'alouette (*Delphinium*/Renonculacées) et des Aconits *(Aconitum/idem)* est pétaloïde avec un sépale en éperon dans le premier cas et en casque dans le second (fig. 3-11). L'hétérosépalie est généralisée parmi les Roses (Rosacées) (fig. 4-8).

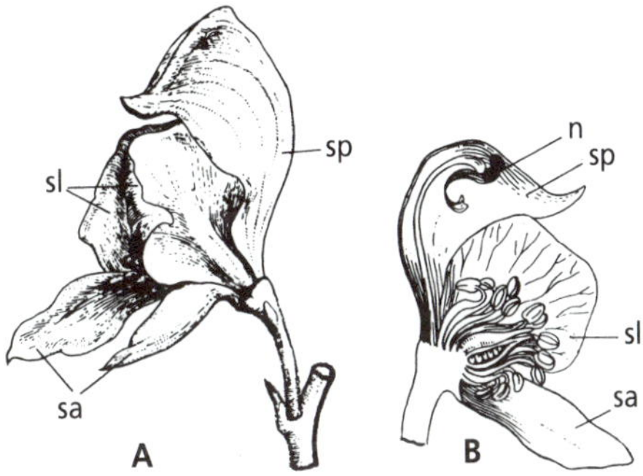

Figure 3-11. Fleur zygomorphe d'*Aconitum napellus* (Renonculacées). **A,** vue de profil; **B,** en coupe longitudinale. *sa*, sépales antérieurs; *sl*, sépales latéraux; *sp :* sépale postérieur; *n*, nectaires-pétales (*in* MANGENOT, 1973).

■ **Dialysépalie et gamosépalie.** Les sépales sont libres (dialysépalie, du grec *dialuein* = séparer) ou soudés entre eux sur des longueurs variables (gamosépalie, du grec *gamos* = mariage).

■ **Caducité, accrescence.** Si les sépales des Papavéracées sont caducs, car ils tombent dès l'épanouissement de la fleur, le calice est très souvent persistant ; il peut même être accrescent, la croissance des sépales continuant pendant la formation du fruit. Chez le Coqueret (*Physalis alkekengi*/Solanacées), chaque baie est entourée d'un calice renflé, d'un jaune-orangé, formant une lanterne très décorative.

■ **Calicule et épicalice.** Constitué généralement d'un seul verticille de sépales, il arrive que le calice soit doublé d'un *calicule* (*Fragaria*/Rosacées) ou d'un *épicalice* (Malvacées). Dans le premier cas, les pièces supplémentaires seraient constituées de stipules soudées latéralement par paires, dans le second de préfeuilles supplémentaires d'un involucre (fig. 3-12).

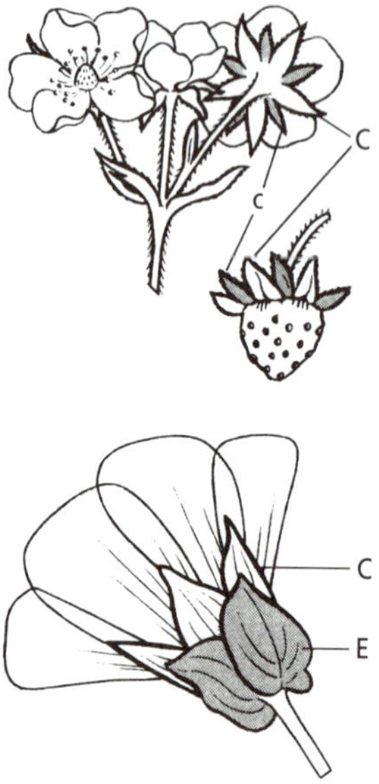

Figure 3-12. Calicule de Fraisier (Rosacées) (en haut), épicalice d'une Malvacée (en bas).

C, calice; *c*, calicule; *E*, épicalice (*in* GUINOCHET, 1965).

Corolle

Partie la plus visible du périanthe, sauf exceptions (fig. 3-10), la corolle est beaucoup plus diversifiée que le calice. Comme ce dernier, elle peut être absente, l'*apétalie* étant beaucoup plus répandue que l'asépalie chez les fleurs incomplètes. Le périanthe si décoratif des Clématites (Renonculacées) est un calice, mais la corolle est absente.

■ **Nombre, forme et couleur des pétales.** Comme le calice, la corolle est surtout isomère, mais il existe des exemples de méiomérie et de pléiomérie.

Il est inutile d'insister sur la richesse extraordinaire des formes et des couleurs. Un pétale est souvent constitué d'un *onglet* grêle fixé sur le réceptacle et se terminant en un *limbe* étalé, mais les variations sont nombreuses.

Les pétales sont tous semblables *(homopétalie)* ou divers dans une même fleur *(hétéropétalie)*. Chez les Ancolies (*Aquilegia*/Renonculacées), tous les pétales sont éperonnés (fleur actinomorphe), alors que la transformation en éperon concerne un seul pétale chez les Violettes (Violacées), les Linaires (Scrophulariacées). Dans ces deux cas, la fleur est zygomorphe (fig. 3-13).

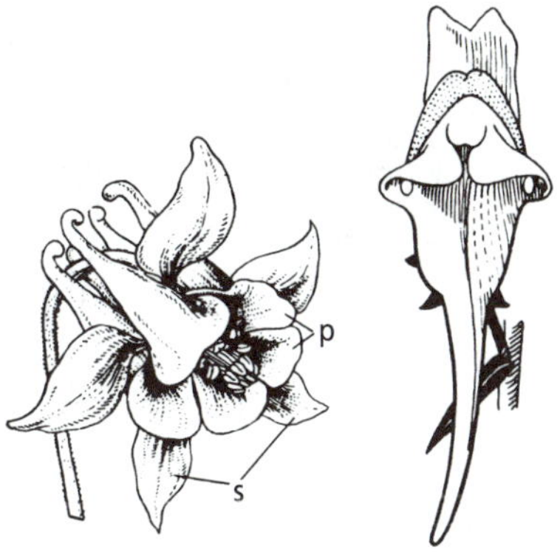

Figure 3-13. Les cinq pétales en éperons des Ancolies (Renonculacées) (à gauche), et l'unique pétale éperonné des Linaires (Scrophulariacées) (à droite).
p, pétales; *s*, sépales (*in* MANGENOT, 1973 et EMBERGER, 1960).

Un exemple typique d'hétéropétalie se rencontre chez les Papilionacées. L'étendard postérieur est plus grand que les deux pétales latéraux (ailes) et que les deux pétales antérieurs formant la carène dans laquelle l'androcée et le gynécée sont dissimulés.

■ **Dialypétalie et gamopétalie.** Comme les sépales, les pétales sont libres *(dialypétalie),* ou soudés entre eux *(gamopétalie).* Si la dialysépalie et la dialypétalie d'une part, la gamosépalie et la gamopétalie d'autre part, existent souvent dans une même fleur, la règle n'est pas générale. Les sépales des Plantaginacées, par exemple, sont libres chez la plupart des espèces, mais les pétales sont toujours soudés.

Tous les degrés de soudure existant entre les pétales, il est souvent délicat d'apprécier la gamopétalie d'une corolle d'après la simple observation. Seule la dissection permet de conclure avec certitude.

■ **Appendices des pétales.** Au contact de l'onglet et du limbe, des appendices sont fréquents chez les Caryophyllacées *(Lychnis, Melandrium).* Quant à la couronne interne (*paracorolle* de nombreuses Amaryllidacées), elle résulte de la soudure d'appendices (fig. 3-14).

Préfloraison et estivation

De même que la préfoliation concerne la disposition relative des jeunes feuilles dans les bourgeons (voir T. I, chap. 2), la préfloraison et l'estivation caractérisent respectivement la disposition des sépales et des pétales dans le bouton floral. La préfloraison est plus intéressante à considérer, car beaucoup plus constante que l'estivation qui peut varier en fonction de la croissance et de la forme des pétales. Enfin, la disposition des jeunes sépales et celle des jeunes pétales dans le bouton peuvent être différentes. Chez les Gentianacées, elle est quinconciale pour le calice et tordue pour la corolle.

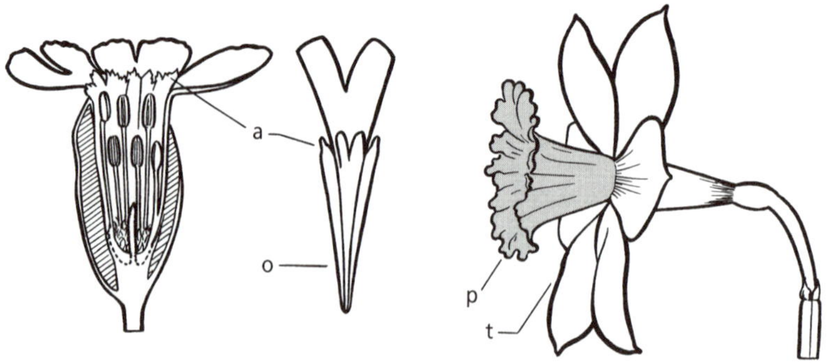

Figure 3-14. Appendices des pétales : coupe longitudinale d'une fleur de *Melandrium dioicum* (Caryophyllacées) et un pétale isolé (à gauche) et paracorolle de *Narcissus pseudo-Narcissus* (Amaryllidacées) (à droite).

a, appendices; *o*, onglet; *p*, paracorolle; *t*, tépales (*in* GUINOCHET, 1965).

Afin de simplifier la présentation des principaux types de préfloraison et de pouvoir faire des comparaisons, nous considérons toujours un calice pentamère (fig. 3-15). La préfloraison est :

– *ouverte,* si les bords des sépales ne sont pas contigus ;

– *valvaire,* quand ils le sont.

Dans les trois autres types, les bords des sépales se recouvrent de différentes façons. La préfloraison est :

– *tordue* (ou convolutée) : tous les sépales ont un bord recouvrant (R) et un bord recouvert (r) ; ils sont donc Rr ;

– *imbriquée* (ou cochléaire) : le calice comprend un sépale RR, un rr, et trois Rr, de nombreuses variantes s'observant suivant la position relative des sépales RR et rr ;

– *quinconciale* : le calice est de type 2 RR, 2 rr, 1 Rr (cas très fréquent chez les Dicotylédones).

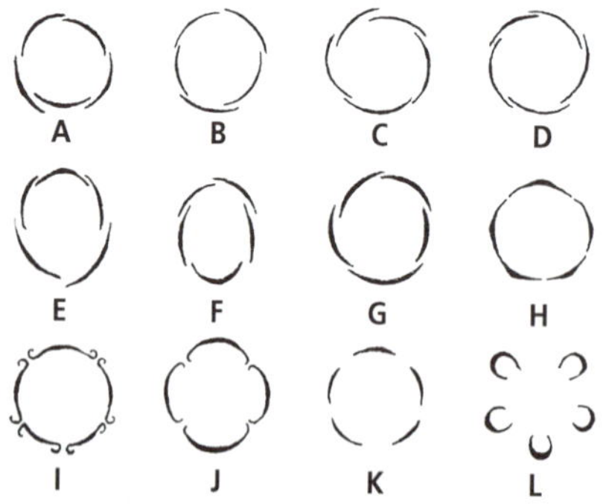

Figure 3-15. Diversité de la préfloraison.

A et **B**, p. quinconciale; **C** et **D**, p. tordue; **E**, **F** et **G**, p. imbriquée ou cochléaire; **H**, **I** et **J**, p. valvaire; **K** et **L**, p. ouverte (*in* EMBERGER, 1960).

Androcée

Alors que le périanthe est constitué de pièces florales stériles, les étamines porteuses de pollen représentent la partie mâle de la fleur, tandis que le gynécée en est la partie femelle, ce qui peut être démontré expérimentalement. En respectant le gynécée, il est possible de castrer la fleur hermaphrodite par arrachage de ses étamines avant libération des grains de pollen. Si l'on enferme ensuite cette fleur dans un sac interdisant tout dépôt de pollen étranger au niveau du gynécée conservé, on constate que celui-ci ne se transforme pas en fruit. La fructification et la production de graines nécessitent, en principe, l'intervention du pollen.

Comme les sépales et les pétales, les étamines d'une même fleur ne sont pas toujours de la même taille. L'*hétérostémonie* se rencontre chez les Crucifères, Labiées, Scrophulariacées, etc.

Nombre, forme et couleur des étamines

Un cas très répandu est celui des androcées *diplostémones* (du grec *diplous* = double) présentant deux fois plus d'étamines que de pétales ou de sépales. Cependant, le nombre d'étamines peut être inférieur (4 S + 4 P + 2 E + 2 C/Oléacées), égal (5 S + 5 P + 5 E + 2 C/Ombellifères), ou plus de deux fois supérieur à celui de chaque catégorie de pièces périanthaires (5 S + 5 P + n × 5 E + 5 C/Rosacées). Si, d'une manière générale, les familles anciennes sont polystaminées (du latin *stamen, -inis* = étamine), l'androcée étant en ordre acyclique, ou polycyclique polymère, chez les familles les plus jeunes, celui-ci est réduit. Il existe aussi des structures paucistaminées originelles.

A maturité, une étamine est fréquemment constituée d'un *filet* généralement grêle et allongé assurant sa fixation sur le réceptacle et d'une partie terminale dilatée, l'*anthère* (du grec *anthêros* = fleuri), comprenant deux loges polliniques unies par un prolongement du filet, le *connectif* (fig. 3-16). En fait, les étamines sont extrêmement variées, tant pour leur forme que pour leur couleur,

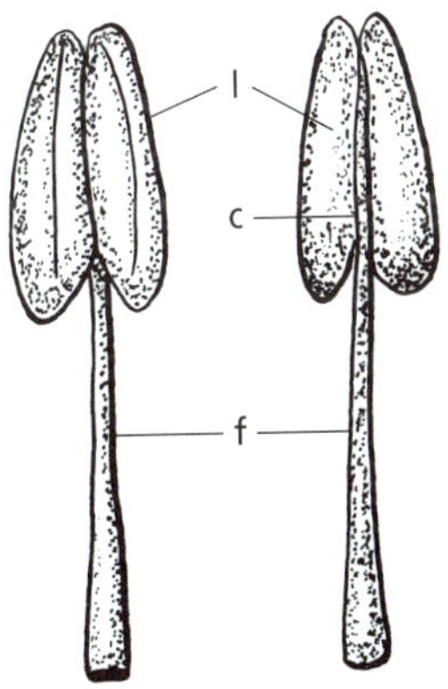

Figure 3-16. Étamine de Giroflée (Crucifères) vue par sa face interne (à gauche), et par sa face externe (à droite).
f, filet; *c*, connectif; *l*, loges polliniques.

aussi bien d'une espèce à une autre qu'à l'intérieur d'une même fleur. Dans ce dernier cas, l'hétérostémonie peut intéresser la taille, la forme et la couleur des filets et des anthères. Il est inutile de passer en revue divers exemples, car ils ne donneraient qu'une idée incomplète de la variation de l'androcée. Aussi n'envisageons-nous que quelques cas particuliers en rapport avec la biologie florale (voir chap. 9).

Dialystémonie et gamostémonie (fig. 3-17)

Les étamines sont libres *(dialystémonie)* ou soudées entre elles *(gamostémonie)* par leurs filets (*synstémonie* des Malvacées, Papilionacées), ou plus rarement par leurs anthères. Chez les Composées (= Synanthérées), les cinq anthères ne sont pas soudées au cours de leur développement, mais seulement cohérentes. Elles forment une cheminée autour du style et des stigmates.

Si tous les filets sont soudés, l'androcée constitue un tout. Il est dit *monadelphe* (du grec *monos* = seul et *adelphos* = frère) (Malvacées). Au contraire, il est *diadelphe* (des Papilionacées) quand les étamines forment deux groupes, *triadelphe* pour trois groupes, etc.

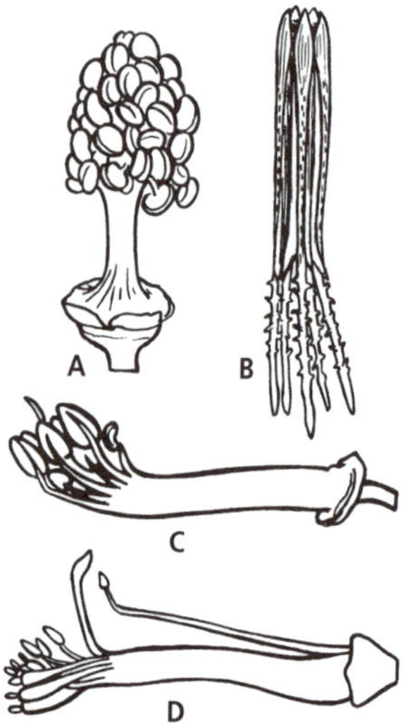

Figure 3-17. Synstémonie et synanthérie.
A, tube staminal de Mauve (*Malva*/Malvacées); **B**, tube androcéen de *Carduus* (Composées); **C**, androcée monadelphe d'un *Cytisus* (Papilionacées); **D**, androcée diadelphe d'un *Lotus* (Papilionacées) (*in* GUINOCHET, 1965).

Soudure des étamines aux autres pièces florales

C'est, en général, par le filet que se réalise cette soudure avec les sépales (Protéacées), le tube corollin de beaucoup de Gamopétales, le gynécée au niveau de l'ovaire (*Houttuynia cordata*/Saururacées, voir p. 128), ou du style, ou (et) du stigmate (*gynostème* des Stylidiacées, des Orchidacées, fig. 3-26).

Obdiplostémonie (fig. 3-18)

Dans les fleurs diplostémones, le cycle staminal externe alterne souvent avec les pétales, mais il est, au contraire, épipétale dans certains cas. L'androcée est alors obdiplostémone.

L'obdiplostémonie existe dans de nombreux groupes : Caryophyllacées, Géraniales, Crassulacées, Rutacées, Saxifragacées, Éricales, etc. Parmi les nombreuses interprétations fournies pour expliquer ce phénomène, nous n'en retiendrons qu'une ici pour ses conséquences quant à l'origine de la corolle dans certaines familles. Les pétales placés en face des étamines externes seraient des expansions de celles-ci ou le résultat de leur clivage partiel. Cette interprétation conduit à penser que la corolle pourrait être d'origine staminale, au moins dans certains cas.

Staminodes (fig. 3-19)

Étamines stériles, car ne produisant pas de pollen, les staminodes sont très polymorphes, égaux aux filets des étamines correspondantes (*Erodium*/Géraniacées), plus réduits (*Samolus*/Primulacées) ou plus développés (*Parnassia palustris*/Saxifragacées, *Canna*/Cannacées). Dans ce dernier cas, tout l'androcée est à l'état de grands staminodes pétaloïdes, sauf une étamine mi-fertile (une loge pollinique), mi-staminodiale.

Les staminodes sont à l'état de nectaires chez le Sarrasin (*Fagopyrum esculentum*/Polygonacées).

Figure 3-18. Fleur obdiplostémone de *Vaccinium* (Éricacées) (*in* GUINOCHET, 1965). ▶

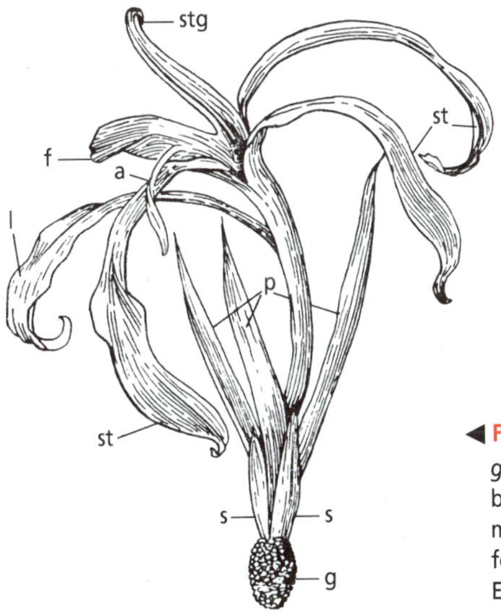

◀ **Figure 3-19.** Fleur de *Canna* (Cannacées). *g,* gynécée; *s,* sépales; *p,* pétales; *l,* labelle-staminode; *st,* staminodes; *f,* étamine dont une moitié seulement est fertile (1/2 anthère, *a*); *stg,* stigmate (*in* EMBERGER, 1960).

Gynécée

Chez l'*Helleborus foetidus* (Renonculacées), le gynécée est constitué de plusieurs carpelles, pièces les plus internes comme chez toutes les fleurs. De la base au sommet, un carpelle comprend une région dilatée et creuse, l'*ovaire,* surmonté d'un *style* terminé par un *stigmate* papilleux. Sur sa face adaxiale, chaque carpelle est parcouru par un sillon qui correspond, à l'intérieur de la cavité ovarienne, à deux bourrelets parallèles, les *placentas,* situés de part et d'autre de la ligne de soudure des bords carpellaires et sur lesquels sont fixés les *ovules* (*placentation marginale,* fig. 3-20 et 6 de la fig. 3-23).

Si les carpelles de l'Hellébore sont libres entre eux (gynécée *dialycarpe* = apocarpe)[1], dans la très grande majorité des cas on est en présence de gynécées *gamocarpes* (= cénocarpes = syncarpes), la soudure s'établissant au niveau des seuls ovaires (*Saxifraga*/Saxifragacées), mais plus fréquemment à celui des ovaires et des styles et même sur toute la hauteur des carpelles. Dans ces trois possibilités, on nomme *pistil* l'ensemble du gynécée.

Dans la fleur des Angiospermes, c'est le gynécée qui présente les variations les plus diverses.

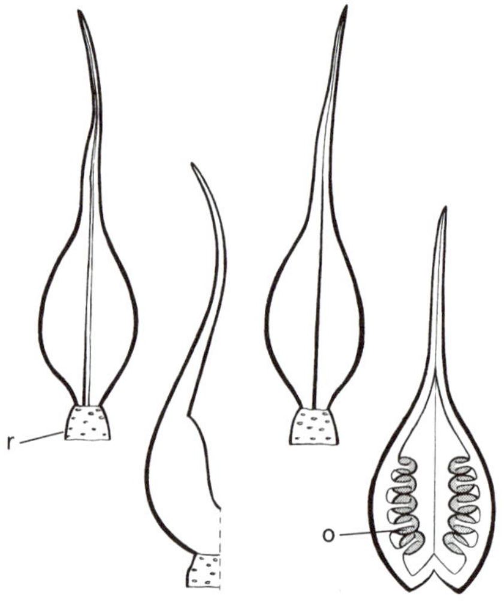

Figure 3-20. Carpelle d'Hellébore (Renonculacées) : de gauche à droite, en vue dorsale (= abaxiale), de profil, en vue ventrale (= adaxiale) et ouvert. *r,* réceptacle floral; *o,* ovules (*in* Guinochet, 1965).

Nombre, forme et taille des carpelles

■ S'il existe une **variation numérique** allant du carpelle unique (Urticacées) à de très nombreux (Anémonoïdées et Ranunculoïdées/Renonculacées), le nombre

1. Parmi les espèces au gynécée apocarpe, on place encore celles dont le gynécée ne comporte qu'un unique carpelle (Papilionacées), structure considérée comme dérivée par simplification d'un gynécée pluricarpellé.

des carpelles est le plus souvent inférieur à celui des sépales, des pétales et des étamines. C'est dire que la règle d'isomérie s'applique très rarement au niveau du gynécée.

La **forme** et la **taille** des carpelles sont sensiblement différentes suivant les espèces considérées. Au niveau de l'individu, une variation peut être observée d'une fleur à l'autre (*hétérocarpie* chez les Composées, par exemple).

■ La variation est nette au niveau du **style**.

– De taille variée, en général plus ou moins allongé, il est rarement nul (stigmates sessiles des *Papaver*/Papavéracées).

– Connue chez plusieurs genres, l'*hétérostylie* se traduit par l'existence de styles (et de filets staminaux) de deux ou trois longueurs. Par exemple, les fleurs de *Fagopyrum esculentum* (Polygonacées) (fig. 3-21), de *Forsythia intermedia* (Oléacées) et des Primevères (Primulacées) (fig. 9-4) sont dimorphes, les unes *brévistylées* à style court et filets dépassant le stigmate, les autres longistylées à style long dépassant des étamines courtes. On connaît aussi des cas de trimorphisme (*Oxalis*/Oxalidacées, *Lythrum salicaria*/Lythracées) (fig. 3-21).

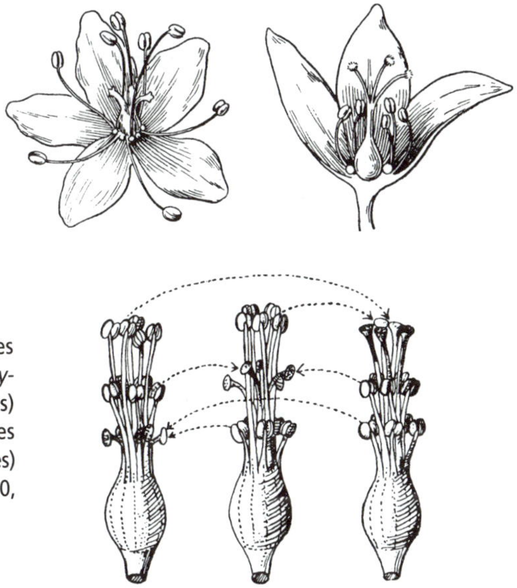

Figure 3-21. Fleurs hétérostylées dimorphes de Sarrasin (*Fagopyrum esculentum*/Polygonacées) (en haut) et fleurs hétérostylées trimorphes d'*Oxalis* (Oxalidacées) (en bas) (*in* EMBERGER, 1960, d'après CHAUVEL).

– Les styles sont pleins *(styles solides)* ou creux, un canal limité par un épiderme papilleux reliant le stigmate à l'ovaire.

– En général en position terminale sur l'ovaire, le style peut être aussi plus ou moins latéral ou basilaire (Boraginacées).

■ Les **stigmates** sont également très divers : papilleux ou non (fig. 3-22), filiformes, discoïdes, plumeux (Graminées) (fig. 5-2), pétaloïdes (*Iris*/Iridacées), etc.

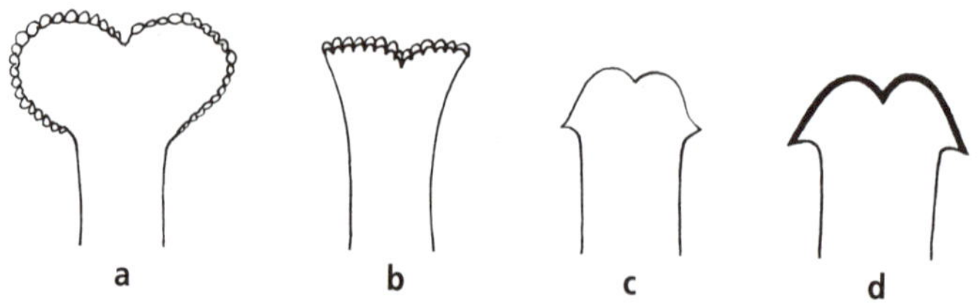

Figure 3-22. Stigmates de Primulacées.
a et **b**, stigmates papilleux; **c**, stigmate non papilleux, le tube pollinique pénètre par la face inférieure, cachée, du stigmate; **d**, stigmate cutinisé sur sa face supérieure, le tube pollinique pénètre par la face inférieure non cutinisée (*in* EMBERGER, 1960, d'après FORTSCHRITTE).

Gynécées gamocarpes et placentation

■ **Différents types de placentation** sont connus (fig. 3-23).

– Quand les carpelles sont ouverts et seulement soudés par leurs bords, les placentas se localisent au niveau de ces derniers. Les ovules sont alors placés sur la paroi ovarienne. L'ovaire est *uniloculaire* et la placentation *pariétale* (Violacées).

– Si les carpelles sont, au contraire, fermés et soudés entre eux, l'ovaire est *pluriloculaire* et la placentation *axile,* l'axe de l'ovaire étant matérialisé par les placentas (Liliacées, Iridacées, Amaryllidacées, etc.).

On connaît des ovaires à placentation *mixte,* axile à la partie inférieure, pariétale plus haut (*Monotropa*/Pyrolacées).

– En fait, l'interprétation de la placentation n'est pas toujours simple. Par exemple, chez les Primulacées (fig. 3-2), la placentation dite *centrale,* car les ovules sont fixés sur un dôme prolongeant le pédoncule au niveau du réceptacle, a suscité différentes interprétations de l'ovaire dans cette famille :

1. gynécée pluriloculaire dont les cloisons auraient disparu;
2. chacun des cinq carpelles porterait à sa base un appendice, les cinq appendices réunis réalisant la placentation centrale;
3. celle-ci serait de nature axiale;
4. ou mixte (carpelles + axe);
5. enfin, pour Saunders, l'ovaire bicyclique comprendrait un verticille externe stérile (carpelles) et un verticille interne fertile (placentas). On serait en présence d'un exemple de polymorphisme carpellaire (voir ci-dessous).

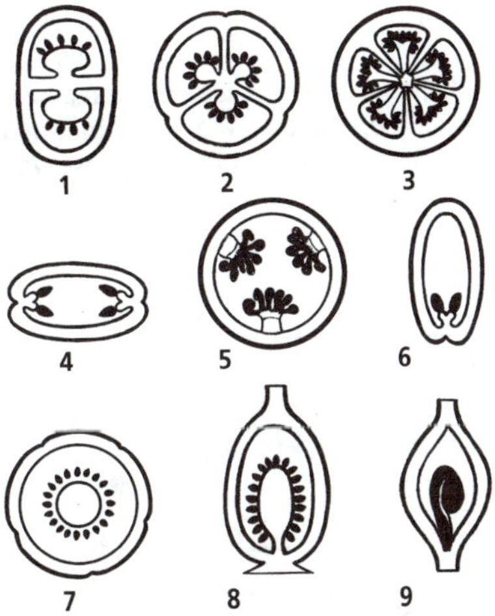

Figure 3-23. Types de placentation.
1, **2** et **3**, p. axile; **4**, **5**, et **6**, p. pariétale; **7**, **8** et **9**, p. centrale (de 1 à 7, coupes transversales d'ovaires; 8 et 9, coupes longitudinales, la coupe 8 correspondant à la coupe 7. Les ovules sont représentés en noir) (*in* GUINOCHET, 1965, d'après MCLEAN et coll., 1956).

■ Des formations particulières dérivent des placentas. Les placentas proéminents des *Papaver* (Papavéracées) font saillie à l'intérieur de la cavité ovarienne (fig. 3-24). Chez les Crucifères, les placentas sont réunis par une cloison qualifiée communément de fausse, car elle n'appartiendrait pas à la lame carpellaire comme les vraies cloisons. Une autre interprétation du gynécée des Crucifères est envisageable dans le cadre du polymorphisme carpellaire.

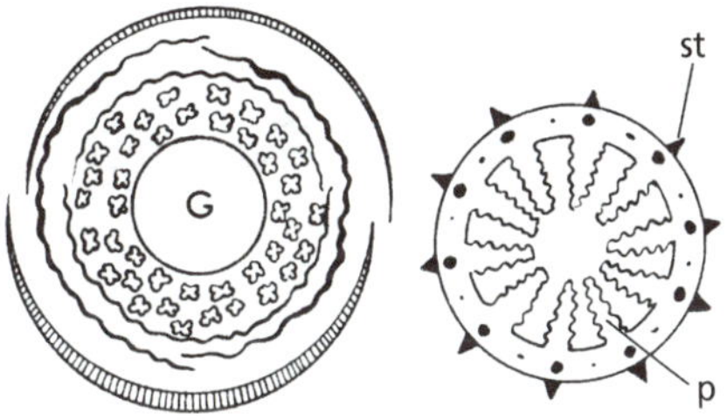

Figure 3-24. Fleur des Pavots (*Papaver*/Papavéracées) : son diagramme sans le gynécée (à gauche) et détail de la placentation (à droite).
p, placentas; *st*, stigmates épiplacentaires (*in* EMBERGER, 1960).

Polymorphisme carpellaire (fig. 3-25)

Van Tieghem avait, le premier, fait remarquer que chez le *Glaucium flavum* (Papavéracées), l'ovaire serait constitué de deux carpelles fertiles portant les ovules et réduits chacun à une colonne placentaire, et de deux carpelles stériles tombant à la maturité des graines. Miss Saunders qualifie les premiers de « *solides* » et les seconds de « *valvaires* ». Cet auteur, développant la notion de polymorphisme carpellaire, est conduit à distinguer une troisième catégorie de carpelles dits « *semi-solides* », fertiles, étalés, à placentation médiane et pouvant se souder entre eux par leurs bords.

L'ovaire des Liliacées est constitué de trois carpelles fermés et soudés, mais des glandes septales (du latin *septum* = barrière), poches tapissées de cellules sécrétrices, peuvent exister dans les cloisons si la soudure des carpelles est incomplète. On considère alors qu'un tel ovaire comprend trois carpelles valvaires et trois carpelles semi-solides.

Dans la majorité des Crucifères, la fausse cloison serait constituée de deux carpelles fertiles antéro-postérieurs réduits à la partie placentaire et de deux carpelles latéraux stériles (Giroflée). Mais on connaît aussi le cas inverse *(Biscutella).*

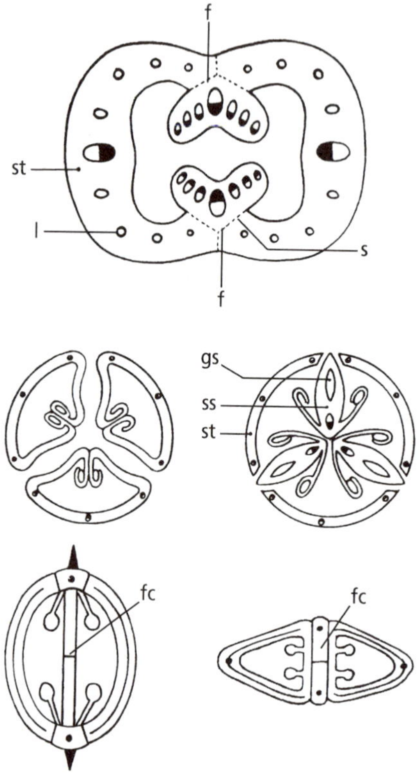

Figure 3-25. Polymorphisme carpellaire.
De haut en bas : le gynécée de *Glaucium flavum* (Papavéracées) (d'après VAN TIEGHEM), le gynécée des Liliacées dans la conception classique (à gauche) et d'après SAUNDERS (à droite), le gynécée des Crucifères chez la Giroflée (à gauche) avec quatre carpelles, les deux médians étant seuls fertiles et dans le genre *Biscutella* (à droite) pour lequel ce sont les deux carpelles latéraux qui sont fertiles (d'après SAUNDERS).

f, carpelles fertiles « solides » ; *st,* carpelles stériles « valvaires » ; *l,* paquets de laticifères ; *S,* ligne de séparation du parenchyme entre les valves et les coins placentaires ; *ss,* carpelles « semi-solides » fertiles ; *gs,* glandes septales, cavités de ces trois carpelles ; *fc,* fausse cloison (*in* EMBERGER, 1960).

Rapports du gynécée avec les autres parties de la fleur

■ Dans les familles des Orchidacées, Asclépiadacées, Aristolochiacées et Rafflésiacées, le gynécée est intimement uni aux étamines, formant ainsi un **gynostème** (fig. 3-26, 5-7 et 9-6).

■ Suivant les rapports existant entre le gynécée, le réceptacle et les autres verticilles floraux, on distingue *différentes catégories de gynécées et de fleurs* (fig. 3-27).

– Le gynécée *supère, libre* au centre de la fleur, est en position supérieure par rapport aux étamines, pétales et sépales situés au-dessous de lui. Les fleurs *superovariées* sont donc *hypogynes.*

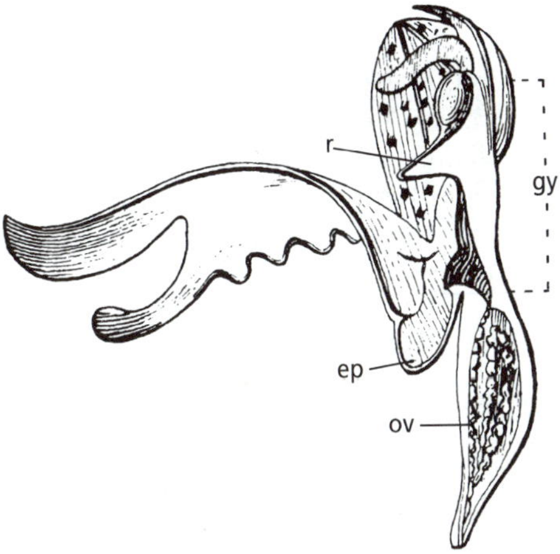

Figure 3-26. Coupe longitudinale de la fleur de *Barlia robertiana* (= *Aceras longibracteatum*) (Orchidacées) (voir également la fig. 9-6).

ov, ovaire; *gy*, gynostème; *r*, rostellum; *ep*, éperon (*in* EMBERGER, 1960).

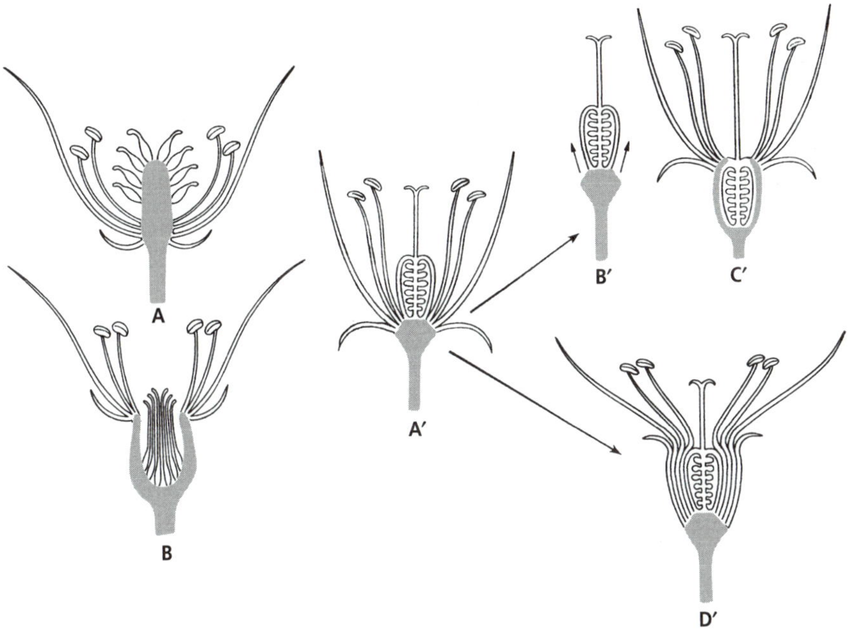

Figure 3-27. Rapports du gynécée avec les autres parties de la fleur.

A, hypogynie (type *Magnolia*); **B**, épigynie (type *Rosa*) dans les fleurs dialycarpelles; **A′**, hypogynie; **B′** et **C′**, épigynie réceptaculaire; **D′**, épigynie périanthaire dans les fleurs gamocarpelles (*in* MANGENOT, 1973).

– Le gynécée *infère* est *enveloppé* et en position inférieure par rapport aux autres verticilles floraux. Seul le style est libre. Ces fleurs *inférovariées* sont *épigynes.* La construction des gynécées infères relève de deux modalités principales, le pistil adhérant étroitement, dans sa partie ovarienne, à la paroi réceptaculaire qui l'entoure, ou à la base concrescente des sépales, pétales et étamines.

– Entre les fleurs hypogynes et les fleurs épigynes, existent de nombreux intermédiaires, comme celui des fleurs *périgynes.* Dans ce cas, la coupe réceptaculaire, ou le tube constitué de pièces périanthaires (et staminales) concrescentes, entoure des carpelles libres entre eux sans y adhérer. De telles fleurs sont encore inférovariées.

Ovules (fig. 3-28)

■ Ce sont des organes de très petite taille (de 1 à 2 mm et même moins) dont le **nombre** est très différent d'un taxon à l'autre. Le gynécée des Polygonacées et des Urticacées ne possède qu'un ovule, mais celui des Orchidacées peut en contenir des millions.

■ Un ovule d'Angiosperme est constitué d'un *funicule* qui en assure la fixation sur le placenta et d'un massif ovoïde de nature parenchymateuse, le *nucelle,* entouré d'au moins un tégument (éventuellement de deux)[1], sauf au niveau du *micropyle* (du grec *mikros* = petit et *pulê* = porte)[2]. La zone de raccord du funicule avec l'ovule est le *hile.* D'une façon générale, un faisceau cribro-vasculaire en rapport avec les tissus conducteurs du placenta, emprunte le funicule et se termine à la base du nucelle au niveau de la *chalaze.* Il arrive quelquefois que ce faisceau se ramifie dans l'unique tégument ou dans le tégument externe.

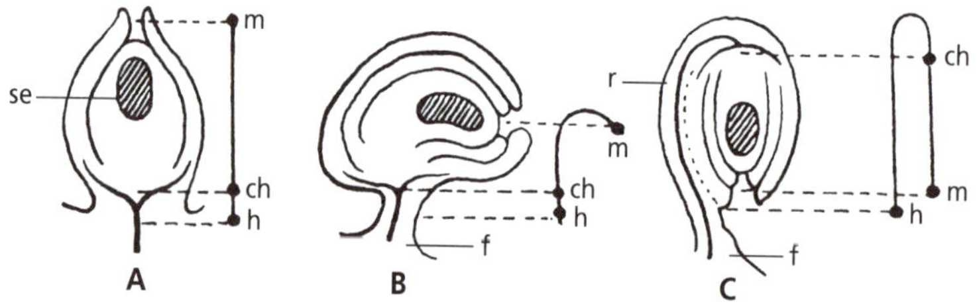

Figure 3-28. Les trois types principaux d'ovules.
A, ovule orthotrope (ou droit); **B**, ovule campylotrope (ou courbe); **C**, ovule anatrope ou renversé.
h, hile; *ch*, chalaze; *m*, micropyle; *r*, raphé; *se*, sac embryonnaire; *f*, funicule (*in* Emberger, 1960).

1. Suivant le volume occupé par le nucelle, on distingue des ovules crassinucellés et des ovules ténuinucellés. Le nombre des téguments ovulaires est un caractère taxonomique.
2. En laissant passer le tube pollinique dans les cas de porogamie (p. 168), le micropyle joue bien le rôle d'une petite porte.

■ **Différents types d'ovules** sont reconnaissables. Nous n'en citerons que trois. L'ovule est :

– *droit* (= *orthotrope*) si hile, chalaze et micropyle sont alignés selon l'axe *de* l'ovule (Polygonacées, Juglandacées, Pipéracées) ;

– *renversé* (= *anatrope,* du grec *anatropê* = renversement) quand le funicule est concrescent avec le corps ovulaire, la partie du funicule soudée à l'ovule étant le *raphé.* Micropyle et chalaze sont dans l'axe du nucelle et le hile est proche du micropyle (type très répandu parmi les Angiospermes) ;

– *courbe* (= *campylotrope*) si le nucelle est recourbé, alors qu'il est droit dans les cas précédents (Chénopodiacées, Caryophyllacées, Crucifères, Papilionacées).

5. FLEURS INCOMPLÈTES

Toutes les espèces d'Angiospermes ne possèdent pas de fleurs complètes, c'est-à-dire constituées d'un calice, d'une corolle, d'un androcée et d'un gynécée, l'absence de certaines catégories de pièces florales pouvant porter sur les parties stériles ou (et) sur les parties fertiles de la fleur.

Différents types de fleurs incomplètes sont reconnaissables

– Fleurs à **une seule** enveloppe florale : les fleurs apétales sont les plus répandues (Protéacées, Urticacées, Ulmacées, Juglandacées, etc.), mais on connaît cependant des fleurs asépales, en particulier parmi des espèces appartenant à des familles d'Ombelliflores (Araliacées, Ombellifères, Cornacées, etc.).

– Fleurs **nues** : le périanthe est totalement absent (Casuarinacées, Salicacées, Pipéracées, etc.).

– Fleurs **unisexuées** (ou diclines) : les fleurs mâles (absence de gynécée) et les fleurs femelles (absence d'androcée) s'opposent aux fleurs hermaphrodites, les plus nombreuses, pourvues à la fois d'étamines et de carpelles.

D'une manière générale, les fleurs unisexuées ne possèdent souvent qu'une seule enveloppe florale ou même sont *nues* (Salicacées) (fig. 3-29).

Figure 3-29. Les fleurs unisexuées et nues des Saules (Salicacées).

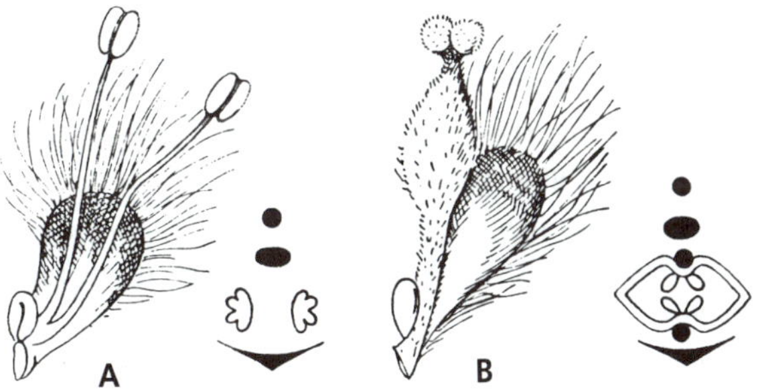

A, fleur mâle de *Salix capraea* et son diagramme ; **B**, fleur femelle de *Salix purpurea* et son diagramme. Dans les deux cas, les taches noires des diagrammes représentent tout ou partie d'un disque nectarifère (*in* EMBERGER, 1960).

– Fleurs **asexuées** donc stériles : privées d'étamines et de carpelles, elles ont perdu leur fonction reproductrice, celle-ci étant assurée par des fleurs fertiles avec lesquelles elles voisinent dans la même inflorescence (Bleuet/Composées).

Répartition des sexes

A côté des espèces hermaphrodites, de beaucoup les plus nombreuses, on distingue des espèces monoïques et des espèces dioïques suivant le degré de séparation des sexes.

■ La **monécie** : une espèce est monoïque (du grec *monos* = seul et *oikos* = demeure) si chaque plante porte, à la fois, des fleurs staminées et des fleurs pistillées. Les sexes sont séparés, mais sur un même individu. Ils relèvent donc d'un même génotype, comme chez les fleurs hermaphrodites d'ailleurs. C'est le cas de nombreux arbres de notre flore appartenant à la famille des Bétulacées (Bouleaux, Aulnes, Noisetier, Charme) et à celle des Fagacées (Hêtre, Chênes).

■ La **diécie** : une espèce est dioïque quand ses fleurs mâles et ses fleurs femelles sont séparées sur des pieds différents, les uns mâles, les autres femelles. Les sexes sont encore séparés, mais plus intensément que dans le cas précédent, puisqu'à deux phénotypes sexuellement différents correspondent deux génotypes. En fait, on connaît moins d'espèces dioïques que d'espèces monoïques[1]. On peut citer la famille des Salicacées (Peupliers, Saules), le Palmier-dattier (Palmacées) et diverses espèces dont le nom indique leur diécie (*Urtica dioica*/Urticacées, *Bryonia dioica*/Cucurbitacées, etc.).

Si les fleurs hermaphrodites s'opposent aux fleurs unisexuées, il ne faudrait pas penser que la répartition des unes et des autres est aussi tranchée qu'il pourrait le paraître de ce qui précède. En effet, les espèces *polygames* forment, à la fois, des fleurs hermaphrodites et des fleurs diclines.

■ La **polygamie** (fig. 3-30) s'exprime différemment d'une espèce à l'autre. Elle relève de la monécie quand, sur une même plante, avec des fleurs hermaphrodites se trouvent :

– des fleurs mâles : **andromonécie** (*Veratrum album*/Liliacées, *Aesculus hippocastanum*/Hippocastanacées) ;

– des fleurs femelles : **gynomonécie** (*Parietaria officinalis*/Urticacées, *Atriplex*/Chénopodiacées) ;

– à la fois des fleurs mâles et des fleurs femelles : **trimonécie** (*Acer*/Acéracées, *Ricinus*/Euphorbiacées).

Au contraire, il arrive que les trois catégories de fleurs soient réparties sur deux (diécie) ou trois (triécie) sortes de pieds différents. Les fleurs hermaphrodites caractérisant un type d'individus, il y a :

– **androdiécie**, s'il existe, en outre, des pieds mâles (*Caltha*/Renonculacées, *Dryas octopetala*/Rosacées) ;

---

1. D'après Lewis, la flore anglaise comprendrait 92 % d'espèces hermaphrodites, 5,4 % seraient monoïques, 2 % dioïques et 0,6 % polygames.

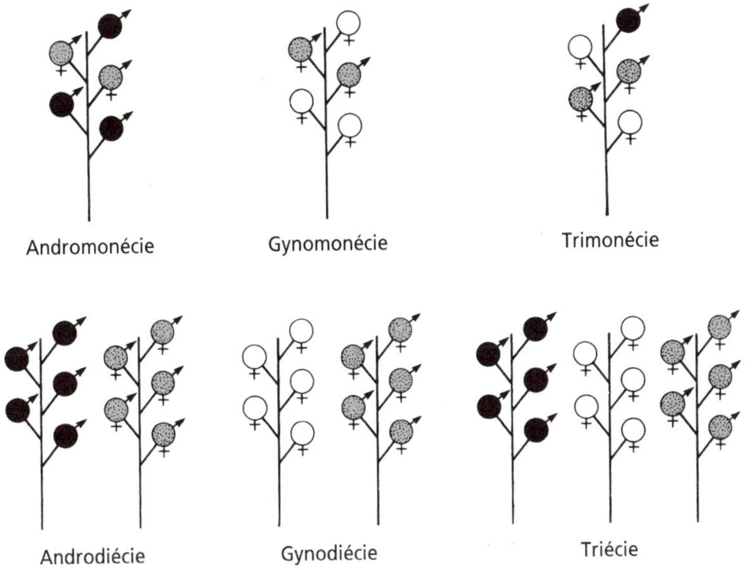

Figure 3-30. Principaux cas de polygamie des Angiospermes.
Les différents types de fleurs sont indiqués par des cercles blancs, noirs ou gris selon qu'elles sont femelles, mâles ou hermaphrodites.

– **gynodiécie**, s'il existe, aussi, des pieds femelles (*Thymus*/Labiées) ;

– **triécie**, quand on connaît, en outre, des pieds mâles *et* des pieds femelles (*Fraxinus excelsior*/Oléacées, *Ruscus*/Liliacées).

La polygamie pourrait exprimer un état sexuel instable de fleurs unisexuées évoluant vers l'hermaphrodisme ou de fleurs hermaphrodites sur la voie de l'unisexualité. Une telle instabilité est particulièrement répandue chez les Plantaginacées, puisque *Plantago lanceolata* est gynodioïque ou gynomonoïque et *P. media* également gynodioïque ou gynomonoïque, mais aussi androdioïque ou andromonoïque.

6. CONCLUSION

*Le **polymorphisme floral** est si grand d'une famille à l'autre, comme à l'intérieur d'une même famille dans beaucoup de cas, qu'il n'est pas possible de rencontrer une espèce qui permettrait, à elle seule, de proposer une définition morphologique générale de la fleur. Si des fleurs sont constituées d'une bractée, d'un pédoncule floral, de deux préfeuilles, d'un réceptacle, de sépales, de pétales, d'étamines et de carpelles, il en existe de beaucoup plus simples, comme les fleurs mâles monostaminées et souvent nues de nombreuses Euphorbiacées,* *par exemple. C'est dire que l'on peut reconnaître comme une fleur un ensemble constitué de toutes les pièces dites florales de la liste ci-dessus, ou seulement de certaines, cet ensemble étant réduit à un axe floral très court et à une étamine dans le cas des Euphorbiacées citées (fig. 8-3).*

La fleur est une **unité physionomique** *apparaissant, à première vue, comme un rameau court à croissance limitée. Si une tige porte des feuilles axillant des bourgeons végétatifs (chacun d'eux flanqué d'une ou deux préfeuilles) qui sont à l'origine d'une pousse feuillée, la tige montre aussi des bractées, chacune axillant un pédoncule floral sur lequel on distingue une ou deux préfeuilles. Un bouton floral fait donc penser à un bourgeon végétatif, la fleur à une pousse feuillée. Aussi a-t-on considéré pendant un certain temps que la fleur était un axe plus ou moins court portant des feuilles reproductrices. Cette conception est-elle justifiée par une double étude ontogénique et phylogénique ? En particulier, toutes les pièces florales sont-elles de nature foliaire ? Ces deux aspects seront discutés respectivement aux chapitres 4 et 8.*

4
DÉVELOPPEMENT ET NATURE DE LA FLEUR DES ANGIOSPERMES

- **Développement de la fleur**
- **Nature de la fleur**

L'étude du point végétatif caulinaire des Angiospermes (T. I, chap. 4) a révélé l'existence d'un anneau initial, *méristème de flanc dont l'activité est responsable de l'initiation foliaire au cours du développement végétatif de la plante. Au contraire, la région sommitale axiale (*tunica *et* corpus*), constituée d'un méristème d'attente dont les cellules ne se divisent que très rarement, devient active pendant l'édification du bouton floral.*

1. DÉVELOPPEMENT DE LA FLEUR[1]

Le passage de la phase végétative à la phase florale est progressif, le fonctionnement plastochronique de l'anneau initial cessant peu à peu, tandis que l'apex accumule un matériel cellulaire très important à la suite de divisions répétées des cellules du méristème d'attente.

Passage de la phase végétative à la phase florale (fig. 4-1)

La *phase préflorale* (ou phase de transition), caractérisée par l'épuisement tardif de l'anneau initial et la dédifférenciation du méristème d'attente, conduit à l'édification d'un *méristème préfloral* proliférant abondamment et qui préfigure le réceptacle. Dès le passage à l'état préfloral, on note la relative stabilité du cycle cellulaire en zone latérale, la remarquable activation des cellules axiales et un allongement du cycle des cellules du méristème médullaire lié à une vacuolisation rapide (tableau 4-1).

La dilatation caractéristique du bouton floral à ses débuts (avant la sortie des sépales) est en rapport avec une prolifération cellulaire localisée en profondeur (fig. 4-2).

---

1. Voir HELLER et coll., *Abrégé de physiologie végétale,* T. 2, chap. 13.

Par la suite, le *corpus* met en place le *réceptacle floral* à partir d'un *proméristème réceptaculaire* et les *pièces florales reproductrices* à partir d'un *proméristème sporogène issu de la tunica* (fig. 4-3).

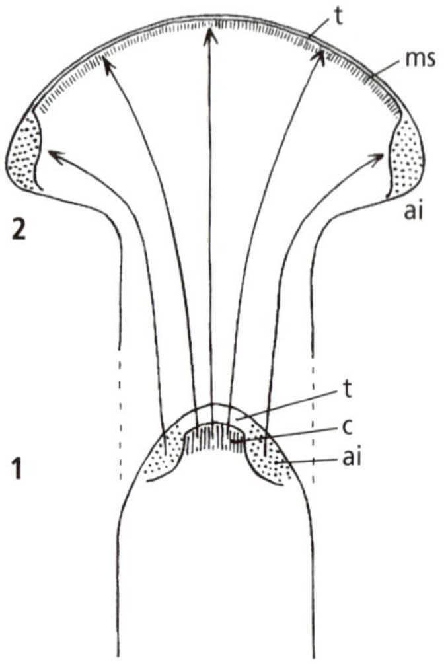

Figure 4-1. Passage du point végétatif (**1**) au sommet floral (**2**).

t, tunica; *c,* corpus; *ai,* anneau initial; *ms,* méristème superficiel (*in* Plantefol, 1948).

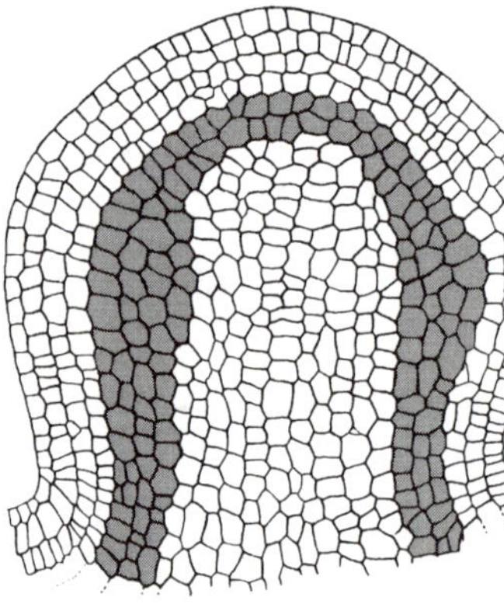

Figure 4-2. Coupe longitudinale de l'apex de *Papaver somniferum* (Papavéracées) à un stade intermédiaire entre la phase végétative et le bouton floral (en pointillé dense, la zone de prolifération) (*in* Bersillon, 1955).

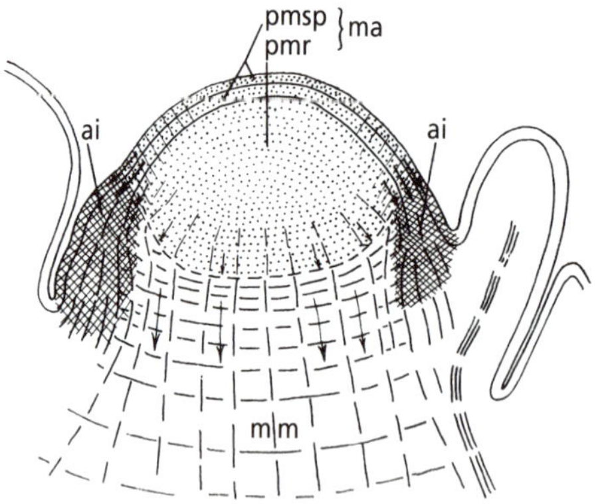

Figure 4-3. Point végétatif de *Lupinus albus* (Papilionacées).

ai, anneau initial; *mm,* méristème médullaire; *ma,* méristème d'attente; *pmsp,* proméristème sporogène; *pmr,* proméristème réceptaculaire (*in* Buvat, 1955).

Tableau 4-1. Durée (en heures) du cycle cellulaire dans les diverses zones du point végétatif et du méristème préfloral de *Chrysanthetum segetum* (Composées) (d'après NOUGARÈDE, 1989).

Type de méristème	*Zone axiale*	*Zone latérale*	*Méristème médullaire*
Végétatif	135,0	51,4	72,5
Préfloral	53,5	47,4	92,7

Formation des pièces florales (fig. 4-4)

Première étape : apparition du calice

Issus de l'anneau initial, les sépales naissent latéralement et successivement à la base du méristème reproducteur. Ils enveloppent bientôt un apex hémisphérique et lisse constitué par un manchon méristématique à partir duquel se formeront les autres pièces florales. Ce manchon coiffe le parenchyme médullaire du réceptacle.

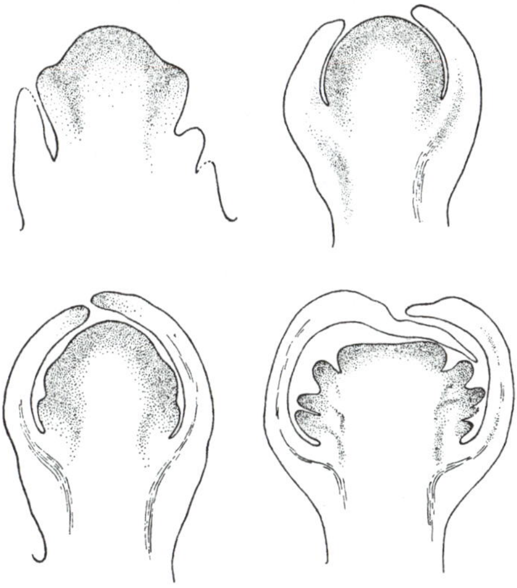

Figure 4-4. Développement de la fleur de *Papaver somniferum*.
De gauche à droite et de haut en bas : sortie des sépales, fin de la première étape, délimitation des différents territoires de l'organogenèse, fin de la deuxième étape (pétales, étamines et pistil sont à l'état de primordiums) (*in* BERSILLON, 1955).

Deuxième étape : détermination des différents territoires de l'organogenèse

Si la mise en place des sépales précède nettement celle des autres pièces, la formation des pétales, celle des étamines et du pistil, sans être vraiment simultanées, sont autant de phases qui interfèrent largement dans le temps. Alors que les sépales sont déjà très développés et dissimulent entièrement l'ébauche de la fleur, les autres pièces sont à l'état de primordiums, tandis que le procambium[1] s'ébauche à peine. A ce stade, le plan d'organisation de la fleur est réalisé.

1. Tissu embryonnaire proconducteur (voir T. I, chap. 5).

■ Les **pétales**, apparus simultanément au-dessus et entre les sépales, constituent des émergences beaucoup plus localisées que les sépales.

■ Tous les **androcées** ont une organisation annulaire, très marquée dans le cas du bourrelet androcéen des Portulacacées (fig. 4-5). Les étamines de chaque verticille pointent en même temps, leurs émergences étant disjointes entre elles. Pour les fleurs pentamères pourvues de deux verticilles staminaux, les cinq premières étamines apparues sont, le plus souvent, au voisinage direct du périanthe (verticille externe). Les suivantes naissent en alternance avec les premières et en direction du centre (verticille interne). Mais, inversement, le développement peut être centrifuge, le premier verticille formé est alors en position interne (fig. 4-5).

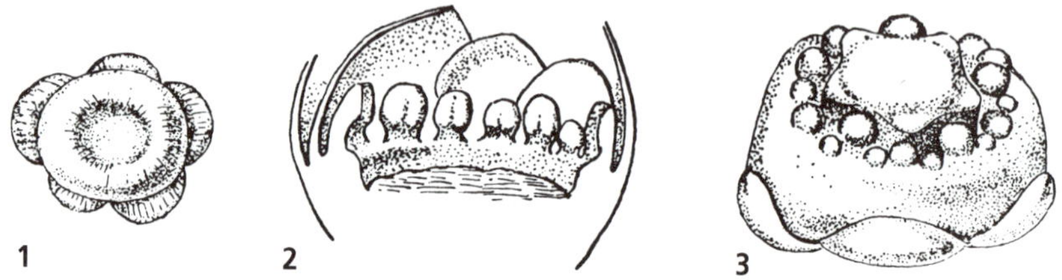

Figure 4-5. Développement de l'androcée.
1, bourrelet androcéen de *Portulaca oleracea* (Portulacacées) ; **2**, apparition des premières étamines sur le bord de ce bourrelet : **3**, les premières étamines se forment sur le bord interne du bourrelet androcéen de *Cistus* (Cistacées) (*in* Plantefol, 1948, d'après Payer).

■ Quant au futur **gynécée**, sa formation est caractérisée par la mise en place de socles sur lesquels les ovules se développeront (placentas) et de bourrelets, ébauches des carpelles qui enfermeront les ovules. Chez les fleurs spiralées (fleurs acycliques ou hémicycliques, p. 21), les carpelles apparaissent du bas vers le haut si le réceptacle est en saillie, du haut vers le bas si le réceptacle est creux. Pour les fleurs cycliques toutes les ébauches carpellaires se forment simultanément.

Troisième étape : chaque catégorie de primordiums évolue selon un mode propre

Dans la réalisation du gynécée, par exemple, il existe de nombreuses variantes. Chez des fleurs à ovaire supère, sur un réceptacle bombé, un ovule unique est coiffé par un bourrelet carpellaire en forme de casque dont les bords se soudent en enfermant l'ovule. Dans d'autres cas, une protubérance conique pleine se creuse d'une gouttière longitudinale limitée par deux bords placentaires. La cavité carpellaire ainsi formée se fermera plus tard par soudure de ses bords, enfermant placentas et ovules.

Quand l'ovaire sera infère, le réceptacle se creuse car la croissance de la région axiale est plus faible que celle des régions latérales (croissance torale).

Des lames saillantes portant les placentas croissent en direction du centre de la cavité ovarienne. En se rencontrant, elles constituent des loges indépendantes.

La fermeture de la cavité carpellaire, ou de la cavité ovarienne, est donc progressive. Chez des genres primitifs (*Drimys*/Magnoliacées), l'ovaire ne se ferme qu'après la fécondation.

2. NATURE DE LA FLEUR

La fleur s'opposant aux organes végétatifs par des caractères morphologiques, physiologiques et biologiques, il pourrait être satisfaisant pour l'esprit de démontrer l'existence d'une unité profonde entre cotylédons, feuilles, bractées, préfeuilles, sépales, pétales, étamines et carpelles. C'est le poète et philosophe Goethe qui, le premier, tenta une telle synthèse en élaborant la théorie de la métamorphose.

Théorie de la métamorphose : toutes les pièces florales seraient de nature foliaire

Stériles ou fertiles, toutes les pièces florales représenteraient des degrés de la métamorphose de la feuille. La fleur, malgré son originalité apparente, ne serait qu'un axe plus ou moins court porteur de feuilles dont certaines auraient subi une différenciation particulière liée à la reproduction sexuée.

Cette théorie repose sur l'étude de divers exemples empruntés aux formes normales et aux formes tératologiques. Nous n'en citerons que quelques-uns.

Fleurs normales

On constate que :

– sépales et pétales sont morphologiquement et anatomiquement assez comparables aux feuilles, bractées et préfeuilles ;

– si les pièces périanthaires sont, le plus souvent différentes des étamines et des carpelles, des fleurs d'espèces primitives montrent des transitions entre sépales, pétales, et étamines (*Nymphaea*/Nymphéacées) (fig. 4-6) ;

– au cours de l'ontogenèse florale, il existe une ressemblance entre les formes jeunes du carpelle encore ouvert des Ancolies (*Aquilegia*/Renonculacées) et une ébauche foliaire de Capucine (*Tropaeolum*/Tropéolacées).

Fleurs anormales

L'observation montre que :

– chez des fleurs *doubles* (= fleurs pleines), étamines et même carpelles sont transformés en pétales ; ce phénomène est fréquent parmi des espèces sauvages (Renonculacées et Rosacées) et chez de nombreuses variétés horticoles (fig. 4-7) ;

– sous l'influence de parasites attaquant le gynécée, les carpelles peuvent s'ouvrir et prendre l'aspect d'une feuille plus ou moins enroulée, les ovules étant insérés sur ses bords ;

– le centre d'une fleur *prolifère* se développe en un rameau porteur de feuilles et même d'une autre fleur, ce qui étaye en apparence la comparaison entre bouton floral et bourgeon végétatif.

Critiques de cette théorie

Les exemples rapportés suggèrent des analogies entre feuille et pièces florales, ainsi qu'entre les éléments constituant les différents verticilles floraux, sans que

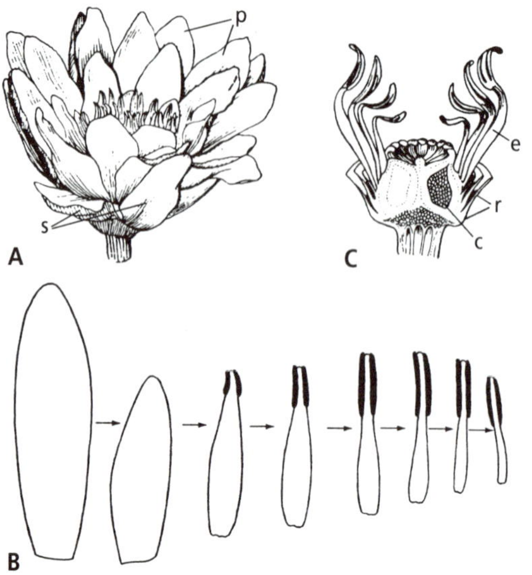

Figure 4-6. Fleur des *Nymphaea* (Nymphéacées).

A, vue d'ensemble; **B**, passage des pièces pétaloïdes internes aux étamines; **C**, coupe transversale d'une fleur.

s, sépales; *p*, pétales, *r*, réceptacle; *e*, étamines; *c*, carpelles (*in* Mangenot, 1973).

Figure 4-7. Fleur pleine d'*Hibiscus* (Malvacées).

Il ne reste plus qu'une étamine figurée en gris foncé (*in* Nozeran, 1955).

la nature foliaire des pièces reproductrices, les plus originales dans la fleur, ait été vraiment démontrée. Aussi, les critiques sont-elles nombreuses, allant de points de détail où des faits contredisent la théorie, à un rejet total de son principe. Nous ne citerons ici que l'opinion radicalement opposée de Grégoire, la plus révolutionnaire. Pour cet auteur, l'axe floral n'est pas le prolongement de l'axe végétatif, le sommet floral n'est pas un point végétatif et toutes les pièces florales n'ont rien à voir avec des feuilles. Entre des thèses totalement opposées, existe-t-il une autre interprétation possible de la fleur ?

Les pièces fertiles sont des organes *sui generis*

Pour Plantefol et Buvat, l'ontogenèse florale démontre que l'originalité de la fleur réside dans le fait que les étamines et les carpelles ne sont pas assimilables à des feuilles modifiées.

Calice

Les sépales, pièces colorées ou non, ne possèdent que des caractères végétatifs (absence générale de sacs polliniques et d'ovules) et sont liés par les règles des hélices foliaires à la partie végétative de la plante. Leur forme et leur position sont en rapport avec leur ordre d'apparition sur ces hélices. Les sépales des Roses (fig. 4-8), *« par leur ordre et leur rythme d'apparition, par les relations de position, exacte contiguïté, qu'ils ont entre eux, ont bien valeur de feuilles »* (Plantefol).

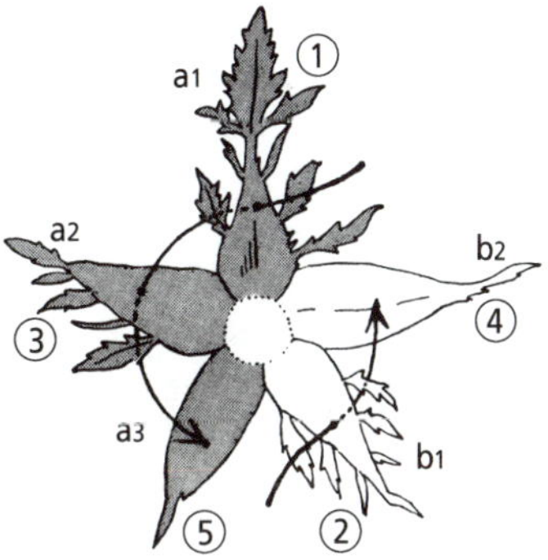

Figure 4-8. Calice des Roses.
Les chiffres cerclés désignent les sépales dans leur ordre d'apparition, les flèches matérialisent les deux hélices foliaires de ce calice (*in* PLANTEFOL, 1948).

Corolle

Les pétales typiques sont, comme les sépales, colorés ou non et toujours stériles, mais ils en diffèrent par d'autres caractères.

– Ils apparaissent tous *simultanément* à proximité des sépales.

– Ce sont des émergences beaucoup plus localisées que les sépales, leurs insertions occupant, sur le réceptacle, une place beaucoup plus petite que celle des sépales.

– Les pétales sont indépendants les uns des autres, car il n'existe pas de contiguïté entre eux. Ils n'appartiennent donc pas aux hélices foliaires le long desquelles les feuilles, puis les sépales, apparaissent successivement et en contiguïté.

– Les pétales, comme les pièces des calicules (p. 26), prennent naissance à partir de zones méristématiques de l'anneau initial non utilisées dans la formation du calice (fig. 4-9). *« Les pétales sont le résultat du* développement *des parties supérieures de l'*anneau initial *non transformées en sépales et laissées pour compte, sur le côté des hélices foliaires bloquées dans le calice. »* (Plantefol). Par exemple, l'ontogénie de la corolle gamopétale (fig. 4-10) montre qu'une bande continue appartenant à l'anneau initial unit les pointements des pétales, bande qui, à la suite d'une croissance torale, se développe en une lame continue. Celle-ci, en soulevant les pointements des pétales, donne la corolle gamopétale. *« Ce sont des compléments des sépales, mais des productions d'une nature nouvelle, vraiment florale. »* (Plantefol)

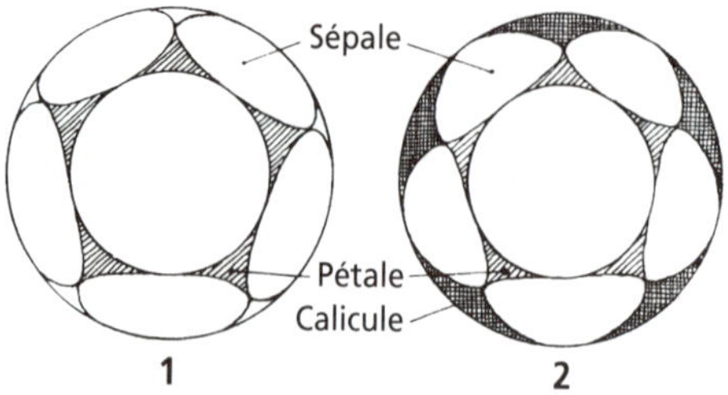

Figure 4-9. Évolution de l'anneau initial dans la fleur.

1, cas général ; **2**, présence d'un calicule (*in* PLANTEFOL, 1948).

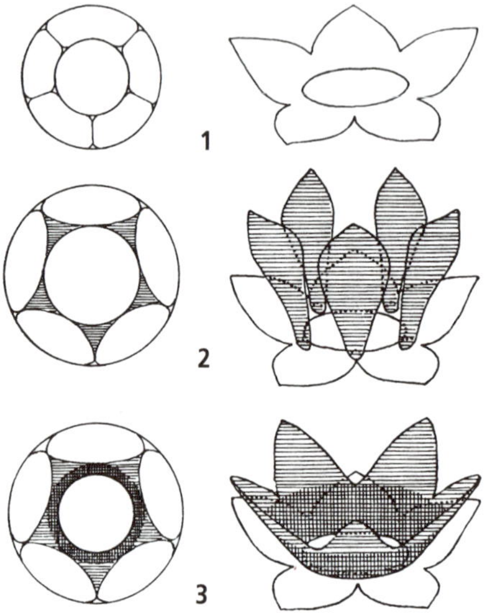

Figure 4-10. Réalisation des principaux types de périanthe chez les Dicotylédones apétales (1), dialypétales (2), et gamopétales (3).

Sépales : en blanc ; pétales : hachures horizontales ; croissance torale : hachures verticales (*in* PLANTEFOL, 1948).

Androcée

Son organisation annulaire, la naissance simultanée des étamines pour chaque verticille staminal, les ordres d'apparition des verticilles successifs (centripète ou centrifuge) prouvent que l'androcée est totalement indépendant des enveloppes périanthaires. D'ailleurs, les étamines ne s'insèrent en aucune façon sur les hélices foliaires définitivement arrêtées au niveau du calice.

« Au total, les étamines sont des émergences sporogènes produites par l'anneau staminal divisé en unités dont la répartition ne relève pas du fonctionnement des hélices foliaires. » (Plantefol)

Gynécée

Chez des fleurs acycliques, les alignements de nombreux et petits carpelles que l'on observe localement ne réalisent pas un système parfait comme celui des feuilles sur la tige.

Avec les fleurs cycliques, la disposition verticillée des carpelles pourrait faire penser que chacun d'entre eux termine une hélice foliaire. Une telle interprétation ne serait possible que si la fleur est isomère pour ses divers cycles. Par exemple, une fleur pentamère pourrait se résoudre en cinq hélices florales, chacune comportant un sépale, un pétale, une ou deux étamines et un carpelle. Mais ces tracés sont artificiels car ils ne reposent pas sur les règles suivant lesquelles sont construites les hélices foliaires, et surtout le gynécée est très rarement isomère (le plus souvent méiomère). *« Les verticilles carpellaires semblent des verticilles vrais, dont les pièces absolument équivalentes n'ont aucun lien entre elles, étant toutes équidistantes du sommet et apparaissant en même temps. »* (Plantefol). D'ailleurs, comme le fait remarquer cet auteur, *« on imagine mal les hélices foliaires interrompues au niveau des étamines et, au-dessus de la zone staminale, reprenant leur fonctionnement »*.

3. CONCLUSION

*Si la fleur est une **unité physionomique, elle n'est pas pour autant une unité morphologique,** toutes les pièces qui la constituent n'étant pas de même nature, comme le montre une étude ontogénique.*

*Mais quel que soit le degré du polymorphisme floral, que le calice seul soit d'origine foliaire, la fleur est toujours une **unité biologique** puisqu'elle est le siège de la reproduction sexuée des Phanérogames. L'existence de fleurs stériles ne contredit pas cette notion, les espèces chez lesquelles on en rencontre possédant aussi des fleurs fertiles.*

5
INFLORESCENCES DES ANGIOSPERMES[1]

- **Inflorescences de type monopodial**
- **Inflorescences de type sympodial**
- **Inflorescences mixtes**
- **Convergences morphologiques fleur-inflorescence**
- **Passage de l'inflorescence à la fleur**

Si, lors de la floraison, quelques espèces seulement d'Angiospermes ne possèdent qu'une fleur (fleur solitaire *du Perce-Neige,* Galanthus nivalis*/Amaryllidacées, des Tulipes/Liliacées), la plupart en produisent un certain nombre. Ces fleurs sont* isolées *sur l'individu qui les porte ou, au contraire, groupées en ensembles* physionomiquement *bien individualisés, les* inflorescences *simples, celles-ci pouvant être, à leur tour, assemblées entre elles (inflorescences composées ou composites).*

Les fleurs isolées, comme les inflorescences, sont en position terminale *sur la tige et ses ramifications, ou en position* latérale *(= axillaire).*

A première vue, la variation est souvent importante d'une inflorescence à l'autre. Pourtant, l'architecture inflorescentielle reposant sur les lois qui régissent la ramification des tiges (voir T. I, chap. 1), il n'existe que deux grands types fondamentaux d'inflorescences : monopodial et sympodial.

1. INFLORESCENCES DE TYPE MONOPODIAL

Elles sont encore qualifiées de *botrytiques* (du latin *botrus* = grappe) ou de racémeuses (du latin *racemus* = grappe de raisin), la grappe étant l'inflorescence fondamentale dans ce type.

Inflorescences simples (fig. 5-1)

■ La **grappe** est constituée de fleurs pédonculées échelonnées le long de l'axe de l'inflorescence. Quand celle-ci est à croissance indéfinie, cas le plus fréquent,

1. Pour les Gymnospermes, voir p. 76.

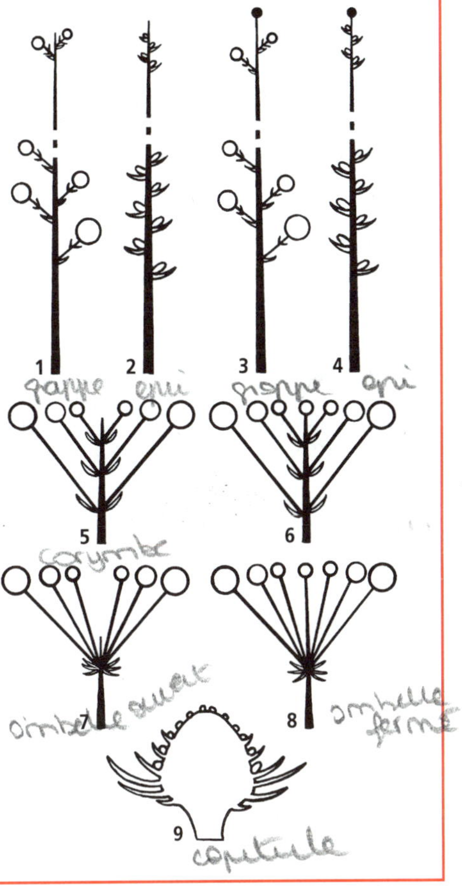

Figure 5-1. Inflorescences simples de type monopodial.
1, **2**, **5** et **7**, grappe, épi, corymbe et ombelle ouverts; **3**, **4**, **6**, **8**, grappe, épi, corymbe et ombelle fermés; **9**, capitule centripète.

la grappe est dite *ouverte* (= *indéfinie*). Les fleurs de la base s'épanouissent les premières, lorsque les supérieures sont encore à l'état de boutons de taille décroissante en direction du sommet. L'épanouissement est donc *basifuge* (= *centripète*) (Épilobes/Onagracées, Linaires/Scrophulariacées, etc.)

Si l'axe est à croissance limitée, son extrémité n'étant plus végétative mais portant une fleur (grappe *fermée* = *définie*), la première formée, la grappe est encore basifuge ou, plus rarement, *basipète* (= *centrifuge*).

Il existe des grappes particulières, parmi lesquelles certaines sont :

– *unilatérales,* aux fleurs déjetées d'un même côté (Muguet/Liliacées) ;

– *distiques,* aux fleurs insérées sur deux génératrices verticales opposées (fréquentes chez les Monocotylédones, rares parmi les Dicotylédones) ;

– apparemment *verticillées* (Lupin/Papilionacées) ;

– contractées et passant aux capitules (Trèfles/Papilionacées) ;

– *dorsiventrales* ou *brisées* (*Vicia cracca*/Papilionacées, Glaïeuls/Iridacées). Si la ressemblance est frappante, dans ce cas, avec les cymes unipares, il est possible de reconnaître les unes des autres à la position des bractées (fig. 5-4, G).

■ L'**épi** est une grappe de fleurs sessiles étroitement appliquées contre l'axe (Plantains/Plantaginacées, *Veronica spicata*/Scrophulariacées). Les *chatons* des Saules (Salicacées), par exemple, sont des épis très denses de fleurs unisexuées, à périanthe absent ou écailleux, accompagnées de bractées et préfeuilles généralement bien développées. Le *spadice* des Aracées (fig. 5-7) est un épi caractérisé par un axe charnu entouré d'une spathe, grande bractée inflorescentielle souvent très décorative.

■ Le **corymbe** est constitué de fleurs situées sensiblement au même niveau du fait de la taille différente des pédoncules floraux [corymbe simple et fermé du Pommier (Rosacées) ; *Ornithogalum umbellatum* (Liliacées), dont l'inflorescence n'est pas une ombelle comme son nom l'indique, mais un corymbe simple et ouvert].

■ L'**ombelle** diffère du corymbe par l'insertion des fleurs à un même niveau, matérialisé par le verticille de leurs bractées formant un *involucre*. Les ombelles *simples* sont assez rares : *Astrantia*/Ombellifères, ombelles *définies* de *Chelidonium*/Papavéracées, ombelles *indéfinies* du Cerisier/Rosacées, des *Allium*/Liliacées.

■ Le **capitule** se compose de fleurs, aux pédoncules très contractés ou même nuls, et disposées sur un plateau, réceptacle inflorescentiel entouré de bractées (capitules centripètes des Composées).

Inflorescences composées et inflorescences composites (fig. 5-2)

Constituées de plusieurs inflorescences simples groupées selon un des modes inflorescentiels de type monopodial : sur le *même* mode (inflorescences composées) ou sur un mode *différent* (inflorescences composites).

Parmi les premières, citons :

– les *grappes de grappes* fréquentes chez les Papilionacées, avec passage au capitule par contraction ;

– les *corymbes de corymbes définis* de l'Aubépine (Rosacées) ;

– les *épis d'épillets* (nombreuses Graminées comme le Blé, le Seigle, etc.) ;

– les *ombelles d'ombellules* ou petites ombelles (Ombellifères, sauf les *Astrantia*).

Parmi les secondes :

– les *grappes d'épis* (Palmiers) ;

– les *grappes définies d'ombelles* du Lierre (Araliacées) ;

– les *corymbes de capitules* (*Achillea*/Composées) ;

– les *grappes composées fermées d'épillets* (panicule de l'Avoine/Graminées).

2. INFLORESCENCES DE TYPE SYMPODIAL

Ces inflorescences :

– sont **fermées** (= définies), une fleur occupant toujours l'extrémité de l'axe d'ordre I et celle des rameaux suivants ;

– sont principalement **bipares** (= dichasiales) ou **unipares** (= monochasiales) (voir T. I, chap. 1) ;

Figure 5-2. Inflorescences composées de type monopodial.
De gauche à droite : épillet 4-flore de *Poa annua* (Graminées), panicule d'*Eragrostis minor* (Graminées), ombelle d'ombellules (Ombellifères). La charpente de l'épillet de *Poa* est figurée en noir, ses fleurs (en blanc) ont été représentées avec un pédoncule floral — en fait virtuel — pour faciliter la compréhension du schéma.
Gi, glume inférieure ; *Gs,* glume supérieure ; *gi,* glumelle inférieure (= lemme) ; *gs,* glumelle supérieure (= paléole), *l,* lodicules ; *s,* sommet de l'épillet.
Chez les Graminées, la glumelle inférieure correspond à une bractée, la glumelle supérieure à une préfeuille et les minuscules lodicules simulent un périanthe (*in* MANGENOT, 1973 ; GUINOCHET, 1965 ; EMBERGER, 1960).

– sont constituées de fleurs disposées de telle manière que les fleurs d'ordre supérieur dépassent celles d'ordre inférieur ;

– ont une organisation **centrifuge** ;

– sont d'une grande variété (cymes unipares, bipares ou multipares), suivant le nombre de rameaux et de fleurs d'ordre 2 portés par l'axe-père (1, 2 ou plus de 2).

Inflorescences simples

Cymes bipares (fig. 5-3)

Elles se définissent par quatre caractères.

– Ce type résulte de *l'enchaînement de petites grappes terminales triflores ou dichasiums,* les deux préfeuilles α et β de la fleur d'ordre 1 (ou n) axillant chacune une fleur d'ordre 2 (ou n + 1)[1].

1. Rappelons que, par définition, la préfeuille la plus basse est α.

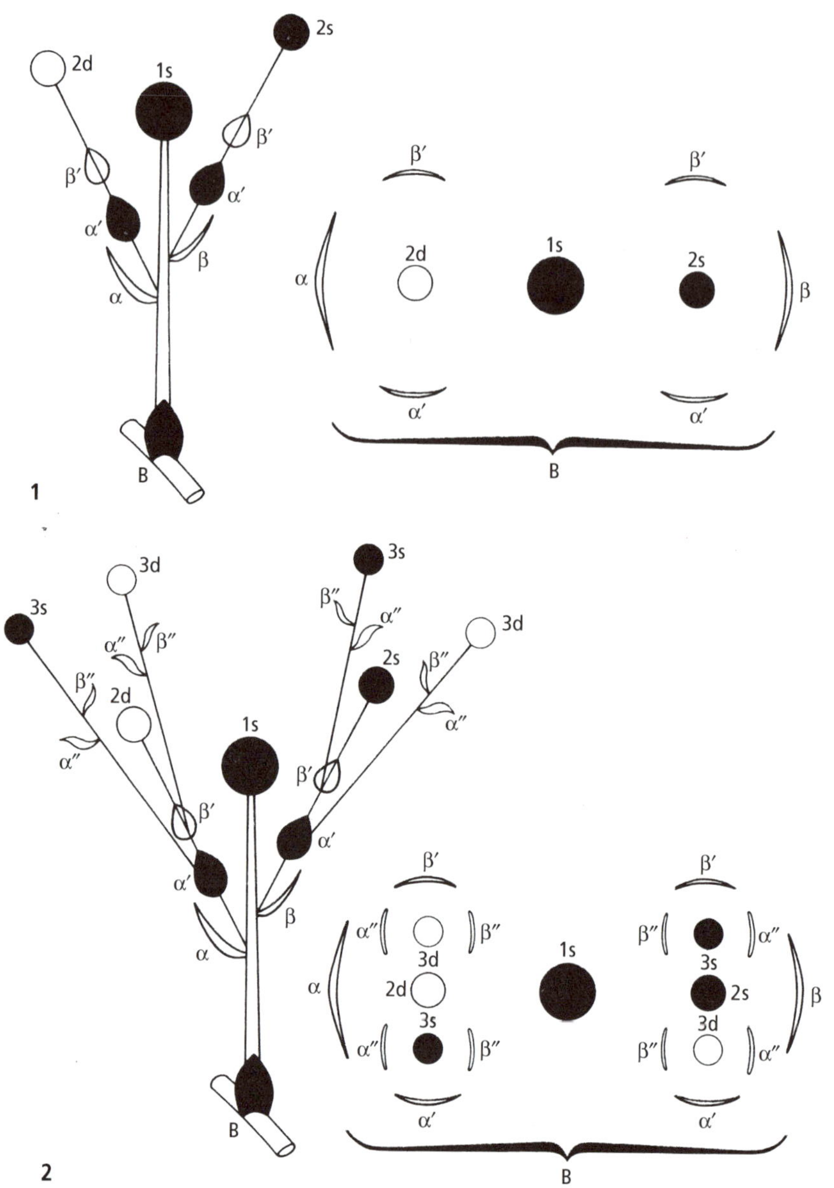

Figure 5-3. Trois étapes (1, 2, 3) de l'édification d'une cyme bipare antidrome et favorisée en α, homodrome en β.

A gauche, son aspect général, à droite sa projection horizontale. Dans l'aspect général, la bractée et les préfeuilles représentées en noir plein sont en avant des axes qu'elles masquent en partie, les préfeuilles en blanc sont latérales ou situées derrière les axes. Les fleurs sinistrorses *(s)* sont en noir, les fleurs dextrorses *(d)* en blanc.

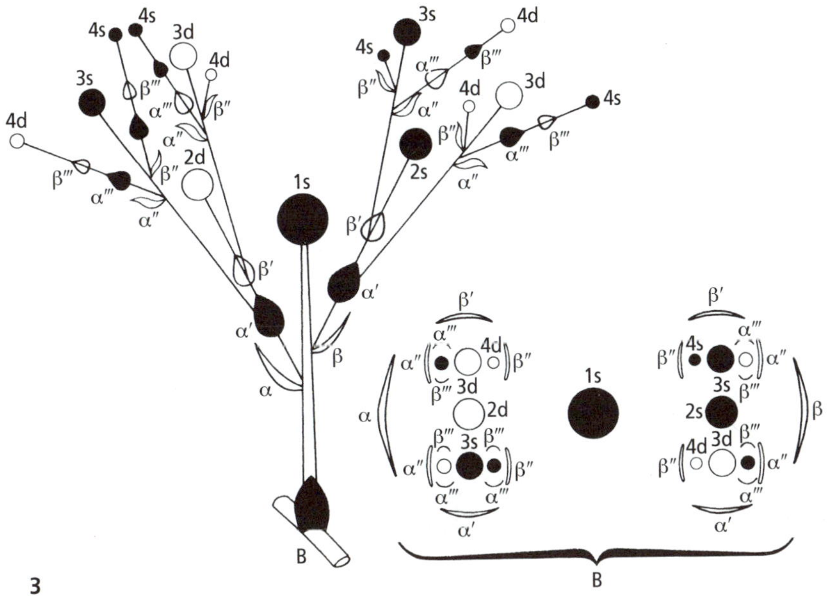

Figure 5-3. *(Suite)*

– Les plans successifs de la ramification dichasiale se coupent à angle droit.

– **Homodromie** et **antidromie** : le long de chaque ramification, la position réciproque des préfeuilles définit l'homodromie ou l'antidromie des rameaux. On dit qu'un rameau d'ordre 2 est *antidrome* lorsque ses préfeuilles occupent une position inverse de celle des préfeuilles de l'axe-père. Il est, au contraire, *homodrome* quand ses préfeuilles et celles de l'axe d'ordre 1 occupent la même position. Dans le cas de la cyme bipare de la fig. 5-3, le rameau 2 en α étant antidrome et le rameau 2 en β homodrome, tous deux sont dits *hétérodromes*. Il en est de même pour chaque couple d'ordre 3, d'ordre 4, etc.

C'est un cas très fréquent, mais pas pour autant général comme on l'a pensé longtemps. En effet, Nozeran a montré que, chez certaines Pipéracées, les rameaux axillés en α et β sont tous deux antidromes de l'axe-père, donc homodromes entre eux.

L'homodromie et l'antidromie des rameaux successifs sont soulignées par la préfloraison du calice (p. 27)[1]. Pour la cyme considérée ici, les rameaux 2, qui sont hétérodromes, portent des fleurs dont la préfloraison est en sens inverse (une

1. La fleur étant observée de profil, l'apparition des sépales se fait de gauche à droite (donc en sens inverse des aiguilles d'une montre) si la fleur est *dextrorse* (du latin *dexter* = droit), et de droite à gauche (donc dans le sens des aiguilles d'une montre) quand la fleur est *sinistrorse* (du latin *sinister* = gauche).

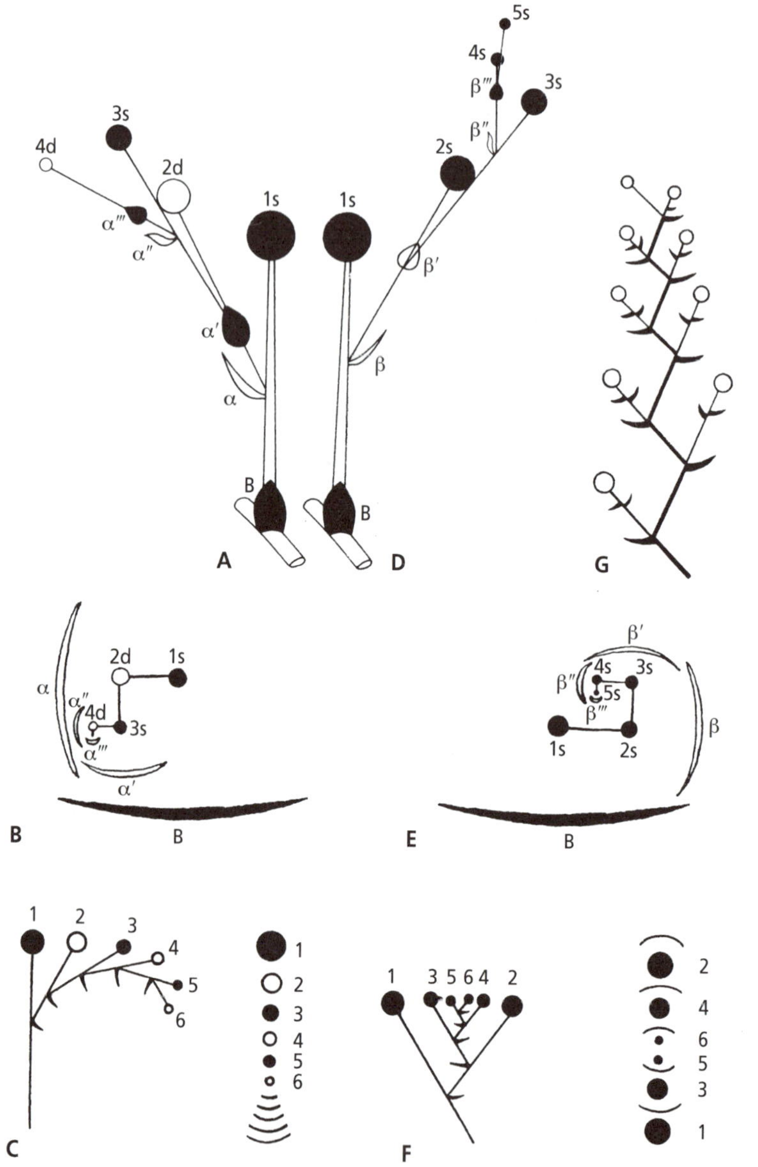

Figure 5-4. Cymes unipares et leurs dérivés.

Cyme scorpioïde (**A**, projection verticale; **B**, projection horizontale) et faucille (**C**); Cyme hélicoïde (**D**, projection verticale; **E**, projection horizontale) et éventail (**F**). La grappe brisée fermée (**G**) ressemble à une cyme hélicoïde, mais la position de ses bractées et la présence habituelle de préfeuilles permettent de distinguer ces deux types inflorescentiels.

fleur sinistrorse, une fleur dextrorse). Il en est de même pour chaque couple de rameaux d'ordre 3, 4,… n.

– Les deux côtés d'une cyme bipare peuvent avoir un développement égal (*Begonia*/Bégoniacées) ; le plus souvent, l'un des deux est plus développé. On dit qu'il est *favorisé,* en α pour les Renonculacées, en β pour les Caryophyllacées et les Solanacées (fig. 5-3).

Cymes unipares (fig. 5-4)

Une cyme unipare dérive d'une cyme bipare dont la moitié seulement des rameaux se développeraient. C'est dire que ces rameaux ne sont pas disposés dans un plan unique.

■ Chez les **cymes scorpioïdes,** seuls subsistent les rameaux *antidromes.* D'une fleur de rang n à la suivante de rang $n + 1$, la préfloraison s'inverse. Dans la cyme scorpioïde de la figure 5-4, par exemple, les fleurs 1 et 3 sont sinistrorses, les fleurs 2 et 4 dextrorses.

De telles cymes sont fréquentes parmi les Dicotylédones (Boraginacées), mais très rares chez les Monocotylédones (Commélinacées).

De la cyme scorpioïde dérive la **faucille,** dont tous les rameaux sont ramenés dans un même plan.

■ Au contraire, avec les **cymes hélicoïdes,** seuls les rameaux *homodromes* se développent et toutes les fleurs, quel que soit leur rang, ont la même préfloraison (fleurs sinistrorses pour l'exemple de la figure 5-4).

La distribution de ces cymes dans les différentes familles est inverse de celle des cymes scorpioïdes : nombreuses chez les Monocotylédones, mais rares parmi les Dicotylédones.

Si tous les rameaux sont ramenés dans un même plan, on est en présence d'un **éventail.** Celui-ci est à la cyme hélicoïde, ce que la faucille est à la cyme scorpioïde.

Cymes multipares

Elles sont relativement peu fréquentes : *Sedum* (Crassulacées), de nombreuses Euphorbes, comme *Euphorbia helioscopia,* par exemple (Euphorbiacées).

Capitules centrifuges

Ils dérivent des cymes comme les capitules centripètes dérivent de la grappe. Chez les premiers, de beaucoup les plus rares, la floraison débute au centre du capitule, chez les seconds à la périphérie.

Inflorescences composées et inflorescences composites

L'inflorescence composite des Amaryllidacées (fig. 5-5) fournit un exemple intéressant. C'est typiquement une cyme bipare de cymes hélicoïdes dont *toutes* les fleurs (même celle d'ordre 1) sont dextrorses. Elle ne peut donc dériver, comme le fait remarquer Nozeran, que d'une cyme bipare à rameaux successifs homodromes, encore inconnue dans la nature, et qui ne pourrait donner naissance qu'à des cymes hélicoïdes.

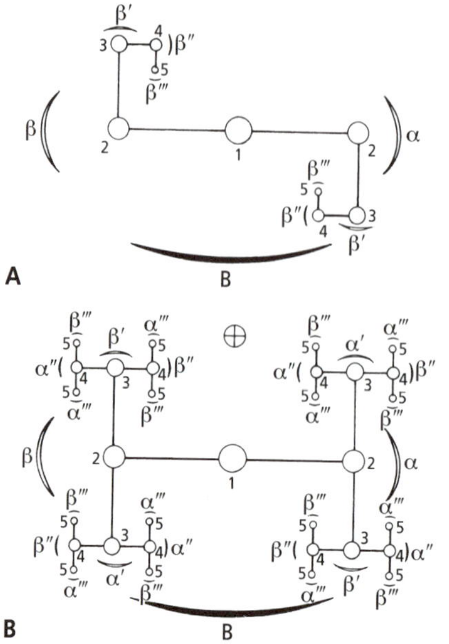

Figure 5-5. Inflorescence composite des Amaryllidacées.

A, inflorescence de *Narcissus tazetta*; **B**, inflorescence théorique correspondant à la cyme bipare de cymes hélicoïdes figurée en A (*in* EMBERGER, 1960, d'après NOZERAN).

3. INFLORESCENCES MIXTES

Elles sont ainsi appelées car leur architecture mélange le type monopodial et le type sympodial. Ce sont, par exemple :

– les *grappes de cymes bipares* : Lilas (Oléacées)[1] ;

– les *grappes de cymes scorpioïdes* : Vipérine (Boraginacées);

– les *épis de cymes hélicoïdes* : Iris (Iridacées);

– les *épis* de petites cymes *(cymules)* bipares, triflores, unisexuées, qui constituent les chatons des Bétulacées

– les *ombelles de cymes scorpioïdes* : Poireau (Liliacées).

4. CONVERGENCES MORPHOLOGIQUES FLEUR-INFLORESCENCE

Dans le langage ordinaire, on parle d'une fleur de Dahlia (Composées) (fig. 5-6) ou d'Arum (Aracées) (fig. 5-7). Cette grossière erreur botanique, puisqu'il s'agit d'un capitule centripète pour la première famille et d'un épi pour la seconde, traduit pourtant un fait intéressant : l'existence de convergences morphologiques entre fleur et inflorescence.

1. D'une manière générale, les grappes de cymes sont appelées *thyrses*.

Le capitule des Composées est constitué le plus souvent de :

– fleurs actinomorphes à corolle tubuleuse (fleurons) situées au centre du capitule ;

– fleurs zygomorphes à corolle étalée dans un plan (dites ligulées) à l'extérieur ;

– fleurs groupées sur un réceptacle inflorescentiel conique ou aplati portant des bractées à sa périphérie *(involucre)* et qui, dans sa diversité, rappelle celle des réceptacles floraux.

La forme, la couleur, la place des fleurons, des fleurs ligulées et des bractées involucrales, font que l'on peut confondre ces organes respectivement avec des étamines, des pétales et des sépales, d'ou l'emploi du mot fleur dans le langage courant pour désigner le capitule des Marguerites. Le nombre des fleurons, lorsqu'il est constant, concourt également à parfaire l'imitation. C'est le cas de l'*Achillea millefolium* et du *Prenanthes purpurea* (fig. 5-6). Cette convergence morphologique est du type **hétéroplastique,** puisque les éléments constitutifs sont de natures différentes dans le capitule et dans la fleur[1].

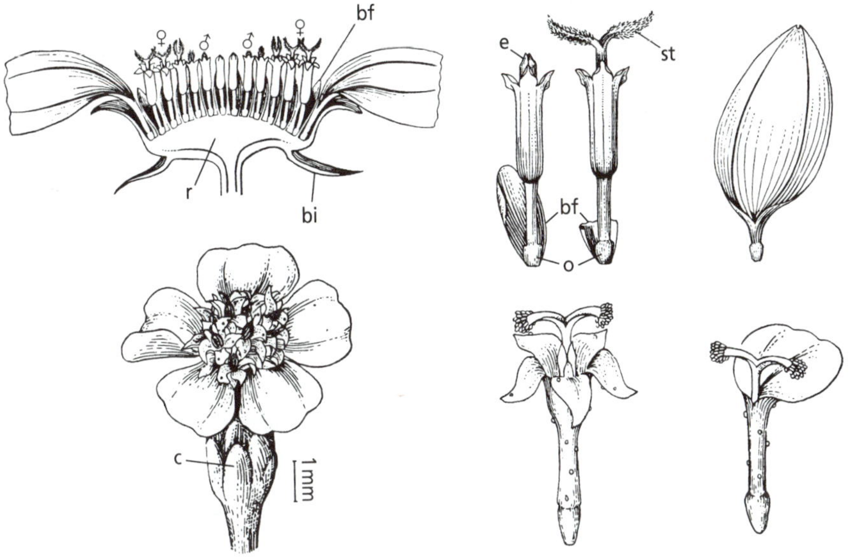

Figure 5-6. Capitule des Composées.
En haut *(Dahlia)* et, de gauche à droite : coupe du capitule, fleuron jeune fonctionnellement mâle, fleuron plus âgé fonctionnellement femelle, fleur ligulée périphérique stérile. En bas *(Achillea millefolium)* et, de gauche à droite : capitule, fleuron actinomorphe et ligule zygomorphe fonctionnellement femelles (*r*, réceptacle inflorescentiel ; *bi*, bractée involucrale ; *bf*, bractée de fleuron ; *o*, ovaire infère ; *e*, étamines ; *st*, stigmate ; *c*, pseudo-calice involucral, les cinq ligules constituant une pseudo-corolle) (*in* MANGENOT, 1973).

1. Les convergences hétéroplastiques s'opposent aux convergences homoplastiques, ressemblances entre les caractères d'un même type chez des végétaux non apparentés (stipe des Palmiers, des Cycadales et des Fougères arborescentes) (voir T. I, chap. 1).

Chez l'Edelweiss (Composées), un groupe de petits capitules est entouré des bractées blanchâtres et laineuses du super-involucre qui, par la disposition, la taille, la forme et la couleur, font penser à des pétales. L'ensemble simule encore une fleur.

L'inflorescence de l'*Arum maculatum* (Aracées) est un épi totalement entouré d'une bractée inflorescentielle blanche de grande taille dont la forme rappelle la fleur de l'*Aristolochia clematitis* (Aristolochiacées) (fig. 5-7). A la convergence morphologique se superpose d'ailleurs une remarquable convergence fonctionnelle lors de la pollinisation par des insectes.

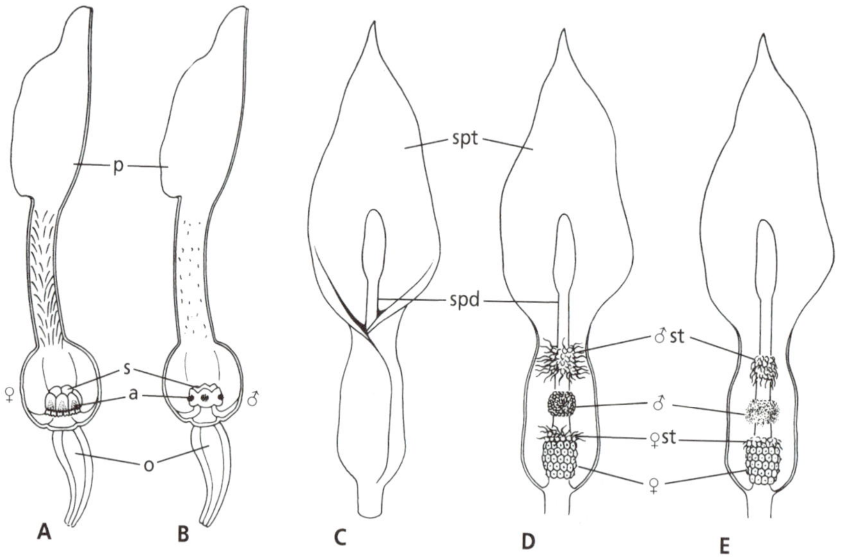

Figure 5-7. Convergence hétéroplastique entre la fleur d'*Aristolochia clematitis* (A et B) et l'inflorescence d'*Arum maculatum* (C, D et E).

A, par son odeur, la fleur hermaphrodite d'Aristoloche, d'abord fonctionnellement femelle, attire de nombreux moucherons qui accèdent facilement au gynostème. En revanche, les poils du tube périanthaire s'opposent à leur sortie de la fleur. Prisonniers dans l'ampoule périanthaire, ils entrent en contact avec les lobes stigmatiques réceptifs et y déposent le pollen qui les a recouverts au cours de la visite d'autres fleurs; **B**, les anthères s'ouvrent, les insectes reçoivent leur pollen dont ils pourront assurer le transfert car, les poils périanthaires s'étant flétris, le piège qui les retenait ne fonctionne plus (*o*, ovaire; *a*, anthères; *s*, lobes stigmatiques); **C**, **D**, **E**, entouré d'une spathe *(spt)*, l'axe charnu *(spd)* du spadice d'*Arum* porte des fleurs mâles stériles dont les *appendices filiformes jouent le rôle mécanique des poils périanthaires des Aristoloches.* En position inférieure, on rencontre successivement trois anneaux de fleurs mâles fertiles, de fleurs femelles stériles appendiculées et de fleurs femelles fertiles qui parviennent encore à maturité avant les fleurs mâles. Le déroulement de la pollinisation des fleurs femelles de cette inflorescence se fait de la même manière que celle de la fleur des Aristoloches. La convergence morphologique s'accompagne donc d'une remarquable convergence fonctionnelle (*in* MANGENOT, 1973).

5. PASSAGE DE L'INFLORESCENCE À LA FLEUR

Diverses familles (Caprifoliacées, Oléacées, Rubiacées, etc.) montrent des exemples de condensation d'inflorescences en fleurs isolées pléiomères.

Dans une cyme bipare dont la fleur terminale d'ordre 1 ne se développe pas, il arrive que les deux fleurs latérales fusionnent. Il en résulte deux fleurs soudées ou une fleur pléiomère (fig. 5-8). Ce phénomène qui, dans le cas présent, pourrait être considéré comme une simple anomalie[1], est particulièrement important. En effet, nous verrons au chapitre 8, à propos des états prefloraux, que l'état floral peut être atteint au cours de l'évolution à partir de l'état inflorescentiel.

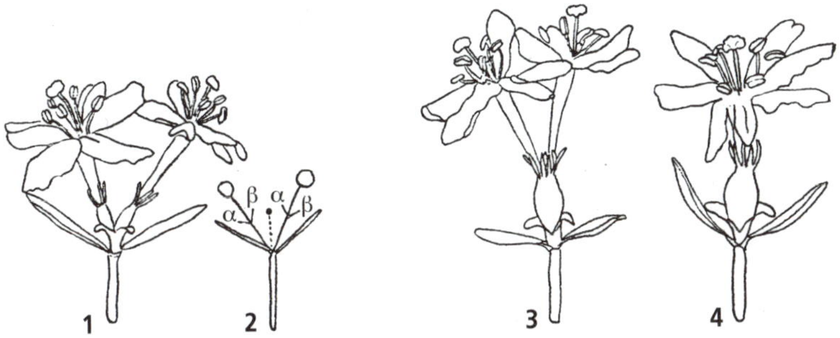

Figure 5-8. Passage de la cyme bipare à la fleur par contraction (*Lonicera*/Çaprifoliacées).

1 et **2**, la cyme originelle et son interprétation — la fleur d'ordre I est avortée; **3**, stade intermédiaire; **4**, fleur pléiomère (*in* EMBERGER, 1960, d'après VELENOWSKY).

6. CONCLUSION

La fleur, l'inflorescence simple et l'inflorescence composée (ou composite ou mixte) constituent trois ***unités physionomiques*** *représentant trois degrés dans le groupement des pièces florales et des fleurs.*

Si la fleur est un ensemble globuleux, l'inflorescence simple est plus ou moins ramifiée, même l'épi puisqu'il dérive de la grappe.

*Des fleurs isolées à l'inflorescence simple (fig. 5-9), l'****effet de masse*** *résulte de :*

– la ***réduction*** *à l'état de bractées des feuilles axillant les axes floraux;*

---

1. Nous avons déjà signalé l'importance des fleurs anormales dans l'établissement du diagramme floral théorique (p. 18). Ce nouvel exemple montre que, si les cas tératologiques sont importants à considérer pour établir la nature morphologique d'un organe, ils permettent aussi de reconnaître des voies évolutives pour les organes, qu'ils soient végétatifs ou reproducteurs, et ceci d'autant plus qu'un état anormal d'une espèce peut être identique à l'état normal d'une autre espèce.

Figure 5-9. Passage d'une ramification à fleurs isolées à l'inflorescence. **a**, stade initial ; **b**, stade intermédiaire ; **c**, grappe ; **d**, épi (modifié d'après EMBERGER, 1964).

– la ***condensation*** *de la ramification inflorescentielle.*

Dans le cas des groupements d'inflorescences, aux deux processus précédents s'ajoute souvent la réduction de celles-ci.

Suivant les degrés de l'effet de masse, il est donc possible de distinguer, par exemple, un ensemble de fleurs isolées, d'une grappe et d'un épi, bien que le système général soit fondamentalement le même dans les trois cas.

Au plan ontogénique, Buvat a montré que « la transformation du point végétatif, lorsque vont apparaître des appareils reproducteurs terminaux, est semblable, qu'il s'agisse d'une future fleur solitaire ou d'une inflorescence ».

« L'édification d'un méristème sporogène, uniforme, recouvrant un réceptacle, est histologiquement toujours la même. Ce méristème peut, ensuite, se diviser en plusieurs méristèmes floraux, de même constitution que lui, avec ou sans bractées axillantes, ou bien donner directement les pièces d'une seule fleur. »

« Ainsi, l'étude histologique n'apporte aucun caractère, aucun critère fondamental qui permette une définition différentielle de la fleur ou de l'inflorescence : elle n'ajoute rien aux arguments morphologiques. »

L'étude de la phylogenèse de la fleur permettra-t-elle de maintenir une différence capitale entre fleur et inflorescence (voir chap. 8) ? Dès maintenant, les convergences hétéroplastiques entre fleur et inflorescence prouvent, comme celles reconnues pour l'appareil végétatif (T. I, chap. 3), que la si riche variation des formes végétales relève, en fait, d'un nombre assez restreint de types qui fréquemment se répètent avec seulement des nuances multiples.

6
SPOROPHYTE DES CORMOPHYTES

- **Sporanges des Ptéridophytes**
- **Microsporanges des Spermaphytes et des Préspermaphytes**
- **Mégasporanges des plantes à ovules**
- **Comparaison générale entre les Ptéridophytes et les plantes à ovules**
- **Cas des Bryophytes**

Le sporophyte, génération à 2 n *chromosomes issue de l'œuf et portant des sporanges, est très reconnaissable chez les Ptéridophytes; parvenus à maturité, les sporanges de la plante feuillée libèrent des méiospores. Il en est de même de la capsule du sporogone des Bryophytes (chap. 2). Or, on n'observe apparemment rien de comparable pour les Spermaphytes. Il est donc nécessaire de rechercher si, au niveau de la fleur, il peut être trouvé des organes, ou des parties d'organes, comparables à des sporanges.*

1. SPORANGES DES PTÉRIDOPHYTES

Les Ptéridophytes se signalent par une très grande diversité de leurs sporanges et de leurs spores. Aussi, à leur propos, a-t-il été élaboré une terminologie qui sera reprise pour les autres groupes.

Diversité des sporanges

D'après les caractères morphologiques des sporanges, on distingue des *Filicinées leptosporangiées,* dont les sporanges sont grêles, plus ou moins pédicellés, et dont le développement s'échelonne souvent dans le temps quand ils sont rassemblés. Leurs groupements, ou *sores,* sont fréquemment recouverts partiellement par une lame *(indusie)* (fig. 6-1). Au contraire, chez les *Filicinées* dites *eusporangiées* les sporanges sont massifs et se forment simultanément au niveau des sores dépourvus d'indusies. Cette opposition se confirme quand on envisage le développement des deux types sporangiaux (voir p. 224). La division des Filicinées en deux grands ensembles ne réside pas uniquement d'ailleurs sur les

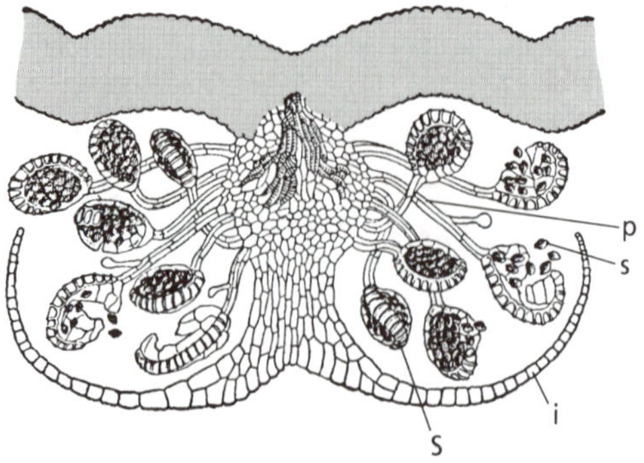

Figure 6-1. Sore d'une Fougère leptosporangiée (*Dryopteris Filix-mas,* Dryoptéridacées).

i, indusie; *S,* sporange; *p,* pédicelle de sporange; *s,* spore (DE FERRÉ, *in* DES ABBAYES et coll., 1978, d'après KNY).

caractères des sporanges. Elle correspond, en effet, à deux types d'organisation générale qui se distinguent par de nombreux autres caractères (voir p. 224).

Chez les Lycopodinées (fig. 6-2), au moment de la reproduction, chaque tige fertile des Lycopodes (Lycopodiacées/Lycopodiales) est terminée par un épi sporifère dont les feuilles fertiles (ou *sporophylles*) se distinguent des feuilles stériles par le fait qu'elles supportent un unique sporange adaxial et concrescent. Quelle que soit leur position sur l'épi, les sporanges sont comparables, leurs méiospores petites et identiques. Dans ce cas, il y a **homosporangie** (ou *isosporangie*). Au contraire, chez les Sélaginelles (Sélaginellacées/Sélaginellales), on

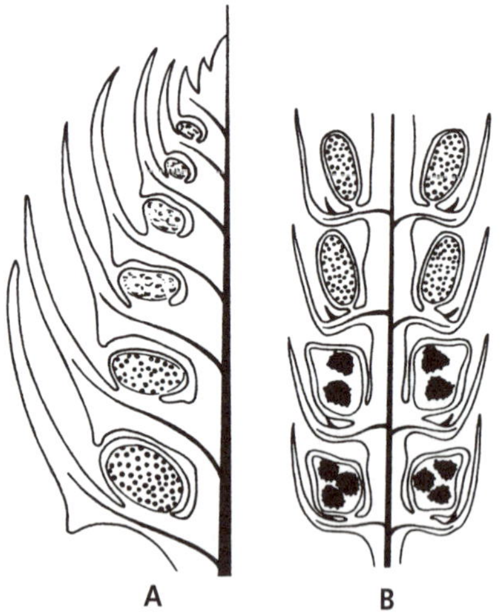

Figure 6-2. Épis sporangifères de Lycopodinées.

A, moitié d'épi de *Lycopodium*; **B**, de *Selaginella,* microsporanges au sommet, mégasporanges à la base de l'épi. Les ligules sont figurées en noir (DE FERRÉ, *in* DES ABBAYES et coll., 1978, d'après SMITH).

distingue des *microsporanges* et des *mégasporanges* (**hétérosporangie**) portés par des microsporophylles et des mégasporophylles[1], et produisant respectivement de nombreuses et petites méiospores *(microspores)* ou quelques grosses méiospores peu nombreuses (1, 4, très rarement plus), les *mégaspores* (ou macrospores) (voir p. 86).

Formation, constitution et déhiscence des sporanges

Malgré quelques légères variantes, *tous ces sporanges* se forment suivant le même schéma fondamental et sont toujours constitués, de l'extérieur vers l'intérieur, d'une paroi, d'assises nourricières (tapis) et d'un tissu interne sporogène. La très grande majorité d'entre eux s'ouvrent à maturité (exception dans le genre *Lepidostrobus*/Lépidodendracées/Lépidodendrales, Lycopodinées des marécages anthracolithiques de l'hémisphère Nord).

Formation (fig. 6-3 et 6-4)

Un mamelon méristématique naissant d'une cellule (Leptosporangiées) ou d'un groupe de cellules (Eusporangiées) est à l'origine de chaque sporange. Des cellules initiales hypodermiques de ce mamelon se divisent par des cloisonnements périclines; mettant en place les cellules de la paroi *(p)*, du tapis *(t)* et les cellules archésporiales *(ca)*. Dès les premiers cloisonnements, on distingue deux voies suivant que ces dernières sont formées avant ou après les cellules tapétales. Dans les deux cas, des mitoses des cellules archésporiales aboutissent aux cellules-mères de spores qui, plus tard, subiront une méiose d'où seront issues les méiospores (voir p. 85). Dans les futurs mégasporanges, un petit nombre de cellules parviennent au stade de cellule-mère, souvent une seule chez les types actuels, les autres dégénérant.

Figure 6-3. Représentation schématique de la formation des différentes parties d'un jeune sporange.

e, épiderme; *h*, initiale hypodermique; *ca*, cellule archésporiale en noir; *p*, cellule de paroi; *t*, cellule du tapis; *cm*, cellule-mère de spores. La voie de gauche est celle des *Lycopodium*, Équisétales, Ophioglossales et Marattiales (Filicinées eusporangiées), mais aussi des Ginkyoales et des Angiospermes. La voie de droite est celle des Psilotales, *Selaginella*, Osmondales, Filicinées leptosporangiées, ainsi que des Cycadales.

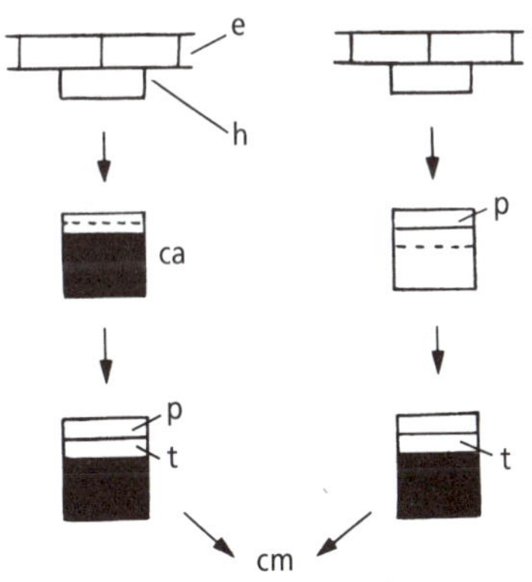

1. Leur insertion sur la face ventrale d'une *microsporophylle* ou d'une *mégasporophylle* s'accompagne de la présence d'une ligule (fig. 6-2, B). Celle-ci se rencontre aussi sur les tiges stériles.

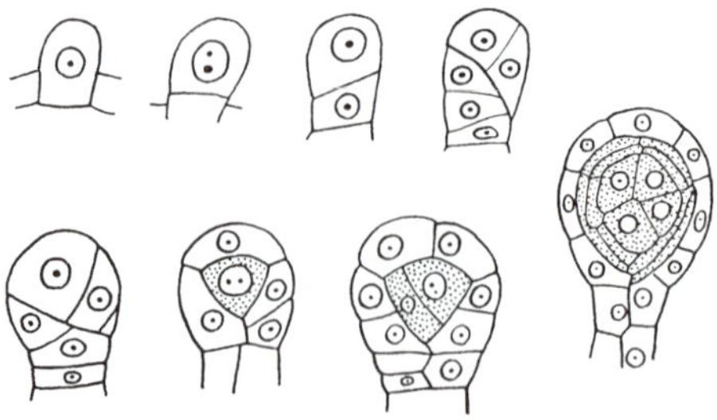

Figure 6-4. Développement d'un sporange de Fougères leptosporangiées (*in* EMBERGER, 1960).

Constitution

La **paroi** des sporanges est d'épaisseur variable suivant les groupes, unistrate chez les Leptosporangiées et pluristrate chez les Eusporangiées.

Le **tapis** entourant le **tissu sporogène** est permanent (Sélaginelles) ou passager. Dans le second cas, il devient plasmodial en se désorganisant (Filicinées leptosporangiées). Il joue toujours un rôle nourricier pour les cellules-mères et les spores.

Quant à **l'assise mécanique,** qui assure la déhiscence des sporanges, elle est toujours d'origine épidermique. C'est un *exothécium* (du grec *exô* = au-dehors et *thêkê* = coffre), mais elle n'apparaît que dans une partie seulement de l'épiderme, sa position et son importance étant différentes d'un groupe à l'autre (fig. 6-5).

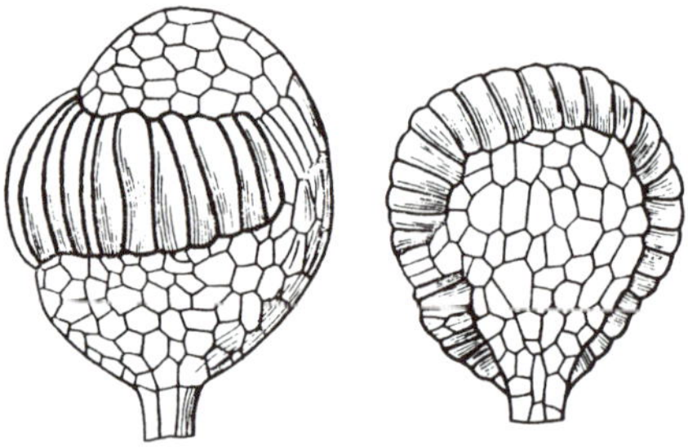

Figure 6-5. Sporanges de *Gleichenia* (Gleichéniacées) (à gauche) et de *Lophosoria* (Cyathéacées).
L'assise mécanique est en position équatoriale dans le premier cas, méridienne dans le second (DE FERRÉ, *in* DES ABBAYES et coll., 1978, d'après BOWER).

Déhiscence[1] (fig. 6-6)

Les cellules de l'assise mécanique sont particulières. En effet, leurs parois profondes et latérales sont épaissies et lignifiées, mais leurs parois externes restent cellulosiques. Le fonctionnement de cette assise est lié à la déshydratation du sporange qu'entraînent les périodes de sécheresse.

1. Du latin *dehiscere* = s'ouvrir.

Pour la Fougère mâle (*Dryopteris Filix-mas*/Dryoptéridacées), par exemple, l'*anneau* mécanique est en position méridienne, mais n'intéresse qu'une partie seulement de la circonférence des sporanges. Le pédicelle des jeunes sporanges comprend des « glandes à eau » qui, sous l'indusie, maintiennent une atmosphère saturée. Quand les sporanges parviennent à maturité, l'indusie se rétracte et tombe, tandis que les « glandes à eau » cessent d'être fonctionnelles. En période de sécheresse, les sporanges se déshydratent; leur dessiccation a pour conséquence une diminution de volume des cellules de l'anneau. Il en résulte que les parois externes de nature cellulosique de celles-ci se rétractent. Les parois profondes et latérales, au contraire, ne variant pas sensiblement de taille puisque la lignine est imperméable, le bord convexe de l'anneau tend à devenir concave. D'où une tension à son niveau, qui a pour conséquence la déchirure du sporange dans la zone des cellules épidermiques banales à parois uniformément minces et cellulosiques. Les méiospores sont alors libérées.

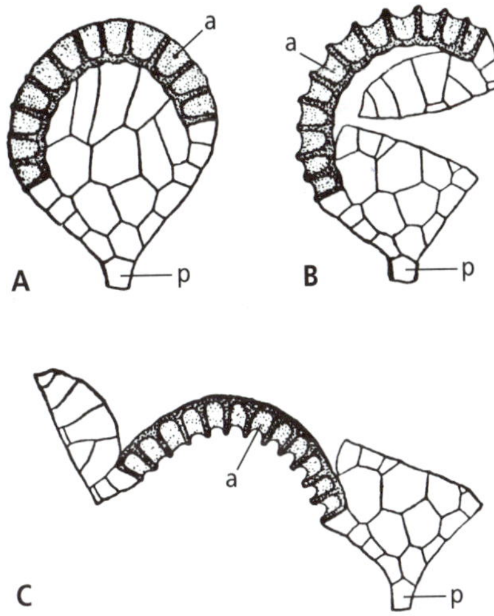

Figure 6-6. Déhiscence du sporange de *Dryopteris Filix-mas* (Dryoptéridacées). *p*, pédicelle du sporange; *a*, anneau de déhiscence (DE FERRÉ, *in* DES ABBAYES et coll., 1978, d'après LECLERC DU SABLON).

2. MICROSPORANGES DES SPERMAPHYTES ET DES PRÉSPERMAPHYTES

La méiose survenant dans la fleur des Angiospermes au sein des anthères des étamines, on est en droit d'émettre l'hypothèse que c'est à leur niveau que doivent se situer des sporanges, s'il existe une certaine unité des phénomènes de reproduction au sein des Cormophytes.

Anthère des Angiospermes composée de quatre microsporanges

Par comparaison avec les sporanges des Ptéridophytes, nous envisagerons successivement la formation, la constitution et la déhiscence de l'anthère.

Formation

Sur le bourrelet androcéen (p. 46), des mamelons méristématiques sont à l'origine des étamines, en particulier des anthères.

Dans une anthère en formation, on observe des phénomènes tout à fait comparables à ceux décrits dans la formation des sporanges de Ptéridophytes, à savoir la mise en place, à partir d'initiales hypodermiques, d'une paroi, d'assises nourricières et d'un tissu sporogène interne. Plus précisément, les séquences de cloisonnements périclines sont celles signalées pour les Lycopodes, les Équisétales, les Marattiales et les Ophioglossales (fig. 6-3), les cellules archésporiales étant formées avant celles de la paroi et du tapis. Mais, ces phénomènes se déroulant en quatre zones du mamelon méristématique de la future anthère, celle-ci, à l'état jeune, se trouve constituée, en fait, de quatre sporanges, deux par loge pollinique. Dans chacun d'eux, les cellules-mères de spores subissent la réduction chromatique, donnant naissance à de très nombreuses et petites microspores. Dans l'anthère mûre, les quatre microsporanges sont appelés *sacs polliniques,* car chaque méiospore évolue en grain de pollen avant la déhiscence de cet organe (voir p. 100).

Les ressemblances avec les Ptéridophytes vont encore plus loin. En effet, chez des Cryptogames vasculaires actuels et fossiles, les sporanges se soudent en **synanges**. Par exemple, les synanges des Psilotacées actuelles (Psilophytinées) sont constitués de 2-3 sporanges. On pourrait citer encore ceux des Marattiacées (Marattiales/Filicinées). Des tétrasynanges sont connus chez les *Palaeostachya* du Permo-Carbonifère (Calamitales/Articulées). *Il n'existe pas de différences*

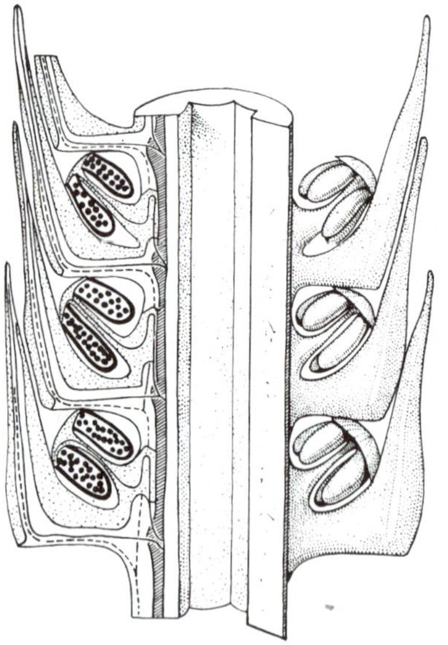

Figure 6,7. Reconstitution schématique de l'épi sporifère de *Palaeostachya Andrewsii* (Calamitacées).

Aspect longitudinal montrant la disposition relative des bractées, sporangiophores et sporanges (à gauche, en coupe) (*in* EMBERGER, 1968, d'après BAXTER).

fondamentales entre une anthère et un tétrasynange de Ptéridophytes, un sporangiophore tétrasporangié rappelant en outre le filet porteur de l'anthère (fig. 6-7).

Constitution de l'anthère au moment de sa déhiscence (fig. 6-8)

Sous l'épiderme, la paroi unistrate délimite les deux loges polliniques, les sacs de chacune d'elles étant devenus confluants.

Le **tapis** est, comme chez les Ptéridophytes, permanent (beaucoup d'Angiospermes) ou passager et plasmodial (nombreuses Monocotylédones, des Dicotylédones comme les Malvacées, Dipsacacées, Valérianacées, Composées, etc.). Il est constitué de cellules polyploïdes ou plurinucléées. Son rôle est capital dans l'élaboration du sporoderme des grains de pollen (voir p. 100).

L'**assise mécanique** est très généralement d'origine hypodermique (*endothécium,* du grec *endon* = dedans et *thêkê* = coffre), sauf dans deux genres : *Chamaegyne* (Cypéracées) et *Arceuthobium* (Loranthacées), chez qui elle provient de l'épiderme *(exothécium).* Si l'épiderme disparaît au cours du développement de l'anthère (Casuarinacées, Protéacées, Urticales, Loranthacées), l'assise mécanique est en position superficielle, malgré qu'elle soit formée de cellules de la paroi (*pseudoexothécium,* du grec *pseudos* = mensonge). Il arrive que l'épiderme et la paroi participent à la mise en place d'une double assise, donc à la fois d'un exo- et d'un endothécium (*Hydnora*/Hydnoracées).

Enfin, venant du filet de l'étamine et montant par le connectif, un unique faisceau cribro-vasculaire à symétrie bilatérale conduit la sève élaborée à l'anthère (fig. 6-8).

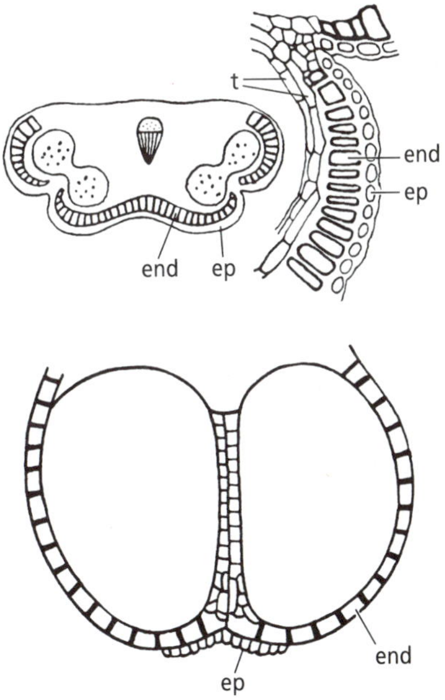

Figure 6-8. Déhiscence des microsporanges d'Angiospermes.

En haut, cas le plus fréquent, la coupe générale d'anthère montre la position sous-épidermique de l'endothécium (détail à droite). En bas, pseudoexothécium (*Urtica pilulifera*/Urticacées).

ep, épiderme; *end,* endothécium; *t,* cellules tapétales (*in* EMBERGER, 1960).

Déhiscence de l'étamine

Elle se fait suivant divers modes :

– déhiscence **longitudinale** (longicide), la plus fréquente, introrse (vers l'intérieur de la fleur) ou extrorse (vers l'extérieur), par deux fentes parallèles au grand axe de l'anthère ;

– déhiscence **transversale** (Polygalacées) ;

– déhiscence **poricide,** par simple destruction du sommet des loges polliniques (Éricacées, *Solanum*/Solanacées) ;

– déhiscence **valvaire** par des clapets latéraux (Lauracées, *Berberis*/Berbéridacées) (fig. 6-9).

Quand l'ouverture des anthères est sous la dépendance d'une assise mécanique (la très grande majorité des cas), celle-ci fonctionne sur le même principe que celle des Ptéridophytes. En effet, les parois latérales et la paroi profonde de ses cellules sont armées d'épaississements lignifiés qui s'opposent à leur déformation, tandis que leur paroi externe, de nature cellulosique, est susceptible de diminuer de surface par dessiccation (fig. 6-10).

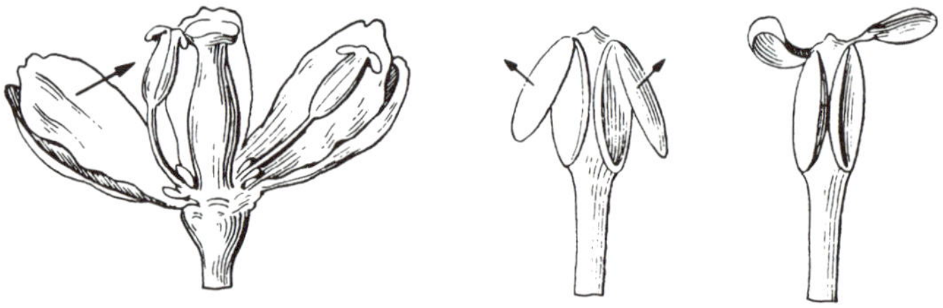

Figure 6-9. Déhiscence valvaire de l'Épine-Vinette (*Berberis vulgaris*/Berbéridacées).
À la suite d'une excitation, les étamines basculent vers le stigmate et les anthères s'ouvrent par deux clapets (*in* EMBERGER, 1960).

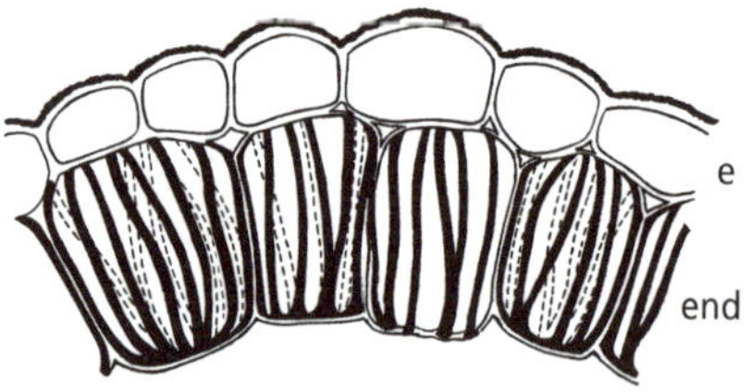

Figure 6-10. Les épaississements des cellules de l'endothécium *(end)* des anthères des Angiospermes (*e*, épiderme) (d'après GUINOCHET, 1965).

Microsporanges des autres Spermaphytes et des Préspermaphytes actuels

■ **Gymnospermes.** Les Conifères produisent des cônes mâles constitués de nombreuses écailles, chacune portant, sur sa face inférieure, de deux à vingt microsporanges dont les microspores ne sont libérées (déhiscence par exothécium), qu'après avoir commencé leur évolution (voir p. 98). Chaque écaille ayant valeur d'une étamine d'Angiospermes, le cône est homologue d'une fleur mâle acyclique (fig. 6-11).

■ **Chlamydospermes.** Chez les Éphédrales, par exemple, les fleurs mâles monostaminées et à plusieurs sacs polliniques sont groupées en inflorescences glomérulées (fig. 6-12).

Figure 6-11. Le cône mâle des Pins (Pinacées). En haut, coupe longitudinale schématique d'un cône (*in* GUINOCHET, 1965) ; en bas, une écaille et ses deux sacs polliniques.
a, axe du cône ; *ec*, écaille ; *sp* ; sac pollinique.

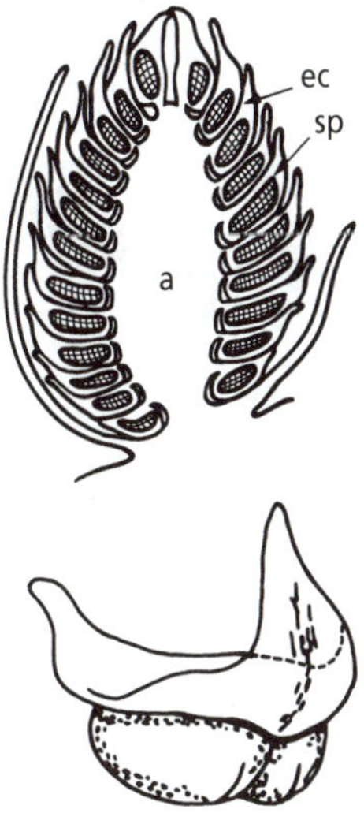

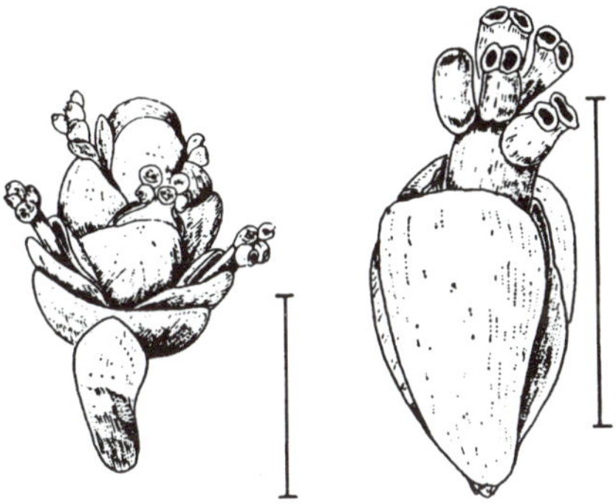

Figure 6-12. Inflorescence (à gauche) et fleur mâle (à droite) d'*Ephedra fragilis*.
Le trait représente 2 mm dans les deux cas (*in* EMBERGER, 1960, d'après MÉTRO et SAUVAGE).

■ **Ginkyoales** (Cordaïtes). Sur les rameaux courts des pieds mâles du *Ginkyo biloba,* des axes situés à l'aisselle de feuilles non échancrées (contrairement aux feuilles stériles) portent des étamines typiques à deux sacs polliniques s'ouvrant par le jeu d'un endothécium. L'ensemble axe-étamines est une fleur mâle (fig. 6-13).

■ **Cycadales** (Ptéridospermes). Le cône des pieds mâles du *Cycas revoluta,* d'une longueur de plusieurs dizaines de centimètres, est constitué de plusieurs centaines d'écailles dont la face inférieure est recouverte de sores de 3-6 microsporanges qui, parvenus à maturité, libèrent des grains de pollen par un exothécium (déhiscence médiane des sacs polliniques). Chaque écaille est une étamine et le cône une grosse fleur mâle (fig. 6-13).

Dans le cas présent, les cellules archésporiales apparaissent après les cellules de la paroi, en même temps que celles du tapis, alors que dans les exemples précédents, elles se forment en premier (fig. 6-3).

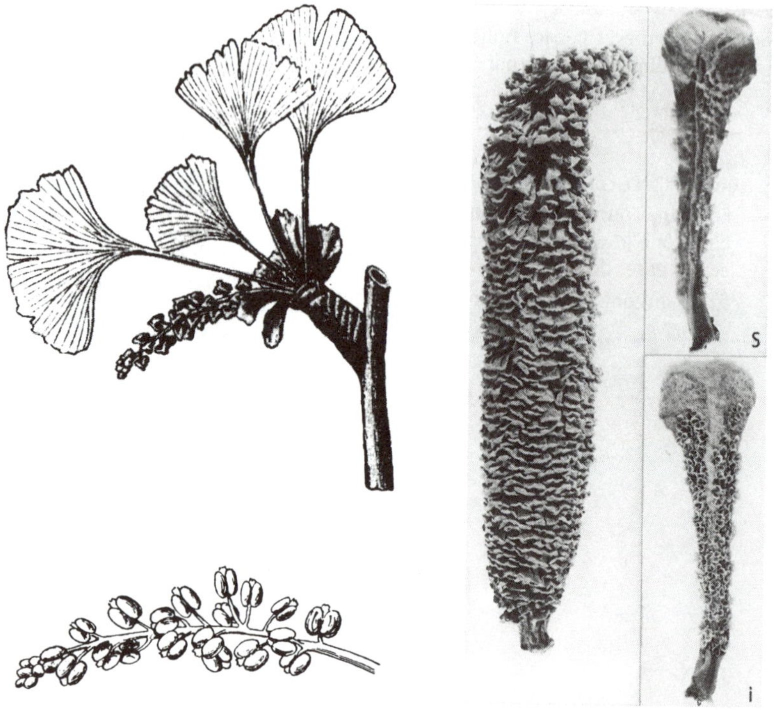

Figure 6-13. Microsporanges de Préspermaphytes.
A gauche, rameau staminifère (= fleur mâle) de *Ginkyo biloba* en place et son détail. A droite, cône mâle de *Cycas revoluta.* Un cône complet (50 cm environ) et une de ses écailles (grandeur nature env.) dont la face inférieure *(i)* porte de très nombreux sacs polliniques (*in* EMBERGER, 1960 et clichés COUDERC).

3. MÉGASPORANGES DES PLANTES À OVULES

Si, dans les anthères des Angiospermes en voie de constitution, la méiose intervient dans le développement de la lignée mâle, il en est de même, au sein de l'ovule, pour la lignée femelle. Parallèlement à l'étude qui a été faite à propos des anthères, nous allons rechercher la présence, dans l'ovule, d'un ou de plusieurs mégasporanges ou du tissu qui leur correspond.

Le nucelle de l'ovule des Angiospermes est un mégasporange (fig. 6-14)

Chaque primordium du nucelle d'un ovule provient d'une petite protubérance méristématique placentaire. Pendant que sa taille augmente, un bourrelet circulaire (ébauche d'un tégument) entoure progressivement le nucelle en formation. Éventuellement, un second tégument peut ensuite être mis en place en position externe.

Dans le jeune nucelle, une ou quelques cellules hypodermiques, situées au pôle micropylaire, se distinguent par leur grande taille. Ce sont des *cellules archésporiales*. En général, une seule d'entre elles (plusieurs chez les Casuarinales et les Fagales) se segmente tangentiellement. La cellule-fille supérieure, située du côté du micropyle, est à l'origine d'une *calotte* plus ou moins épaisse homologue du tapis et l'inférieure est une cellule-mère de mégaspores. En effet, à la suite d'une méiose, elle engendre quatre mégaspores. Dans les cas les plus fréquents, le nucelle n'entoure donc qu'une seule tétrade de mégaspores (voir p. 97). En même temps que la calotte et les méiospores se mettent en place, les cellules de l'épiderme nucellaire se cloisonnent et forment une paroi plus ou moins épaisse[1].

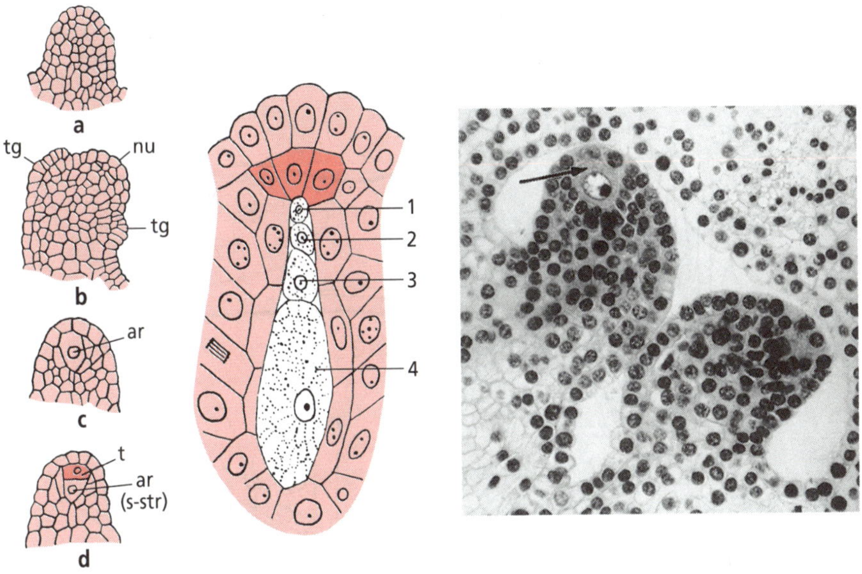

Figure 6-14. Développement de l'ovule et formation des mégaspores chez les Angiospermes.

De **a** à **d**, premiers stades.

tg, tégument; *nu,* nucelle; *ar,* cellule archésporiale en position hypodermique; *t,* initiale de la calotte (tapis), *ar (s-str)* : cellule-mère des mégaspores.

Au milieu, sommet d'ovule plus avancé avec calotte hypodermique (rouge foncé) et quatre mégaspores (1 à 4) issues de la méiose de la cellule-mère.

La microphotographie présente deux jeunes ovules de *Lilium* (la flèche montre une cellule archésporiale avec un gros noyau et un nucléole bien visible) (*in* EMBERGER, 1960 et cliché GUERN).

1. La description donnée ici concerne des ovules *crassinucellés.* Dans le cas des ovules *ténuinucellés,* la cellule archésporiale joue d'emblée le rôle de cellule-mère de spores, sans division préliminaire (absence de calotte).

Le nucelle, étant aux mégaspores ce que les microsporanges sont aux microspores, représente un mégasporange, mais l'originalité de l'ovule réside dans l'enveloppement presque total de ce nucelle par un ou deux téguments (**angiosporangie**), alors que les microsporanges en sont dépourvus.

Le nucelle des Angiospermes ne subissant jamais de déhiscence, les mégaspores ne sont pas libérées. Elles germeront donc dans le mégasporange (voir p. 109).

Ovules et nucelle des autres Spermaphytes et des Préspermaphytes actuels

■ **Gymnospermes.** Les cônes femelles des Conifères (sauf quelques exceptions comme *Juniperus communis,* voir p. 125 et *Taxus*) sont constitués de bractées axillant chacune une écaille porteuse à sa face supérieure de deux ovules. Cette écaille introduite par une bractée est donc homologue d'une fleur femelle et le cône d'une inflorescence (fig. 6-15).

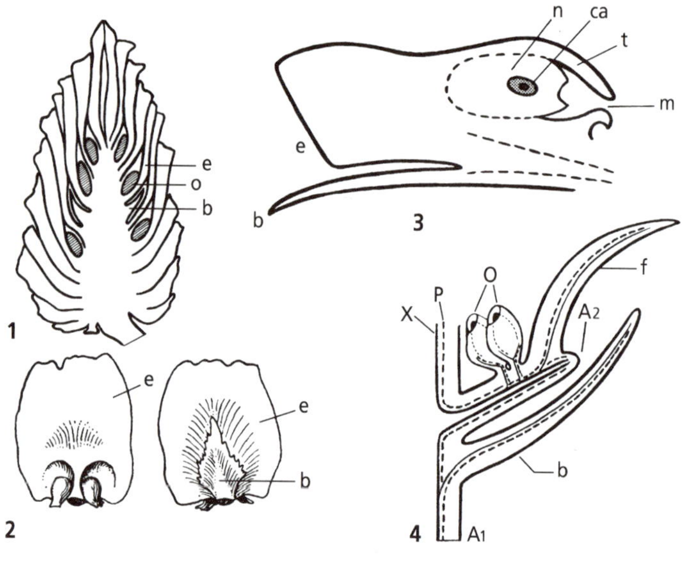

Figure 6-15. Cône femelle des Conifères.

1, coupe longitudinale d'un cône de *Pinus*; **2**, écaille de *Picea*, en vue supérieure à gauche et inférieure à droite; **3**, coupe longitudinale d'une écaille de *Pinus*; **4**, interprétation de la constitution de l'écaille ovulifère des Conifères.

A_1, axe du cône; A_2, axe secondaire ovulifère; *b*, bractée; *e*, écaille; *o*, ovule; *t*, tégument ovulaire; *m*, micropyle; *n*, nucelle; *ca*, cellule archésporiale; *X*, xylème; *P*, phloème; *f*, feuille portée par A_2 (1, 3 et 4 *in* GUINOCHET, 1965; 2, *in* EMBERGER, 1960).

Si les écailles du cône mâle et du cône femelle des Conifères ont toujours une symétrie bilatérale, celle-ci est inversée (xylème abaxial) dans le second cas. Ce phénomène s'explique dans l'interprétation des écailles des cônes femelles donnée à partir de leur ontogénie (fig. 6-15). *« L'écaille séminale des Pins nous paraît en définitive comme un nouvel organe, comportant une partie caulinaire et une partie foliaire, et dont les pièces constitutives sont fusionnées congénitalement. »* (Lemoine), cette écaille étant constituée de l'ensemble contracté formé de l'axe A_2 et de la feuille f.

Les ovules sont unitégumentés, droits ou renversés, à micropyle plus ou moins allongé et stigmatiforme. La cellule archésporiale, en position profonde dans le nucelle, se reconnaît aisément par ses grandes dimensions. D'autre part, elle ne se divise pas par mitoses (absence de calotte), et joue directement le rôle de cellule-mère de spores puisqu'elle subit la méiose. Le nucelle a donc bien encore valeur de mégasporange.

■ **Chlamydospermes.** Les ovules sont droits et bitégumentés, le micropyle allongé fonctionnant comme un stigmate. Chez certains d'entre eux (Éphédrales), le sommet du nucelle est le siège d'un remaniement profond. Il s'y creuse une *chambre pollinique* qui, à la maturité de l'ovule, est remplie d'un liquide. La réalisation de cette chambre est la conséquence d'une sorte de déhiscence du nucelle, laquelle est homologue de la déhiscence des sporanges des Ptéridophytes, bien qu'aucun élément ne soit libéré.

■ **Ginkyoales** (Cordaïtes). Porteurs d'une petite cupule à leur base, les ovules du *Ginkyo biloba* sont généralement groupés par deux à l'extrémité de pédoncules situés sur un anneau court à l'aisselle de feuilles vertes ou écailleuses.

Les ovules sont droits et unitégumentés et le nucelle comporte encore une chambre pollinique (fig. 6-16).

Figure 6-16. Coupe longitudinale d'un ovule de *Ginkyo biloba* (Préspermaphytes).

t, tégument ovulaire unique; *cp*, chambre pollinique; *p*, grains de pollen; *n*, nucelle; *e*, endosperme en formation coiffé par trois mégaspores dégénérées; *c*, cupule basale (d'après FAVRE-DUCHARTRE, 1970).

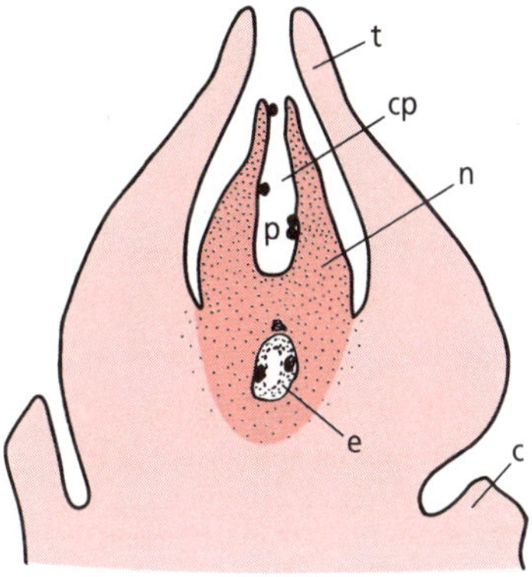

■ **Cycadales** (Ptéridospermes). L'appareil femelle est disposé en un cône (ou strobile) dont la structure est homologue de celle du cône mâle. Les ovules de grande taille (jusqu'à 7 × 6 cm dans le genre *Macrozamia*) sont fixés sur le rachis de petites feuilles non chlorophylliennes *(Cycas revoluta)* (fig. 6-17), ou par deux à la face supérieure d'écailles *(Dioon edule)*.

Les ovules sont encore droits, unitégumentés et, du côté micropylaire, le nucelle se creuse, réalisant une chambre pollinique, *« dernier reste de l'ancienne déhiscence du sporange »*.

Le tégument unique de l'ovule des Préspermaphytes est particulier, car tripartite. Il est, en effet, constitué de trois couches, l'externe plus ou moins charnue *(sarcostesta)*, la moyenne, très scléreuse *(sclérotesta)* et l'interne, tendre et mince *(endotesta)* (fig. 6-18).

Figure 6-17. Strobile d'un *Cycas revoluta* femelle.

A, l'ensemble du strobile, pouvant atteindre 40 cm de diamètre; **B**, de gauche à droite, éléments constitutifs du strobile (de l'extérieur vers l'intérieur) : écaille réduite à un rachis, mégasporophylle stérile, mégasporophylle avec ovules avortés, mégasporophylle porteuse d'un ovule sain (clichés GORENFLOT).

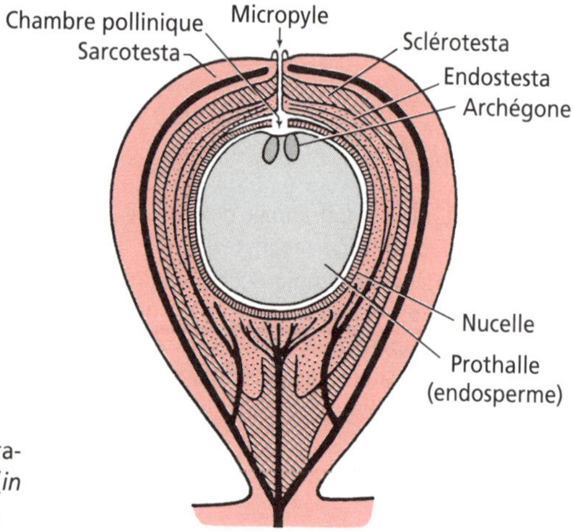

Figure 6-18. Ovule des Cycadales.

Les traits épais matérialisent le trajet des faisceaux conducteurs (*in* GORENFLOT, 1958, d'après STOPES).

4. COMPARAISON GÉNÉRALE ENTRE LES PTÉRIDOPHYTES ET LES PLANTES À OVULES

La comparaison précédente entre les organes des Ptéridophytes et ceux des plantes à ovules dans lesquels se forment micro- et mégaspores permet, chez les Hétérosporés et les Angiospermes, d'associer :

– microsporange et sac pollinique ;
– tétrasynange et anthère ;

– microsporophylle et filet staminal ;
– mégasporange et nucelle de l'ovule ;
– mégasporophylle et tégument ovulaire.

Peut-on aller jusqu'à envisager des homologies strictes entre les différents types d'organes mis en parallèle ? Rien ne s'y oppose dans le cadre de la théorie de la métamorphose. En revanche, l'ontogenèse florale montrant que les pièces de l'androcée et du gynécée ne sont pas assimilables à des feuilles, cela ne paraît pas possible pour les sporophylles. Si cette seconde théorie *« reconnaît les homologies entre sporanges comme ayant une valeur indiscutable, elle n'admet pas le terme de sporophylle. Il y a chez les Angiospermes des sporanges, il n'y a pas de sporophylles, pas de feuilles liées aux sporanges… »* (Plantefol)

D'autre part, le mot sporophylle, qui est étymologiquement très clair (feuille à sporange), n'a pas toujours exactement la même valeur suivant les groupes à propos desquels on l'emploie. Sans multiplier les exemples, nous envisageons la sporophylle des Ptéridophytes. Chez les premiers végétaux vasculaires, les sporanges sont isolés à l'extrémité d'axes aphylles (voir T. I, chap. 8). Les sporanges de *Rhynia* (Rhyniales/Psilophytinées), par exemple, sont typiquement caulinaires. Ceux des Lycopodinées sont au contact de feuilles différenciées (microphylles), les sporophylles. *« Le sporange, primitivement isolé sur l'axe, a donc glissé vers les feuilles sous-jacentes et, s'unissant à lui, ces dernières sont devenues des sporophylles. »* (Emberger)

A propos des Filicinées, on parle aussi de sporophylle que Bower définit comme les *« feuilles produisant les sporanges »*. La feuille végétative stérile s'oppose à la sporophylle fertile. Au mot feuille, nous avons vu, dans le premier tome, qu'il est préférable de substituer celui de fronde, ensemble d'axes foliarisés portant les sporanges. C'est une mégaphylle typique. De ce qui précède, il résulte que, dans l'ensemble des Ptéridophytes, *« l'homologie profonde entre tous les sporanges ne peut être niée…, le sporophylle des Fougères n'est pas homologue du sporophylle des Lycopodes. »* (Emberger)

Ces deux seuls exemples montrent avec quelles réserves le terme de sporophylle doit être employé, puisqu'il ne représente pas forcément le même contenu suivant les groupes et les auteurs. Au chapitre 8, à propos de la phylogenèse de la fleur, la comparaison entre Ptéridophytes et plantes à ovules sera reprise et complétée.

5. CAS DES BRYOPHYTES

Alors que le sporophyte des trachéophytes est constitué par la plante feuillée libre par rapport au gamétophyte qui la précède, au moins pendant la plus grande partie de son existence, celui des Bryophytes est réduit à un sporogone de petite taille ne subsistant que quelques mois, pendant lesquels il parasite constamment la génération gamétophytique antérieure. D'autre part, si chaque sporophyte de Ptéridophytes et de Spermaphytes porte de nombreux sporanges ou organes homologues, celui des Bryophytes n'en comprend toujours qu'un seul, ce qui exclut l'existence de micro- et de mégasporanges, comme nous l'avons signalé sur un même sporophyte de Sélaginelles (p. 66).

Constitution du sporogone des Bryales

La présentation générale de ce sporogone a été faite à la page 11. Nous allons en envisager, ici, les différentes parties.

■ **Sporogone.** Définitivement constitué, sa croissance s'arrête. C'est alors un axe dépourvu d'appendices et se subdivisant en cinq régions qui sont, à partir de la base (fig. 6-19) :

– un *suçoir* (= *haustorium*) implanté au sommet de la tige feuillée (vaginule) ;

– un *pédicelle* (= *soie*) pouvant présenter des cellules conductrices, mais sans vrais vaisseaux, ni tubes criblés ;

– une *apophyse* plus ou moins distincte suivant les espèces, sommet dilaté de la soie servant de support à la capsule ;

– une *capsule sporangiale* (= *urne*) ;

– une *calotte operculaire* apicale, capsule et calotte étant recouvertes par la *coiffe,* reste du sommet de l'archégone fécondé.

■ **Capsule** (fig. 6-19). De l'extérieur vers l'intérieur, elle comprend :

– un *épiderme,* le plus souvent stomatifère ;

– un *parenchyme péricentral* chlorophyllien généralement lacuneux ;

– un *parenchyme central* produisant un manchon de tissu sporogène constitué de cellules-mères de spores qui subissent une réduction chromatique ; à maturité de la capsule, ce manchon fertile devient une cavité sporangiale annulaire localisée entre la paroi capsulaire et la columelle ;

– d'une *columelle* axiale stérile.

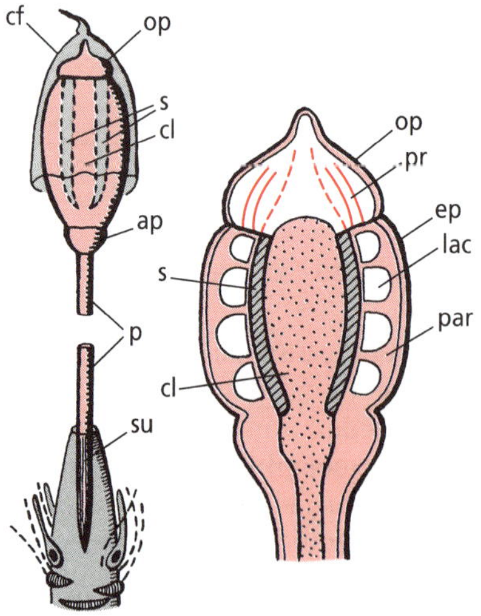

Figure 6-19. Sporogone des Bryales à maturité et sa coiffe.

A gauche, le sporogone adulte (*su,* suçoir ; *p,* pédicelle ; *ap,* apophyse ; *op,* opercule ; *cf,* coiffe ; *s,* sac sporifère ; *cl,* columelle). A droite, détail de la capsule en coupe longitudinale (*cl,* columelle ; *s,* sac sporifère ; *par,* parenchyme péricentral avec lacunes [*lac*] ; *ep,* épiderme ; *pr,* dents du péristome ; *op,* opercule) (*in* CHADEFAUD, 1960).

■ La jeune **calotte operculaire** est une masse parenchymateuse recouverte d'un épiderme dont les parois cellulaires se sont épaissies dans la capsule mûre, c'est-à-dire au moment où les méiospores sont différenciées. L'épiderme constitue alors l'**opercule** capsulaire délimité à sa base par une zone annulaire, au niveau de laquelle les parois cellulaires demeurent minces.

A l'intérieur de la calotte, le parenchyme se détruisant presque totalement, une cavité sous-operculaire se forme. Cependant, certaines cellules (ou une partie des parois de quelques-unes) subsistant, un cercle (ou deux) de dents constitue le **péristome** qui obture la cavité sporangiale chez la plupart des espèces (fig. 6-19 et 6-20).

Chez des types aberrants, suréovulés, la calotte operculaire ne produit ni opercule ni péristome.

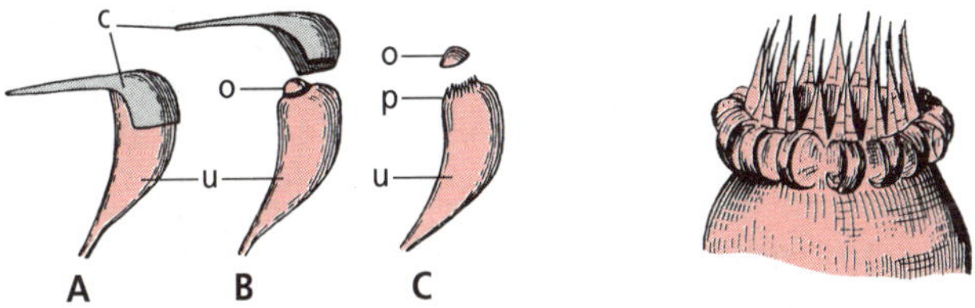

Figure 6-20. Déhiscence de la capsule de Funaire hygrométrique (Bryales). De **A** à **C**, chute de la coiffe *(c)* et de l'opercule *(o)* dégageant l'ouverture de la capsule (= urne, *u*), bordée par le péristome *(p)*. A droite, les deux rangées de dents du péristome (DE FERRÉ, *in* DES ABBAYES et coll., 1978, d'après BONNIER et LECLERC DU SABLON).

Comparaison avec le sporogone des autres Bryophytes

■ Les **Sphagnales** et les **Andraéales** diffèrent des Bryales par :

– la réduction du sporogone au suçoir et à la capsule, celle-ci n'étant plus portée par une soie, mais par un pseudopode résultant de la transformation de la vaginule, donc de nature gamétophytique ;

– l'absence de péristome ;

– leur sac sporifère, en dôme sur la columelle (Sphagnales) ou en dôme sur et autour de la columelle (Andraéales) (fig. 6-21).

■ **Anthocérotales** (fig. 6-22). Comme chez les Sphagnales et les Andraéales, le sporogone est encore réduit à un suçoir globuleux et à une capsule, mais il présente, en outre, des caractères particuliers.

– La capsule est privée, non seulement de péristome, mais aussi d'opercule.

– Une fois formée, la capsule continue à s'allonger par le jeu d'un méristème basal fonctionnant beaucoup plus longtemps que celui de la très jeune capsule des Mousses. Il en résulte que toutes les spores ne parviennent pas à maturité en même temps.

– Le tissu sporogène comprend, non seulement des cellules-mères de méiospores, mais aussi des cellules filamenteuses stériles, les *élatères,* dont la paroi porte des épaississements

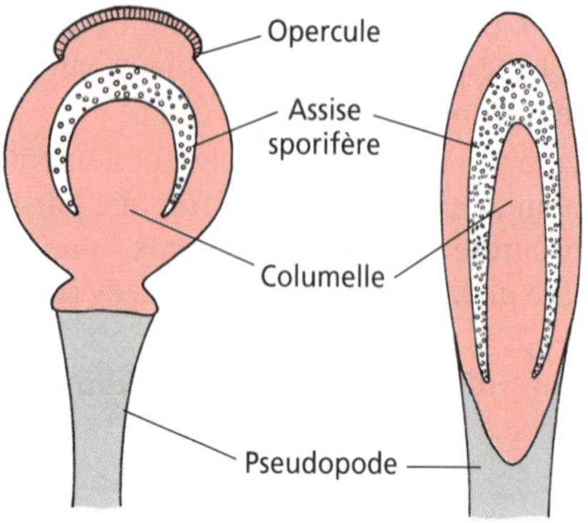

Figure 6-21. Sporogone des Sphagnales (à gauche) et des Andraéales (à droite) (DE FERRÉ, *in* DES ABBAYES et coll., 1978).

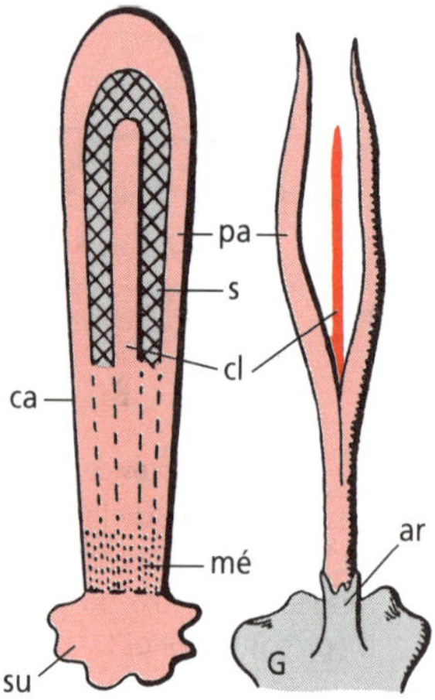

Figure 6-22. Sporogone des Anthocérotales. A gauche, coupe longitudinale. A droite, déhiscence.

su, suçoir; *mé*, méristème; *ca*, capsule; *cl*, columelle; *s*, sac sporifère; *pa*, paroi; *ar*, archégone; *G*, gamétophyte (*in* CHADEFAUD, 1960).

rubanés caractéristiques. Bien que totalement différentes des élatères des Équisétacées (voir p. 88), par leur origine, leur position et leur constitution, elles jouent un rôle comparable. En effet, après leur mort, les élatères des Anthocérotales sont capables de mouvements de détente et de rétraction en fonction des variations de l'état hygrométrique de l'air, mouvements qui contribuent à l'ouverture de la capsule et à la dissémination des spores.

■ **Hépatiques.** Elles se caractérisent par une régression encore plus poussée du sporogone.

– La paroi capsulaire est réduite à deux couches cellulaires, ou même à une seule (Marchantiales).

– Les stomates disparaissent.

– La capsule est sans opercule, péristome, ni columelle, car celle-ci se transforme en un système d'élatères (fig. 6-23).

■ Des **Mousses** aux **Anthocérotes,** puis aux **Hépatiques**, on constate donc *une réduction de plus en plus poussée du sporophyte et de son unique sporange.* Chez les Marchantiales du genre *Riccia,* ce n'est plus qu'une capsule globuleuse, non pédicellée.

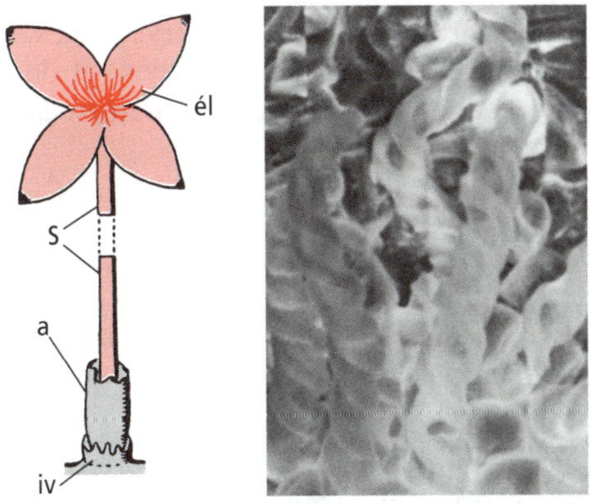

Figure 6-23. Déhiscence de la capsule des Hépatiques à thalle *(Pellia).*

S, sporogone; *él*, élatères; *a*, reste de l'archégone; *iv*, involucre entourant la base de l'archégone, voir fig. 7-32.

La microphotographie montre quelques élatères (*in* CHADEFAUD, 1960 et cliché COUDERC).

■ La **place du tissu sporogène** au sein du sporogone des différents groupes de Bryophytes est intéressante à considérer. Il appartient, en effet :

– au tissu péricentral interne : Sphagnales, des Anthocérotales;

– au tissu central externe : Bryales, Andraéales;

– à la fois aux deux précédents : des Anthocérotales;

– à la totalité du tissu central : des Anthocérotales et les Hépatiques.

On assiste donc à un transfert progressif de la fonction sporogène à des zones de plus en plus internes du sporogone, transfert particulièrement net chez les Anthocérotales.

Libération des spores

D'un groupe à l'autre, la sortie des spores se fait différemment en fonction de la structure de la capsule.

– Quand la capsule des **Bryales** est parvenue à maturité, la coiffe tombe. L'opercule se déforme en fonction de la dessiccation; sa zone annulaire basale étant beaucoup plus fragile que le reste de l'opercule (p. 71), c'est au niveau de celle-ci que se fait la déhiscence. L'opercule détaché à son tour, la dessiccation de la capsule se poursuivant, les dents du péristome s'écartent les unes des autres, démasquant alors une cavité dans laquelle les spores sont libres. Rien ne s'oppose plus alors à leur dissémination (fig. 6-20).

Les rares Bryales, dont la capsule est dépourvue d'opercule et de péristome, libèrent leurs spores par déchirure irrégulière de la paroi capsulaire.

– Chez les **Sphagnales,** les spores sont libérées par la seule chute de l'opercule, puisqu'il n'existe pas de péristome. Quant à la capsule des **Andraéales,** elle s'ouvre par quatre fentes longitudinales en quatre valves. C'est aussi l'apparition de telles fentes qui provoque la déchirure de la capsule des **Anthocérotales** (2 valves) (fig. 6-22) et des **Hépatiques** (4 valves) (fig. 6-23).

L'ouverture des capsules de Bryophytes, comme celle des sporanges de Ptéridophytes (Hydroptéridées exceptées) et des étamines de Spermaphytes, se fait toujours sous l'influence de la sécheresse atmosphérique.

Le sporogone des Bryophytes est un sporophyte particulier

Si, comme tous les sporophytes de Cormophytes, le sporogone des Bryophytes comporte un tissu sporogène constitué de cellules-mères diploïdes qui subissent la méiose, il est original par sa taille, sa simplicité relative, ainsi que par ses relations avec le gamétophyte qui le précède.

– Le sporogone est toujours très réduit par rapport au gamétophyte, dans l'espace comme dans le temps. En effet, de petite taille, ne portant qu'une seule capsule sporifère (= sporange) et dépourvu de feuilles, il ne subsiste que quelques semaines.

– Les rapports du gamétophyte et du sporophyte relèvent du parasitisme, mais doivent être nuancés. Le second est, le plus souvent, chlorophyllien, au moins au début de son développement et il absorbe de l'eau par toute sa surface. D'autre part, détaché de la tige feuillée qui le supporte, il continue à croître si de l'eau et des substances minérales lui sont fournies. Ce sporogone n'est donc pas totalement tributaire du gamétophyte pour sa nutrition.

6. CONCLUSION

La plante feuillée des Préspermaphytes et des Spermaphytes est bien un sporophyte. En effet, quand elle devient fertile, elle porte des sacs polliniques, véritables microsporanges, et le nucelle de leurs ovules est l'équivalent d'un mégasporange. D'autre part, c'est bien une génération à 2 n *chromosomes, comme la plante feuillée des Ptéridophytes ou le sporogone des Bryophytes, puisque c'est au sein de ces sporanges que s'accomplit la réduction chromatique lors de la formation des méiospores.*

Les sporanges des Ptéridophytes (et des Bryophytes) sont le plus souvent nus (gymnosporangie) ou, tout au plus, lâchement enveloppés (sporophylles de Ptéridophytes), alors que c'est avec les Préspermaphytes que, pour la première fois, les mégasporanges sont étroitement enfermés en permanence dans un ovule unitégumenté. Si les Ptéridophytes sont ***gymnosporangiés****, les plantes à ovules sont* ***angiosporangiées****. En fait, une fois de plus, l'opposition entre ces grands groupes n'est pas aussi tranchée que pourrait le laisser supposer une telle affirmation. Nous verrons, par exemple (chap. 8), qu'il existe plus qu'une ressemblance entre le sporocarpe des Marsiléacées (Filicinées) et l'ovule des Préspermaphytes.*

7
SPORES ET GAMÉTOPHYTES DES CORMOPHYTES

- **Spores des Ptéridophytes**
- **Prothalles des Ptéridophytes**
- **Spores des plantes à ovules**
- **Gamétophytes des plantes à ovules**
- **Spores des Bryophytes**
- **Gamétophytes des Bryophytes**

Le gamétophyte, génération à n *chromosomes issue d'une méiospore et portant des gamétanges, est représenté par le protonéma et la tige feuillée des Mousses et des Hépatiques à feuilles, le protonéma et le thalle des Hépatiques à thalle, le prothalle des Ptéridophytes (chap. 2). En revanche, les fleurs des Préspermaphytes et des Spermaphytes ne montrent ni gamétophytes, ni gamétanges apparents. Aussi, dans le présent chapitre, par comparaison avec les Ptéridophytes, nous tenterons de rechercher ce qui, au sein de la fleur, représente la génération gamétophytique.*

1. SPORES DES PTÉRIDOPHYTES

Les méiospores révèlent, dans ce groupe, une très grande diversité qui s'exprime dès la division des cellules-mères qui leur donnent naissance. Elles diffèrent, en outre, par leur forme générale, leur taille, leur nombre et leur devenir.

Formation des spores (fig. 7-1)

A la méiose, d'une manière générale, les cloisonnements de chaque cellule-mère de spores surviennent successivement ou simultanément. Il en résulte deux agencements possibles de la tétrade des quatre spores formées (tétraspores = méiospores) :

– **disposition cruciée** (cloisonnements successifs) ;
– **disposition tétraédrique** (cloisonnements simultanés).

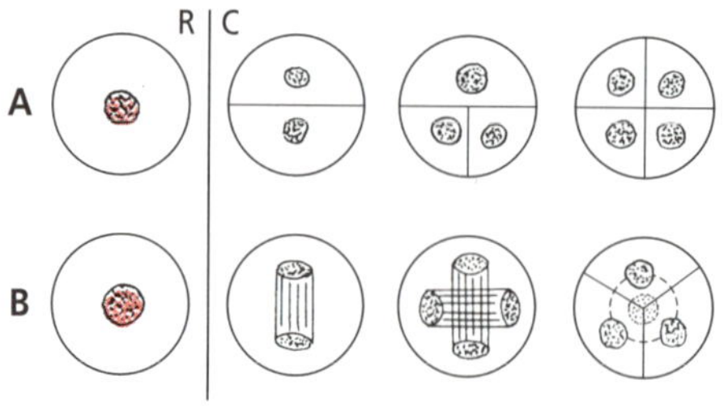

Figure 7-1. Cloisonnements des cellules-mères de méiospores de Ptéridophytes après réduction chromatique (RC).
A, cloisonnements successifs ; **B**, cloisonnements simultanés. Cette dualité s'étend aux microspores de Préspermaphytes et de Spermaphytes (voir p. 96) (*in* EMBERGER, 1960).

Homosporie et hétérosporie

Il a été signalé (p. 66) que les Lycopodes ne portent qu'un seul type de sporanges, chacun d'eux ne produisant que de petites méiospores, mais en grande quantité. Au contraire, les Sélaginelles disséminent de nombreuses microspores toutes semblables et contenues dans des microsporanges et quelques mégaspores formées dans des mégasporanges. Chez les Lycopodinées, à l'*homosporangie* des Lycopodes correspond une **homosporie** (= isosporie) et à l'*hétérosporangie* des Sélaginelles une **hétérosporie**.

Parmi les Ptéridophytes, l'homosporie morphologique caractérise aussi les Psilophytinées (hétérosporie inconnue, mais pas exclue), les Articulées *actuelles* (voir p. 89) et la très grande majorité des Filicinées, sauf les Hydroptéridales et des types fossiles, comme le genre *Archaeopteris* du Dévonien, qui sont hétérosporés. Dans chaque groupe, les formes hétérosporées sont, d'une manière générale, toujours plus récentes que les homosporées.

Diversité des spores

■ La **forme générale** des tétraspores dépend du mode de cloisonnement des cellules-mères au cours de leur méiose :

– si les cloisonnements sont successifs, les spores en disposition cruciée montrent deux facettes latérales et une ventrale tournée vers l'extérieur ;

– au contraire, les spores dérivant de cloisonnements simultanés sont tétraédriques (trois facettes latérales et une ventrale).

Ce dernier type est archaïque et caractérise, en particulier, les Fougères et les Ptéridospermes. Lors de leur germination, de telles spores s'ouvrent par le sommet dorsal du tétraèdre, tandis que leur face ventrale est parcourue par un pore allongé ou rond, l'**harmomégathus** (fig. 7-2). Celui-ci a un rôle hydrorégulateur. En effet, la spore se dilate, ou diminue de volume, suivant le degré d'humidité de l'air (du grec *harmo* = je règle et *mégatho* = grosseur), la vapeur d'eau transitant au niveau de l'harmomégathus.

■ La **taille** des spores varie d'une espèce à l'autre. Si les mégaspores du *Lepidostrobus major* (Lépidodendracées/Lycopodinées) étaient énormes (11,5 mm),

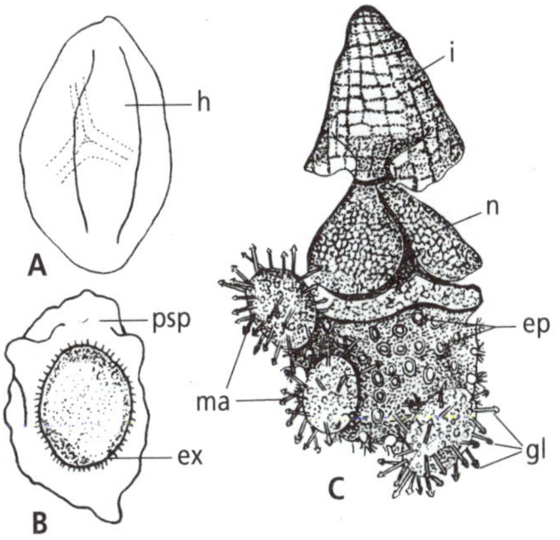

Figure 7-2. Spores de Filicinées.
A, spore d'*Osmunda* (Osmondacées) (*h*, harmomégathus ventral; en pointillé [en arrière], le sommet dorsal, avec ses trois faces, au niveau duquel s'ouvre la spore en germination). **B**, spore avec périspore *(psp)* entourant l'exine *(ex)*. **C**, mégaspore d'*Azolla filiculoides* (Hydroptéridales) surmontée de son appareil de natation *(n)* et d'un reste d'indusie *(i)*. Des massules *(ma)*, groupes de 4-8 microspores, sont attachées par leurs glochidies *(gl)* (crochets d'ancrage) à l'épispore *(ep)* de la mégaspore (*in* EMBERGER, 1960, d'après WODEHOUSE, HANNIG, STRASBURGER).

les spores sont le plus souvent microscopiques, en particulier dans les cas d'homosporie (18 µm/25 µm pour le *Polypodium vulgare).*

■ Le **nombre** des spores par sporange est encore plus variable. D'une manière générale, il est peu élevé chez les Leptosporangiées (32-64, parfois 8-16, ce qui correspond à 8-16 ou 2-4 cellules-mères). En revanche, les sporanges des Eusporangiées comportent toujours de très nombreuses spores, jusqu'à 15 000 chez les *Ophioglossum* (Ophioglossacées/Filicinées). Même si chaque sporange ne contient que relativement peu de méiospores, le nombre souvent élevé de sporanges chez les Ptéridophytes fait qu'un individu peut disséminer une grande quantité de spores (de l'ordre d'un demi-milliard pour les Fougères), mais très peu d'entre elles germent.

Si la très grande majorité des méiospores est perdue pour la reproduction sexuée des Ptéridophytes (comme des Bryophytes d'ailleurs), un tel « gaspillage » de matière vivante est général au cours de la reproduction sexuée. En effet, on retrouve des phénomènes comparables à propos des gamètes mâles nageurs des Bryophytes et des Ptéridophytes dont la presque totalité n'a pas l'occasion d'assurer la fécondation d'oosphères. De même, il existe une perte de gamètes mâles chez les Préspermaphytes et les Spermaphytes, perte indirecte cette fois puisqu'elle se fait aux dépens du prothalle mâle, très peu de grains de pollen parvenant aux organes femelles (voir p. 153 et 163).

■ Chaque spore est entourée d'un **sporoderme** comprenant :

– une couche superficielle *(exine)*, constituée de *sporopollénine* (voir p. 89), assez épaisse, plus ou moins ornementée ;

– une couche profonde *(intine)*, amincie et de nature pecto-cellulosique.

Les spores de beaucoup de Fougères leptosporangiées (contrairement aux eusporangiées) sont, en outre, revêtues des restes du tapis (= *périspore*) (fig. 7-2).

Sur ce schéma général, il existe des variantes :

– exospore silicifiée des Polypodiacées (Filicinées) ;

– existence de ballonnets aérifères (*Spencerites,* Lycopodiacée du Carbonifère) ;

– présence de 3-9 corps servant de flotteurs (Azollacées/Hydroptéridales) (fig. 7-2) ;

– la **partie superficielle de la paroi sporale** des Équisétacées actuelles (Équisétales) est découpée en bandelettes attachées à la spore. Ces élatères (du grec *élatêr* = qui pousse) sont agitées de mouvements hygroscopiques (déroulement à la sécheresse, enroulement à l'humidité) qui contribueraient à la déhiscence des sporanges et à la dissémination des spores dans l'atmosphère (fig. 7-3).

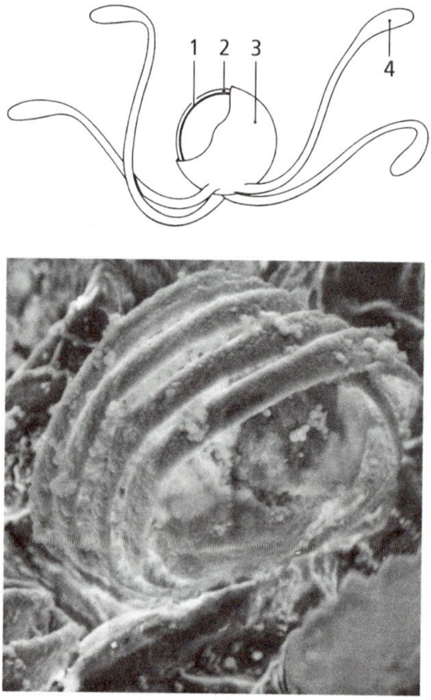

Figure 7-3. Spore de Prêles (*Equisetum*/Articulées).

1, endospore ou intine; *2,* exospore ou exine; *3,* assise mitoyenne; *4,* les élatères de la périspore; *1* et *2* sont produites par le protoplasme de la spore, *3* et *4* dérivent du tapis. Sur la microphotographie, les élatères sont enroulées autour d'une spore (*in* BOUREAU, 1971 et cliché COUDERC).

■ Leur cytoplasme étant déshydraté, les spores restent en vie ralentie un certain temps et supportent de mauvaises conditions, comme la sécheresse. Ce sont des formes de **dissémination**, mais aussi de **résistance** bien que leur longévité soit relativement courte. Elles reprennent une vie active et germent quand l'humidité atmosphérique et la température sont suffisantes.

2. PROTHALLES DES PTÉRIDOPHYTES

Suivant les groupes, à la germination d'une méiospore apparaît un prothalle hermaphrodite, car portant à la fois des gamétanges mâles et des gamétanges femelles, ou un prothalle unisexué avec seulement des gamétanges mâles ou femelles. Dans tous les cas, ces prothalles sont des gamétophytes, puisqu'ils sont porteurs d'anthéridies et d'archégones.

Homoprothallie et hétéroprothallie

En principe, à l'*homosporie* correspond l'**homoprothallie,** toutes les spores morphologiquement identiques n'engendrant qu'une seule catégorie de prothalles, tous hermaphrodites (Psilophytinées; parmi les Lycopodinées, les Lycopodiacées; chez les Articulées la majorité des Sphénophyllales; Filicinées actuelles, sauf les Hydroptéridales). Au contraire, l'*hétérosporie* s'accompagne d'**hétéroprothallie**, les microspores germant en petits prothalles mâles, les mégaspores en prothalles femelles plus importants (parmi les Lycopodinées, les Sélaginelles, la majorité des Lépidodendrales, les Isoétales et les Miadesmiales; chez les Filicinées, les Hydroptéridales). Dans ce cas, les spores sont donc sexualisées.

Ces notions ne sont pas toujours aussi strictes. Prenons l'exemple des seules Articulées vivantes constituant l'unique genre *Equisetum* (Équisétacées/Équisétales). Chez la Prêle des champs *(Equisetum arvense),* il n'existe qu'une sorte de sporanges et il semble que leurs spores soient d'une seule catégorie. Pourtant, l'observation révèle deux catégories de spores, les unes d'un vert plus pâle que les autres, tandis que des mesures précises mettent en évidence une distribution bimodale des tailles, sans que l'on distingue pour autant des micro- et des mégaspores (**sub-isosporie**) (fig. 7-4). Les spores les plus petites et les plus pâles sont à l'origine de prothalles mâles, les autres de prothalles hermaphrodites. Dans ce second cas, les deux sexes se succèdent dans le temps, puisque les prothalles sont d'abord fonctionnellement femelles, puis mâles ensuite, quand les archégones non

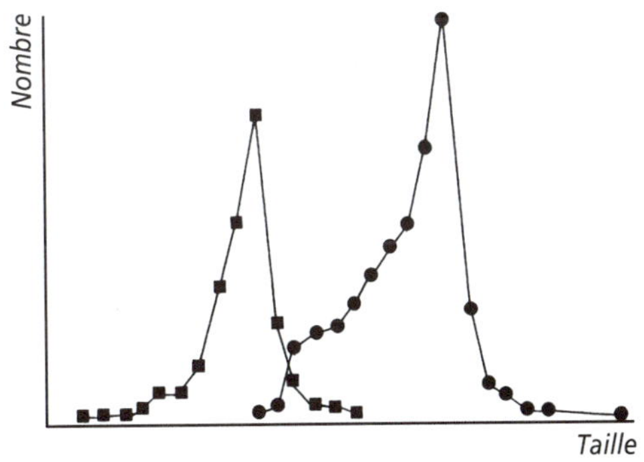

Figure 7-4. Distribution bimodale de la taille des spores de l'*Equisetum arvense* (Articulées), de 26 à 51 µm (d'après McLean et coll., 1958).

fécondés ont disparu. D'autre part, si les conditions nutritives sont défavorables, il n'apparaît que des prothalles mâles, quelle que soit la taille des spores d'origine.

Il arrive aussi que l'hétérosporie soit uniquement morphologique, mais pas fonctionnelle, comme pour des Fougères leptosporangiées, homosporangiées, hétérosporées et homoprothallées (*Notolaena*/Ptéridacées). En effet, dans ce cas, aucune culture expérimentale de spores n'a permis d'obtenir des prothalles mâles et des prothalles femelles, quelle que soit la taille des spores mises à germer. Inversement, chez les Lycopodiacées, malgré l'isosporie, il peut arriver que les prothalles soient *fonctionnellement* unisexués, les anthéridies apparaissant avant les archégones.

Caractères des prothalles

Leur grande diversité

Dans le premier tome (chap. 7), il a été présenté le prothalle lamelliforme des Filicinées leptosporangiées et le prothalle ramifié des Articulées, tous chlorophylliens, mais éphémères et sans tissus conducteurs, ainsi que le mycothalle massif, dépourvu de chlorophylle et pérenne des Lycopodiacées. D'une façon générale, le prothalle des Fougères eusporangiées (Marattiales et Ophioglossales) est très différent de celui des Fougères leptosporangiées. Il présente, en effet, des ressemblances frappantes avec le prothalle des Lycopodes. C'est ainsi que celui des Ophioglossacées est un mycothalle pérenne, souterrain et non chlorophyllien.

Si les Psilotacées (Psilophytinées actuelles) nous ont montré (T. I, chap. 7) un prothalle original ressemblant au rhizome du sporophyte et pouvant comporter des tissus conducteurs, les premières Psilophytinées connues sont encore plus surprenantes. C'est ainsi que dans le genre *Rhynia* du Dévonien, il a été décrit deux espèces (*R. major,* T. I, chap. 8 et *R. gwynne-vaughanii*), la première portant des sporanges contenant de petites spores groupées en tétrades, donc d'origine méiotique, alors que la seconde est plus petite et privée de sporanges. Pant suggéra que celle-ci pourrait être le gamétophyte du *R. major,* ce que Lemoigne vérifia en découvrant dans l'écorce des tiges, des « formations archégoniales » (fig. 7-5). La ressemblance entre le sporophyte et le gamétophyte serait très grande, tous deux étant constitués d'un système dichotomique d'axes aériens de structure protostélique, dressés pour le premier, étalés sur le support pour le second.

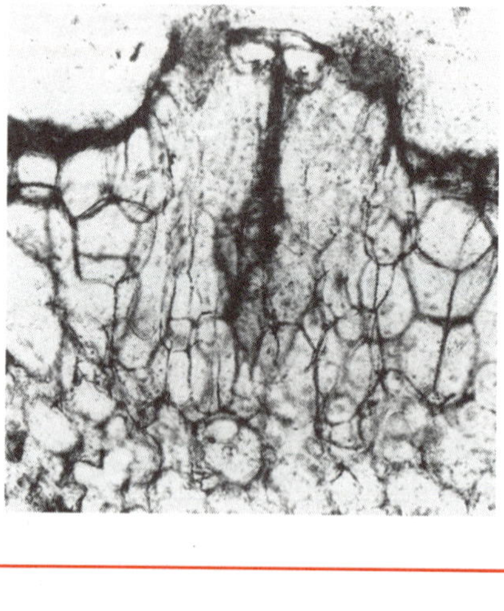

Figure 7-5. Archégone de *Rhynia* (cliché Lemoigne).

L'interprétation de Lemoigne a été discutée par certains auteurs pour qui « les formations archégoniales » observées par lui seraient des hydathodes (voir T. I, chap. 4). En conséquence, ils réfutaient l'existence de gamétophytes vascularisés au Dévonien. Lemoigne *« persistait à penser que les "formations archégoniales" qu'il a décrites sont bien des archégones dont l'organisation et la maturation (lyse du col) sont tout à fait comparables à celles des archégones des* Psilotum, *et de certains* Lycopodium *et aussi des Anthoceros actuels »*. La polémique est maintenant terminée, les paléobotanistes anglais ayant reconnu que la description donnée par Lemoigne est bien celle d'un archégone.

Gamétanges

Qu'ils soient mâles (anthéridies) ou femelles (archégones), les gamétanges sont toujours d'*origine épidermique* et se forment à partir d'une cellule unique du prothalle.

■ **Anthéridies** (fig. 7-6, stades **a** à **f**, et fig. 7-7). Prenons l'exemple des Polypodiacées (Filicinées leptosporangiées). L'initiale épidermique de chaque anthéridie est située sur la face inférieure du prothalle (a). A la suite d'une augmentation de taille, elle fait saillie à la surface de celui-ci (b), puis se divise. Un cloisonnement péricline isole une grosse cellule basale profonde et une plus petite externe (c), la seule qui prenne part à l'édification de l'anthéridie en se divisant (d). La cellule-fille en position profonde constitue le *pied* de la future anthéridie, tandis que l'apicale se cloisonne à son tour. Une cloison bombée délimite la future paroi anthéridiale et la *cellule gamétogène* (e). Par la suite, la paroi pluricellulaire monostromatique du gamétange est définitivement constituée, tandis que la cellule gamétogène subit cinq mitoses, produisant ainsi 32 cellules-mères d'anthérozoïdes (f).

Il existe des variations parmi les Ptéridophytes. Les anthéridies des Leptosporangiées, par exemple, sont saillantes, celles des Eusporangiées, massives et enfoncées dans le prothalle (fig. 7-7). Quant au nombre d'anthérozoïdes libérés, il est différent suivant les groupes.

■ **Archégones** (fig. 7-6, stades **a** à **f**, et fig. 7-8). Les gamétanges femelles se forment plus tardivement que les anthéridies, mais chaque initiale épidermique est encore à la face inférieure du prothalle et les stades (a), (b) et (c) sont les mêmes que pour les gamétanges mâles. Une première différence réside dans le fait que c'est la grosse cellule basale profonde qui est à l'origine de la plus grande partie de l'archégone, alors que la petite cellule externe ne donne que le col archégonial après plusieurs divisions successives. Le cloisonnement de la cellule basale (d) isole vers l'intérieur du prothalle une petite cellule ne participant pas à l'édification de l'archégone, et une cellule de plus grande taille qui s'insinue entre les cellules du col et fournit, en se divisant, une cellule du canal du col et la cellule-mère de l'oosphère (e). Celle-ci se cloisonnant à son tour (f), l'oosphère est mise en place, surmontée par la cellule du canal du ventre.

Comme pour les anthéridies, on connaît, à propos des archégones, des variantes. Elles portent sur la longueur du col et le degré d'enfoncement des archégones dans le prothalle. Par exemple, le col libre, constitué de 4-6 étages de 4 cellules, est caduc chez les Psilotacées (Psilophytinées), alors que ce col peut être noyé dans le prothalle (Isoétacées/Lycopodinées, Marattiacées/Filicinées eusporangiées) (fig. 7-8).

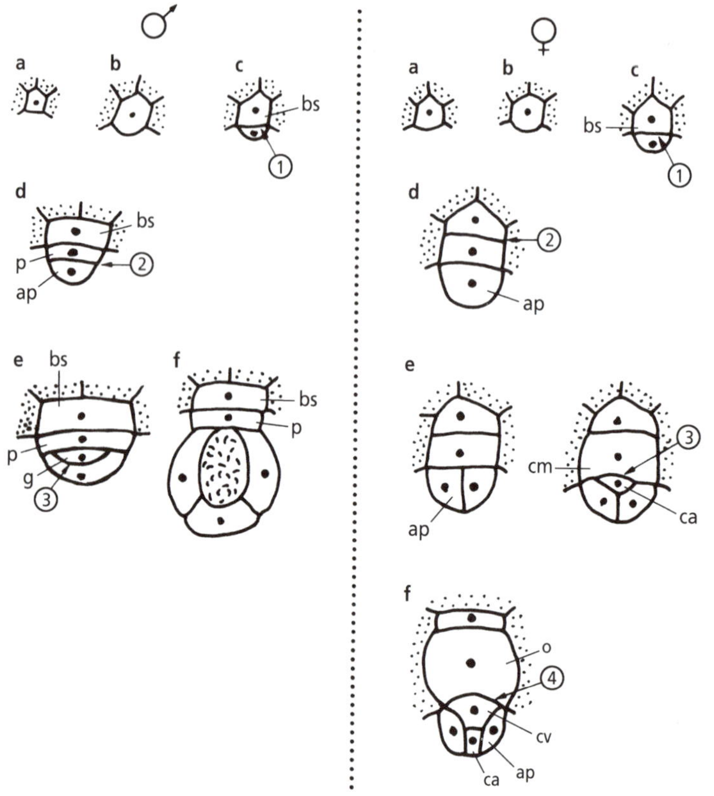

Figure 7-6. Origine et développement des gamétanges de Ptéridophytes.
Anthéridie à gauche, archégone à droite. Les différents stades sont indiqués par des lettres minuscules et les cloisonnements par des chiffres cerclés, ce qui permet une comparaison précise de l'organogenèse de ces deux types de gamétanges. Explications dans le texte.

bs, cellule basale ; *p,* pied ; *ap,* cellule apicale ; *g,* cellule gamétogène ; *cm,* cellule-mère de l'oosphère ; *ca,* cellule du canal du col ; *cv,* cellule du canal du ventre ; *o,* oosphère (modifié d'après EMBERGER, 1960).

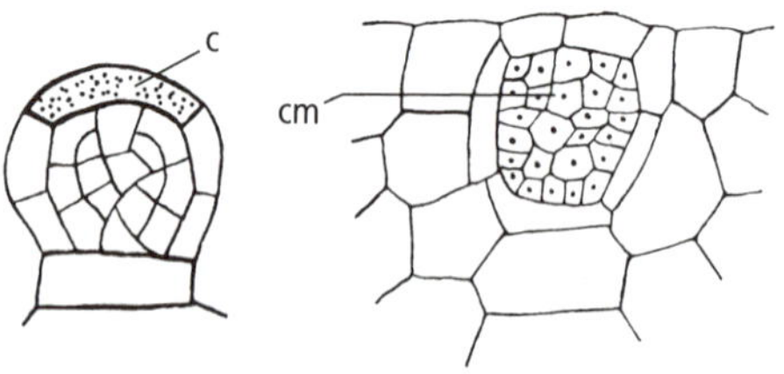

Figure 7-7. Anthéridie de Fougères leptosporangiées avec son couvercle *(c),* à gauche, et anthéridie enfoncée dans un prothalle de Marattiacées (Eusporangiées), à droite.

cm, cellules-mères d'anthérozoïdes (*in* EMBERGER, 1960, d'après GOEBEL).

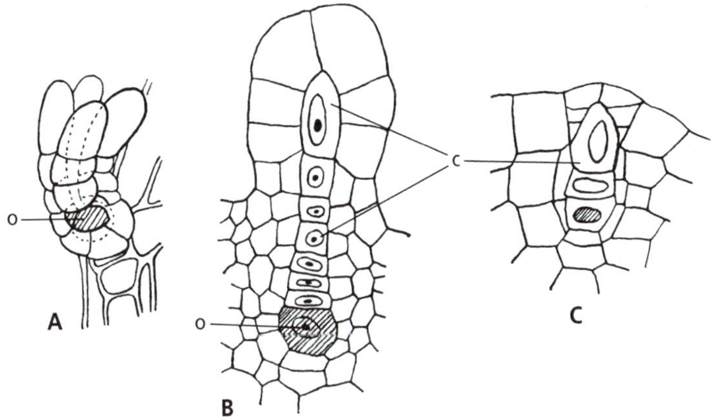

Figure 7-8. Archégones de Ptéridophytes.
A, archégone libre de *Schizaea pusilla* (Filicinées leptosporangiées); **B**, archégone demi-libre avec long col de *Lycopodium selago* (Lycopodinées); **C**, archégone enfoncé de Marattiacées (Filicinées eusporangiées) (*o*, oosphère; *c*, col) (*in* EMBERGER, 1960, d'après BRITTON et TAYLOR, GOEBEL).

■ Bien que les anthéridies et les archégones soient d'origine identique et se développent par le jeu de processus assez comparables, les gamètes des deux sexes ne sont pas rigoureusement homologues, puisque, à partir du stade (c), la cellule basale prend part (archégone) ou pas (anthéridie) à la formation des gamètes.

Tendances évolutives des prothalles

Le prothalle des Ptéridophytes tend à se réduire et, parallèlement, à rester inclus dans la spore, tandis que la germination de celle-ci se déroule au moins partiellement à l'intérieur du sporange.

■ L'**évolution régressive** (involution) du prothalle se traduit par une diminution absolue de la taille de celui-ci, mais aussi par une diminution relative par rapport aux dimensions du sporophyte. Si la partie végétative du prothalle va en s'amenuisant, le nombre des gamétanges qu'elle porte et celui des gamètes mâles libérés sont de plus en plus faibles. Parallèlement, le confinement des prothalles à l'intérieur des spores (**angioprothallie**) est de plus en plus marqué. Les deux termes extrêmes de cette involution sont représentés, l'un par les Psilophytinées, l'autre par les Lycopodinées (Sélaginellales et Isoétales) et les Filicinées Hydroptéridales.

Si les *Rhynia* ne montrent pas de différences notoires entre leur sporophyte et leur gamétophyte, il en est tout autrement pour les Sélaginelles (fig. 7-9). Avant la déhiscence de leurs microsporanges, la germination des microspores s'amorce et se poursuit après la dissémination de celles-ci. Chaque microspore se divise en deux cellules, l'une, petite, devant représenter la partie végétative du microprothalle, l'autre de grande taille, à l'origine d'une anthéridie unique, continuant à se diviser pour former huit cellules pariétales et quatre centrales. Alors que le microsporange s'ouvre et disperse son contenu, le développement du gamétophyte est suspendu. Il se poursuit à terre par cinq mitoses successives des quatre cellules centrales. Chacune des 128 cellules-filles développe deux anthérozoïdes dont la libération est précédée de la désintégration de la cellule prothallienne et des cellules pariétales de l'anthéridie, puis de la rupture de la paroi de la microspore (fig. 7-9).

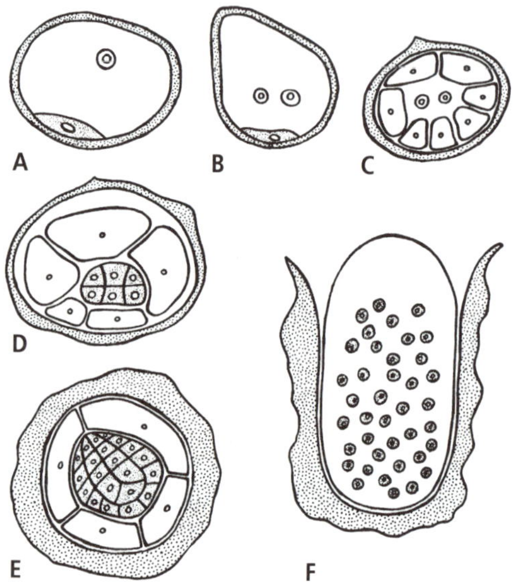

Figure 7-9. Développement du gamétophyte mâle de *Selaginella apoda* (Lycopodinées).
A, début de la germination de la microspore avec formation d'une cellule prothallienne lenticulaire et d'une grosse cellule anthéridiale ; **B**, division de la cellule anthéridiale ; **C**, différenciation des cellules de la paroi de l'anthéridie ; **D** et **E**, différenciation des cellules-mères d'anthérozoïdes ; **F**, éclatement de la microspore permettant la libération des anthérozoïdes (*in* McLean et coll., 1958, d'après Lyon).

La germination des mégaspores débute à l'intérieur du mégasporange et sans éclatement de la paroi sporale. Un cytoplasme cénocytique entoure une grande vacuole centrale, puis des cellules se forment à un pôle du prothalle. Le cloisonnement se poursuivant, ce prothalle est totalement cellularisé quand il provoque l'éclatement de la mégaspore. Au niveau de l'ouverture, le prothalle porte des rhizoïdes et est constitué de petites cellules chlorophylliennes (tissu végétatif). En profondeur, des cellules de grande taille, sans chlorophylle, mais riches en réserves (amidon) constituent un tissu nourricier. Quelques archégones se différencient au pôle végétatif du mégaprothalle (fig. 7-10).

Les prothalles très réduits des Hydroptéridales sont également inclus dans les spores. Chez les Marsiléacées, par exemple, les minuscules prothalles mâles (une seule anthéridie) ne forment qu'un petit nombre d'anthérozoïdes, tandis que les prothalles femelles sont réduits à un unique archégone et à une énorme cellule gorgée d'amidon (fig. 7-11).

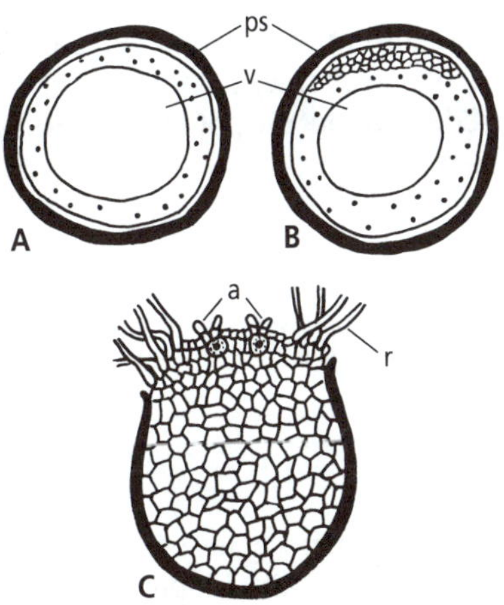

Figure 7-10. Développement du gamétophyte femelle d'une Sélaginelle (Lycopodinées).

A, à l'intérieur de la spore, le prothalle cénocytique se met en place autour d'une grande vacuole ; **B**, la cellularisation du prothalle débute ; **C**, la cellularisation terminée, la mégaspore éclate, et le prothalle fait saillie à l'extérieur (*ps*, paroi sporale ; *v*, vacuole ; *a*, archégones ; *r*, rhizoïdes).

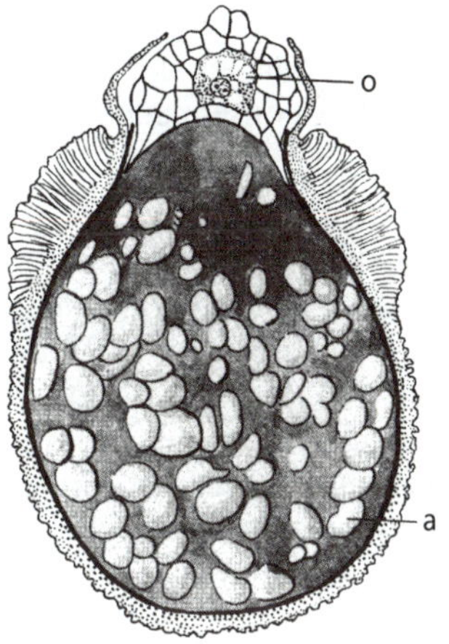

Figure 7-11. Prothalle femelle de *Pilularia globulifera* (Marsiléacées/Hydroptéridales).

o, oosphère ; *a*, grains d'amidon (*in* EMBERGER, 1960, d'après BONNET).

■ *La tendance de plus en plus marquée à l'involution du gamétophyte et à l'angioprothallie va de pair avec la* ***sexualisation des tétraspores****.*

– Les prothalles des groupes homosporés et homoprothallés (Psilophytinées, Lycopodiacées, Filicinées terrestres) sont libres, au moins dans les formes vivantes, relativement bien développés, hermaphrodites et porteurs de nombreux gamétanges.

– Avec la subisosporie des Équisétales, les prothalles commencent à se sexualiser. Toujours libres, ils sont moins développés que les précédents.

– Enfin, chez les Sélaginellales, Isoétales et Hydroptéridales, pour ne considérer que les formes actuelles hétérosporées et hétéroprothallées, les gamétophytes mâles ou femelles sont toujours inclus dans les spores qui les forment, celles-ci commençant leur germination dans les sporanges. La réduction de ces prothalles est souvent poussée à l'extrême, en particulier dans la lignée mâle, et le nombre des gamétanges peut être réduit à l'unité (un seul archégone, dans certains cas).

■ L'hétérosporie et l'hétéroprothallie qui se sont développées dans tous les groupes de Ptéridophytes, sauf parmi les Psilophytinées, du moins dans l'état actuel de nos connaissances paléobotaniques, en entraînant une séparation des sexes, facilitent les **échanges géniques**, et, par là même, la multiplication des génotypes. Les formes hétérosporées possèdent donc un potentiel d'évolution supérieur à celui des formes homosporées.

3. SPORES DES PLANTES À OVULES

L'hétérosporie, déjà bien installée chez les Ptéridophytes est une loi générale pour les Préspermaphytes et les Spermaphytes.

Microspores

■ **Formation.** Dans la jeune anthère, au cours de la méiose, les cellules-mères se cloisonnent suivant les deux modes reconnus chez les Ptéridophytes (fig. 7-1), avec les mêmes conséquences quant à la disposition des quatre microspores et à leur forme :

– cloisonnements successifs, disposition cruciée des tétraspores, chacune ayant deux faces latérales et une ventrale : Cycadales, quelques Gymnospermes (Taxales et des Pinacées), Chlamydospermes, la plupart des Monocotylédones, des Dicotylédones primitives (*Magnolia, Ceratophyllum, Rafflesia, Aristolochia,* Apocynacées et Asclépiadacées) ;

– cloisonnements simultanés, disposition tétraédrique des microspores chacune ayant trois faces latérales et une ventrale : Ginkyoales, la plupart des Gymnospermes et des Dicotylédones, quelques Monocotylédones (des Liliacées, les Iridacées, Dioscoréacées et Orchidacées).

■ **Diversité.** Ce qui a été dit à propos de la forme générale des spores des Ptéridophytes pourrait être repris ici dans les grandes lignes.

La taille des microspores est assez variable d'un groupe à l'autre. Il en est de même de leur nombre qui peut être très grand, en particulier chez les Cycadales (500/600 microspores par microsporange de *Zamia,* 30 000 pour les *Dioon).*

Enfin, certaines microspores sont enveloppées d'un sac aérifère, sauf au niveau du pôle dorsal germinatif (Cordaïtales), ou portent des ballonnets aérifères, deux le plus souvent. C'est le cas des Conifères (Gymnospermes), sauf dans quelques familles : Araucariacées, Céphalotaxacées, Taxodiacées et Cupressacées.

Mégaspores

Si le début de la sporogenèse des Ptéridophytes hétérosporés s'accomplit de la même façon dans les micro- et les mégasporanges (fig. 6-3), par la suite une ou quelques cellules-mères seulement parviennent au stade de mégaspores, aux dépens de toutes les autres qui dégénèrent et participent à la nutrition des mégaspores en formation. Dans la majorité des cas, chaque mégasporange contient alors quatre méiospores, mais il arrive que trois d'entre elles avortent. C'est le cas de certaines Sélaginelles. Chez les plantes à ovules, ce phénomène est presque constant. En effet, d'une manière quasi générale, nous avons signalé à leur propos l'existence d'une seule cellule archésporiale profonde et d'une unique cellule-mère de spores (sauf pour les Casuarinales, les Fagales et d'autres espèces, fig. 7-12). Après la méiose, des quatre spores alignées en file (fig. 6-14), le plus souvent seule la plus profonde arrive à terme. Même quand il existe plusieurs cellules-mères, 3-6 comme pour les Taxodiacées (Cupressales/Conifères), et que chacune forme une tétrade de mégaspores, une seule sera fonctionnelle.

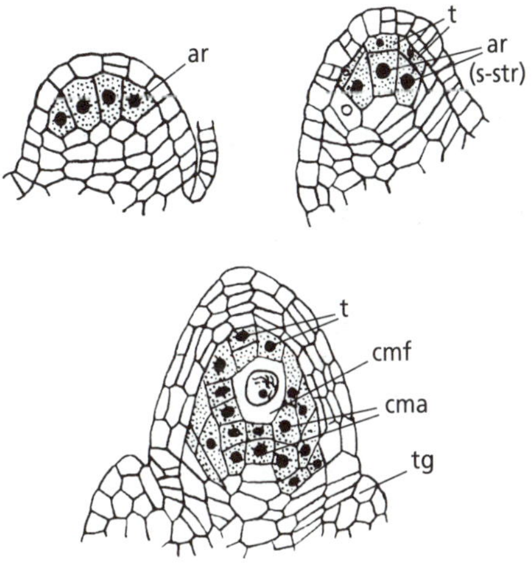

Figure 7-12. Développement de l'ovule d'*Alchemilla* (Rosacées).
ar, plusieurs cellules archésporiales; *t,* tapis ou calotte; *ar (s-str)*: cellules-mères de spores; *cmf,* une cellule-mère est privilégiée, mais les autres *(cma)* avortent; *tg,* tégument ovulaire (*in* EMBERGER, 1960, d'après MURBECK).

■ Ce sont les Angiospermes qui révèlent le plus de diversité quant au devenir des mégaspores. Certes, le cas le plus fréquent est encore celui que nous venons de signaler pour les autres plantes à ovules, à savoir la dégénérescence de trois des quatre mégaspores, mais il n'en est pas toujours ainsi :

– les quatre spores peuvent subsister;

– deux seulement sur les quatre disparaissent;

– les Casuarinales, qui constituent un type unique et systématiquement isolé parmi les Angiospermes actuelles par des caractères de Gymnospermes et d'Articulées, possèdent de très nombreuses cellules-mères par nucelle (jusqu'à 700). Certaines d'entre elles évoluent normalement en tétrades de spores, mais les autres avortent ou constituent des trachéides rappelant les élatères des Hépatiques (p. 83).

■ Enfin, il faut signaler que :

– chez les Préspermaphytes et les Gymnospermes, les mégaspores dont la paroi est plus ou moins épaisse sont en union lâche avec le nucelle, dans lequel elles peuvent même être libres, comme dans le genre *Schuetzia* appartenant à la famille des Médullosacées (Ptéridospermales du Carbonifère et du Permien);

– chez les Angiospermes, au contraire, l'union entre nucelle et spores est très solide, la paroi de celles-ci étant mince et sans sporopollénine.

4. GAMÉTOPHYTES DES PLANTES À OVULES

La germination des microspores et des mégaspores des Ptéridophytes hétérosporés conduit respectivement à des prothalles mâles ou femelles, gamétophytes portant anthéridies ou archégones. Ayant la même origine que ces prothalles, les produits de la germination des microspores et des mégaspores des plantes à ovules leur sont homologues. On doit donc s'attendre à les trouver porteurs de cellules gamétiques.

Le grain de pollen, gamétophyte mâle

Le développement des microspores, commençant dans les microsporanges et s'y terminant le plus souvent, conduit à la réalisation des grains de pollen (du latin *pollen* : fleur de farine).

Passage de la microspore au grain de pollen

(fig. 7-13, à comparer avec la fig. 7-6)

■ Exemple des **Pins** (Conifères/Gymnospermes) et du *Ginkyo biloba* (Ginkyoales/Préspermaphytes). Au sein des microsporanges, les microspores sont uninucléées et déjà pourvues de deux ballonnets aérifères. Après une première division, une petite *cellule basale* qui n'évoluera pas et une grosse cellule sont séparées (c). La dissémination survient alors.

La cellule de grande taille se divise (2e division, stade d). Une *cellule-pied* est alors plaquée contre la cellule basale, tandis que l'autre cellule-fille se divisant à son tour (3e division, stade e), la *cellule gamétogène* est mise en place entre la cellule-pied et une autre cellule qui constituera plus tard le tube pollinique. Au

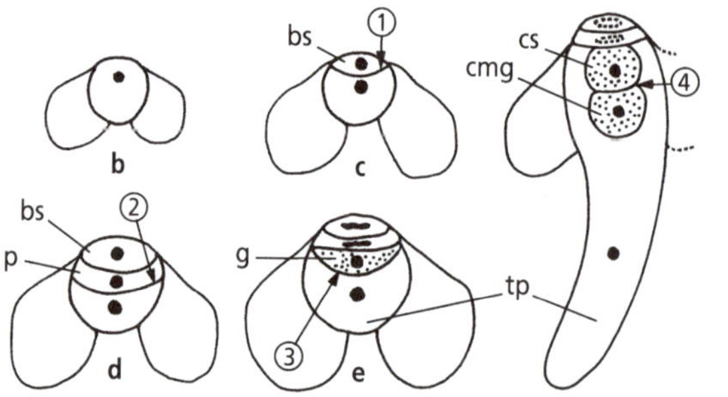

Figure 7-13. Passage de la microspore au grain de pollen germé chez les Pins.

Comme pour la figure 7-6 les différents stades sont indiqués par des lettres minuscules et les cloisonnements par des chiffres cerclés. Les stades **b** à **f** sont comparables d'une figure à l'autre. Explications dans le texte.

bs, cellule basale; *p*, pied; *g*, cellule gamétogène; *cs*, cellule-socle; *cmg*, cellule-mère des gamètes; *tp*, tube pollinique (modifié d'après EMBERGER, 1960).

stade e, le grain de pollen est à maturité, il est constitué de quatre cellules, mais les deux premières formées, la basale et celle du pied, écrasées contre la paroi, dégénèrent rapidement.

La croissance du tube pollinique commence dès l'arrivée du grain de pollen sur le nucelle de l'ovule. Tandis que le tube s'allonge et pénètre dans le nucelle, environ deux mois après le début de la germination du pollen, la cellule gamétogène se divise à son tour (4e division, stade f), donnant une *cellule-socle* stérile et une cellule-mère de gamètes, la *cellule spermatogène.* C'est à ce stade que s'arrête la germination du pollen. Elle reprend, la seconde année, en même temps que la croissance du gamétophyte femelle. La cellule spermatogène se divise alors, cette 5e division conduisant aux deux gamètes. Le grain de pollen, provenant de la microspore et porteur des gamètes, est donc bien un gamétophyte mâle.

La comparaison entre la formation du pollen de Pin et celle des anthéridies de Ptéridophytes (fig. 7-6) permet de dégager trois homologies précises entre leurs stades : (c-cellule basale), (d-cellule du pied) et (e-cellule gamétogène). Le grain de pollen germé est un gamétophyte mâle réduit à une anthéridie homologue de celle des Ptéridophytes, sauf quant au nombre des gamètes formés. Le tube pollinique homologue de la paroi anthéridiale subira, lui aussi, une déhiscence au moment de la fécondation.

■ Si le gamétophyte mâle des Pins est constitué d'une anthéridie, le grain de pollen est :

– déjà réduit chez les Cycadales *(Dioon)*;
– encore plus simple pour les Angiospermes (tableau 7-1).

Tableau 7-1. *Le gamétophyte mâle des plantes à ovules.*

<table>
<tr><th></th><th>Pinus
(6 noyaux)</th><th>Dioon
(5 noyaux)</th><th>Taxodiacées, If et rares Angiospennes
(4 noyaux)</th><th>Majorité des Angiospermes
(3 noyaux)</th></tr>
<tr><td>Cellule basale</td><td>X</td><td rowspan="2">X (?)</td><td></td><td></td></tr>
<tr><td>Cellule du pied</td><td>X</td><td></td><td></td></tr>
<tr><td>Cellule-socle</td><td>X</td><td>X</td><td>X</td><td></td></tr>
<tr><td>Gamètes</td><td>X X</td><td>X X</td><td>X X</td><td>X X</td></tr>
<tr><td>Tube pollinique</td><td>X</td><td>X</td><td>X</td><td>X</td></tr>
</table>

Par rapport au pollen des Préspermaphytes et des Gymnospermes, celui des Angiospermes est toujours très involué, aucune structure anthéridale, même rudimentaire, ne s'observant dans leur cas.

En revanche, il arrive, mais très rarement, que le gamétophyte mâle soit plus complexe que celui des Pins. Dans le genre *Araucaria* (Araucariacées/Conifères), par exemple, la microspore, sans ballonnets, engendre un gamétophyte d'abord cloisonné, puis syncytial, contenant à maturité jusqu'à 44 noyaux et de gros grains d'amidon. Aux 8 cellules (noyaux) des Pins, s'ajoutent d'autres cellules (noyaux) prothalliennes purement végétatives qui n'existent pas dans les exemples précédents (fig. 7-14).

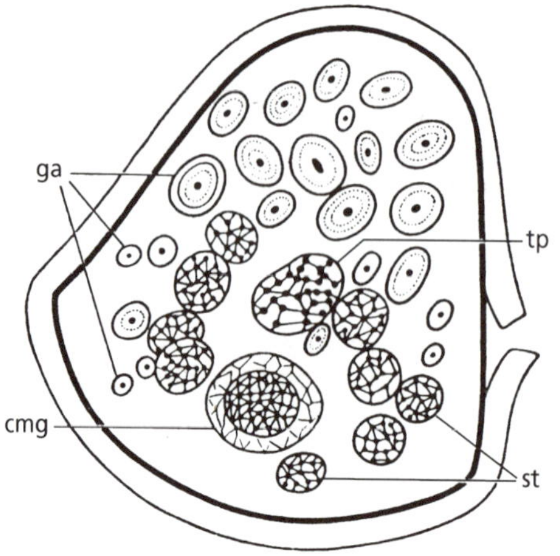

Figure 7-14. Grain de pollen d'*Araucaria* (Araucariacées).
cmg, cellule-mère de gamètes; *tp,* noyau du tube pollinique; *st,* noyaux stériles; *ga,* grains d'amidon (*in* EMBERGER, 1960, d'après LAWSON).

■ **Le passage de la microspore au grain de pollen** (fig. 7-15) se traduit toujours par des **mitoses** plus ou moins nombreuses se plaçant différemment par rapport à la dissémination et à la germination de celui-ci. Par comparaison avec ce qui vient d'être décrit pour les Pins, les anthères des Angiospermes libèrent des grains de pollen qui, selon les taxons, sont à deux stades différents :

– les *grains bicellulaires* (ou *binucléés*) sont constitués d'une cellule végétative (celle du futur tube pollinique) et de la cellule spermatogène à partir de laquelle se formeront, dans le tube pollinique, les deux gamètes mâles, lors de la germination du grain (70 % des espèces)[1] ;

– les *grains tricellulaires* (ou *trinucléés*), dont la cellule spermatogène s'est divisée avant la déhiscence des anthères (30 % des espèces, en particulier Ombellifères, Boraginacées et Composées). Ces grains comprennent donc un noyau végétatif et deux gamètes mâles.

■ Enfin, la formation du gamétophyte mâle s'accompagne aussi :

– de *transformations de la paroi* : celle des jeunes microspores ne comporte pas encore de sporopollénine, substance constituée de hauts polymères oxydés de caroténoïdes et d'esters de caroténoïdes. Cette polymérisation progressive se fait à partir de caroténoïdes passant du tapis sur le sporoderme en formation du grain de pollen. Des enzymes sont également transférées, parmi elles l'estérase ;

– d'une *déshydratation cytoplasmique* plus ou moins prononcée conduisant à une vie ralentie de durée relativement assez courte. La longévité du pollen (temps pendant lequel il peut germer après sa libération) varie, en effet, approximativement de un jour (Graminées) à une centaine de jours (Rosacées). Le Seigle

1. Ces pourcentages se rapportent seulement aux 2 000 espèces étudiées.

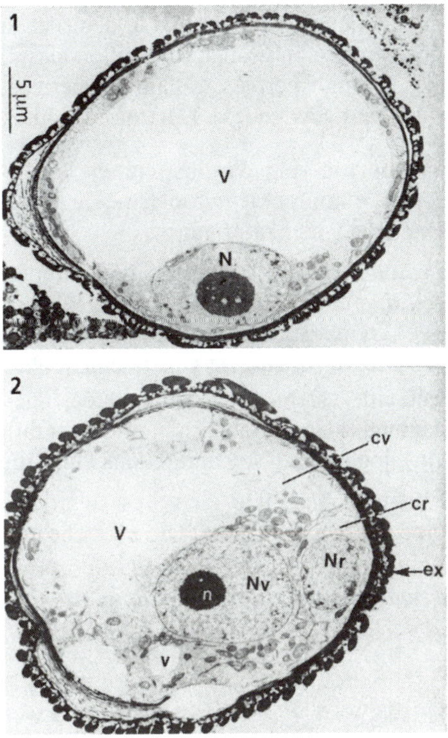

Figure 7-15. Microspore (**1**) et grain de pollen (**2**) du *Datura metel* (Solanacées).

N, noyau; *V*, vacuole; *ex*, exine; *cv*, cellule végétative; *Nv*, noyau végétatif avec nucléole *(n)*; *cr*, cellule reproductrice; *Nr*, noyau reproducteur (clichés SANGWAN).

(Graminées) s'inscrit parmi les espèces dont la durée de vie pollinique est la plus courte, moins d'une douzaine d'heures[1] ;

– de l'*accumulation d'auxine* dans la cellule végétative, substance qui jouera un rôle dans la croissance du tube pollinique et dans la *nouaison,* gonflement de l'ovaire dès la pollinisation.

Polymorphisme pollinique

Si divers types polliniques se rencontrent parmi les plantes à ovules, le sporoderme est beaucoup plus varié chez les Angiospermes que dans les groupes inférieurs.

1. En recherche fondamentale (étude de la biologie de la reproduction), comme en agronomie, il y a souvent obligation de croiser des espèces ou des variétés qui ne fleurissent pas dans la même période. Le problème de la conservation du pollen et de l'allongement de sa longévité se pose donc. Pour suspendre l'activité des enzymes et l'utilisation des réserves du pollen, les conditions les meilleures sont : une basse température (+ 2 à 5 °C), une faible humidité (25 à 35 % d'humidité relative) et une pression réduite d'oxygène. Le pollen de *Prunus padus* (Rosacées), par exemple, survit 35 jours à l'air libre, mais jusqu'à 181 jours à l'état sec.

■ Les **types polliniques** sont d'abord en rapport avec les deux modes de cloisonnements des cellules-mères de microspores (p. 85), mais des variantes secondaires peuvent s'ajouter. Par exemple, la déhiscence du grain, primitivement dorsale, est devenue ventrale par transfert au sillon harmomégathique (beaucoup de Préphanérogames, Gymnospermes, Chlamydospermes, beaucoup de Monocotylédones, des Dicotylédones acycliques). L'harmomégathus peut être allongé ou circulaire, etc.

■ **Sporoderme des Angiospermes** (fig. 7-16 et tableau 7-2). Ensemble des enveloppes entourant le cytoplasme du grain de pollen, le sporoderme comprend, de l'extérieur vers l'intérieur :

– l'**exine** de nature sporopollénique, imputrescible, donc fossilisable, composée de l'*ectexine* et de l'*endexine.* La première est de structure alvéolaire (Préspermaphytes et Gymnospermes) ou columellaire (Angiospermes). La seconde, présente chez les Dicotylédones, est généralement absente chez les Monocotylédones[1] ;

L'ectexine est lisse ou ornementée, nue ou recouverte d'un enduit gras ou mucilagineux. Ces caractères, joints à la taille des grains (de l'ordre de 20 µm à 100 µm), jouent un rôle capital dans la pollinisation (voir p. 153).

– l'**intine,** constituée de polysaccharides complexes, n'est pas fossilisable. Élaborée par le cytoplasme, elle est riche en phosphatase acide.

Les étapes de la formation du sporoderme montrent que seule l'intine est foncièrement gamétophytique, alors que la sporopollénine de l'exine est synthétisée à partir de substances d'origine tapétale, donc sporophytique (p. 100).

Tableau 7-2. *Principales terminologies retenues par les palynologues à propos du sporoderme* (conceptions de ERDTMAN et de FAEGRI).

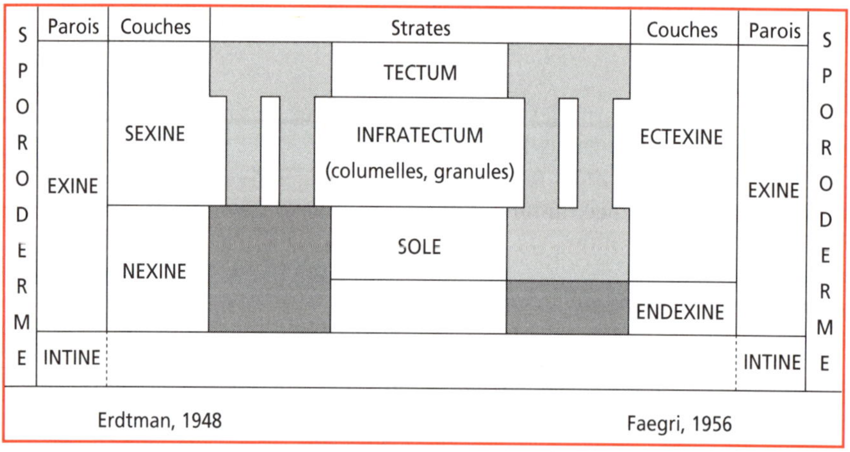

1. Monocotylédones et Dicotylédones s'opposent encore par d'autres caractères polliniques. Le type Monocotylédone rappelle celui des Cordaïtales, Ginkyoales, Cycadales et Bennettitales, par la disparition de l'appareil de déhiscence dorsal. C'est l'harmomégathus ventral (en pore ou en sillon) qui assure alors cette fonction, et les grains sont souvent allongés dans le sens de cet harmomégathus. Le type Dicotylédone est caractérisé par la conservation du type archaïque des Ptéridophytes (p. 86) : appareil dorsal différencié et harmomégathus ventral, avec des variantes nombreuses.

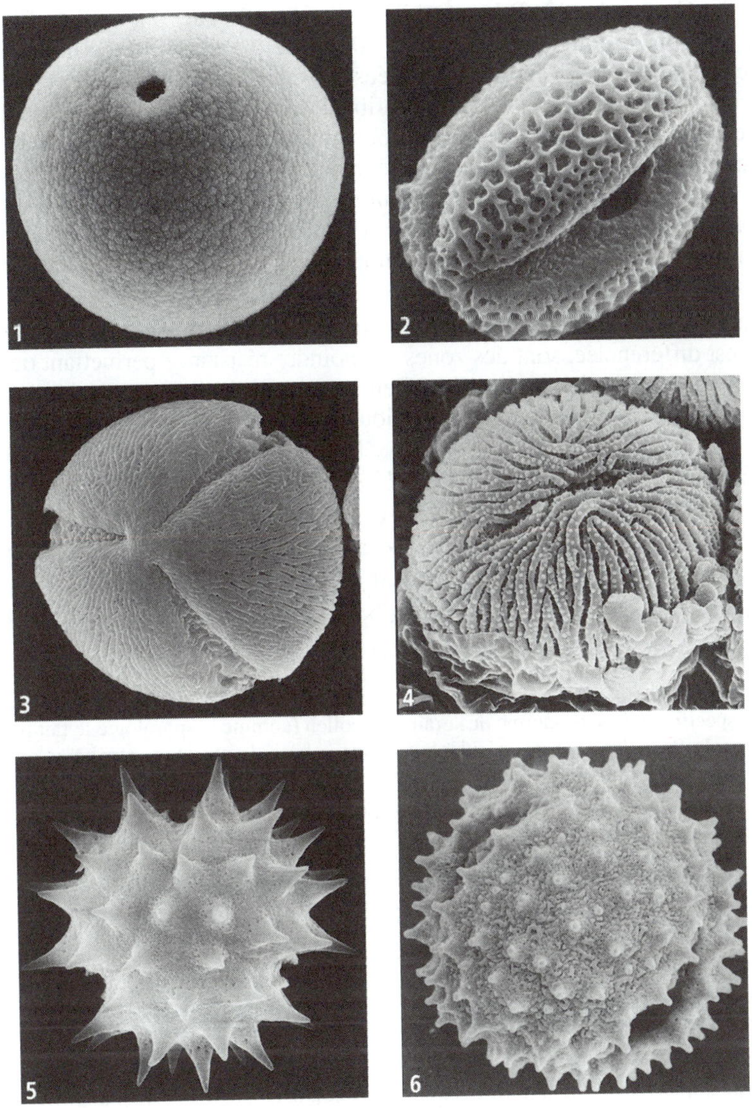

Figure 7-16. Pollens d'Angiospermes.

1, *Dactylis glomerata* (Graminées/Monocotylédones) anémophile ; **2** à **6**, Dicotylédones entomophiles, avec : **2**, *Salix* (Salicacées) ; **3**, *Petunia hybrida* (Solanacées) ; **4**, *Saxifraga cymbalaria* (Saxifragacées) ; **5**, *Guizotia scabra* (Composées) ; **6**, *Crupina intermedia* (Composées) [Documents Cerceau (1, 2, 3, 5), Hideux (4), Couderc (6) (clichés Laboratoire de géologie du Muséum national d'histoire naturelle et Couderc)].

Le sporoderme des grains de pollen angiospermiens atteint un degré de complication structurale jamais observé chez les microspores des groupes inférieurs de Cormophytes. Pourtant, il faut signaler que les grains filiformes (jusqu'à 5 mm de longueur pour 10 à 30 µm de diamètre) de certaines Angiospermes aquatiques (Zostères/Zostéracées, Posidonies/Posidoniacées) présentent uniquement une intine faite de microfibrilles cellulosiques insérées dans une matrice polysaccharidique et riche en phosphatase acide, comme dans le pollen des espèces aériennes. Bien que l'exine sporopollénique soit absente, la surface de tels grains est recouverte d'un film mince de sucres et de protéines renfermant l'estérase d'origine tapétale. Malgré des simplifications, il subsiste néanmoins des similitudes structurales et biochimiques entre ces pollens aquatiques et les pollens des plantes terrestres.

Dans le sporoderme, des *ponctuations* (= *apertures*), au niveau desquelles l'exine est différenciée, sont des zones de moindre résistance permettant des changements de volume des grains de pollen, et au tube pollinique de faire saillie à l'extérieur. Leur nombre et leur disposition sont variables d'une espèce à l'autre.

■ Une fois formés, les grains de pollen ne se séparent pas obligatoirement :

– dans la famille des Éricacées et divers genres de Monocotylédones (*Listera*/Orchidacées, *Typha*/Typhacées, etc.), le pollen est libéré à l'état de tétrades ;

– chez les Mimosacées, les grains sont souvent agrégés en paquets (polyades) ;

– enfin, une pollinie d'Orchidacées et d'Asclépiadacées représente tout le contenu d'une loge de l'anthère (voir p. 149).

■ La **palynologie** (du grec *palunein* = répandre de la farine et *logos* = discours) exploite la diversité spécifique du sporoderme des grains de pollen (comme la sporologie le fait pour celui des spores de Bryophytes et de Ptéridophytes) sur la base de plusieurs caractères micromorphologiques dont les principaux sont :

– la symétrie des grains de pollen (ou des spores), en rapport avec la disposition des microspores dans la tétrade ;

– leur forme générale en vue méridienne ;

– leur taille définie selon l'axe polaire (P) et par le diamètre équatorial (E) ;

– les valeurs du rapport P/E ;

– le nombre et la place des apertures (ectoapertures dans l'ectexine, endoapertures dans l'endexine) ;

– l'aspect plus ou moins ornementé de la surface de l'ectexine ;

– la structure de celle-ci.

La palynologie a de nombreuses applications fondamentales en botanique évidemment (systématique et phylogénie), mais également en géologie (stratigraphie), ainsi que dans l'étude des oscillations climatiques quaternaires grâce aux *analyses polliniques*. En effet, l'histoire et la stratigraphie du Quaternaire ont été établies en partie à l'aide de restes végétaux, et tout particulièrement de grains de pollen et de spores. Ce sont principalement les tourbières d'âge postglaciaire qui ont fourni l'essentiel des apports palynologiques (et sporologiques). Pour chaque niveau d'une tourbière actuelle, les grains de pollen (et les spores) sont isolés, dénombrés par espèce, ce qui permet de connaître la proportion des différentes espèces constituant la flore de la région à l'époque où ce niveau de la tourtière s'est mis en place. On peut ainsi reconstituer l'histoire climatique d'une région et celle des différentes forêts qui se sont succédées après les glaciations (fig. 7-17).

La palynologie peut également avoir des retombées d'ordre pratique. Chez l'Homme, le pollen est souvent la cause de manifestations allergiques d'ordre respiratoire. C'est ainsi que le pollen de Graminées est une importante source d'allergènes, substances responsables d'environ 50 % des cas d'allergie respiratoire en France, en particulier du « rhume des foins ». Au cours du développement des grains de pollen, des microcanaux situés dans l'ectexine (diamètre de l'ordre de 33 nm) assureraient le transit du matériel glycoprotéique d'origine tapétale (allergènes probables) jusqu'au plasmalemme.

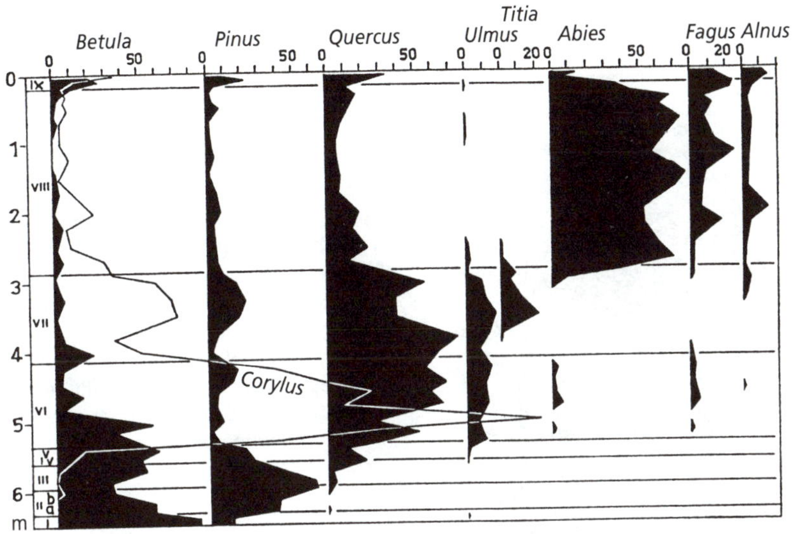

Figure 7-17. Diagramme pollinique d'une tourbière du Cantal (fin du Würmien et postglaciaire) montrant la synchronisation entre périodes climatiques et phases forestières successives.

I, toundra inférieure — stade froid; **II**, réchauffement temporaire vieux de 11 000 à 12 000 ans — forêt de pins et de bouleaux; **III**, toundra supérieure — stade froid; **IV-V**, début du réchauffement postglaciaire daté d'environ 10 000 ans — à nouveau forêt de pins et de bouleaux, puis chênes et ormes et surtout noisetiers; **VI**, phase du chêne et du noisetier; **VII**, chênes mélangés d'ormes, aulnes, puis tilleuls (2 à 3 degrés au-dessus de la température actuelle); **VIII**, phase de la hêtraie — sapinière débutant il y a environ 5 000 ans avec un début de refroidissement du climat; **IX**, phase de déboisement récente. Le pollen du noisetier est dénombré en pourcentage de l'ensemble des pollens d'arbres (*in* LEMÉE, 1967).

L'endosperme, gamétophyte femelle des Préspermaphytes, des Gymnospermes et des Chlamydospermes

L'unique mégaspore qui subsiste après disparition des trois autres est à l'origine de l'endosperme qui se développe dans le mégasporange (nucelle). Mégaspore et endosperme ne sont jamais libérés.

Formation de l'endosperme des Pins

La maturation de l'ovule jeune des cônes femelles de première année est liée à la pollinisation. Après celle-ci, le développement du nucelle et du tégument ont pour conséquence une augmentation de volume de l'ovule. La mégaspore grossit, puis plusieurs mitoses interviennent, mais elles ne sont pas suivies de cloisonnements. Le jeune endosperme est donc cénocytique, constitué de quelques dizaines de noyaux au sein d'un cytoplasme entourant une grande vacuole (fig. 7-18). Sa croissance, interrompue pendant l'hiver, reprend l'année suivante et est accompagnée de cloisonnements débutant à la périphérie. Devenu cellulaire, l'endosperme continue à grossir.

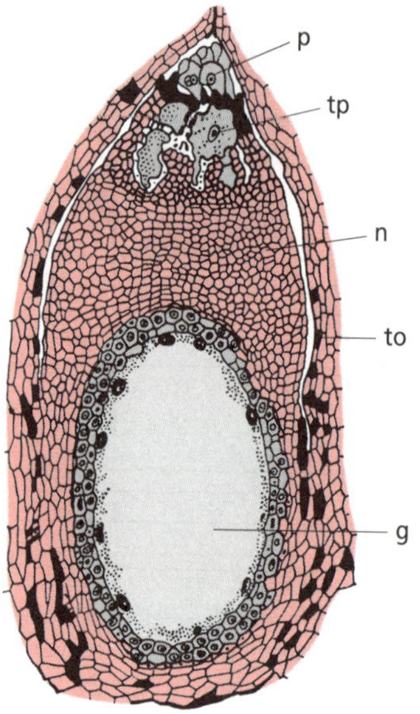

Figure 7-18. Stade à noyaux libres dans le gamétophyte femelle de *Pinus strobus* (Pinacées).

p, pollen; *tp*, tube pollinique; *n*, nucelle; *to*, tégument ovulaire; *g*, gamétophyte femelle. Dans les tissus sporophytiques, les cellules figurées en noir sont des cellules mortes et non pas à *n* chromosomes (*in* Gaussen et coll., 1982).

Archégones (fig. 7-19, à comparer avec fig. 7-6)

■ Chaque gamétange femelle des Pins (2-3) se met en place, à la fin du printemps de la deuxième année, à partir d'une cellule superficielle de l'endosperme située du côté micropylaire (a). Après avoir grandi et fait saillie dans le nucelle (b), elle se divise en une grosse cellule basale et une petite cellule apicale (1re division, stade c). La première, après une très forte croissance, est à l'origine d'une grosse oosphère et d'une petite cellule du canal du ventre éphémère; la seconde engendrera le col archégonial (deux étages de quatre cellules chez les Pins). Formé à partir d'une mégaspore et porteur de gamétanges femelles, l'endosperme est bien un gamétophyte femelle.

Quand les archégones sont en place au pôle micropylaire de l'endosperme, celui-ci est massif, ovoïde, blanchâtre et riche en eau, de la taille d'un grain de riz chez le Pin pignon *(Pinus pinea)*. C'est dire qu'il occupe la plus grande partie de l'ovule parvenu à maturité (fig. 7-20).

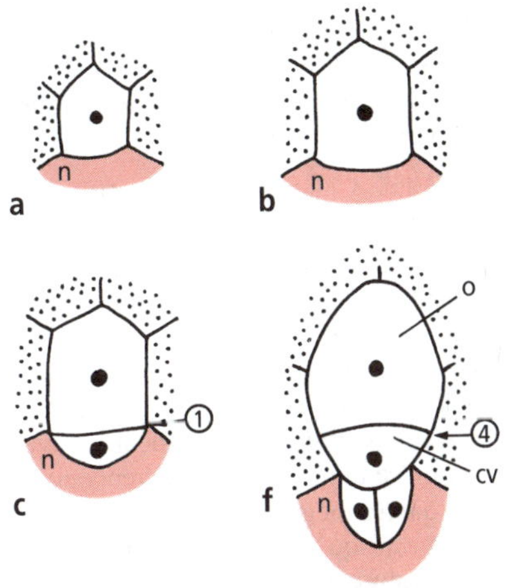

Figure 7-19. Origine et développement de l'archégone des Pins.

Comme pour les figures 7-6 et 7-13, les différents stades sont indiqués par des lettres minuscules et les cloisonnements par des chiffres cerclés. Les stades **a**, **b**, **c**, **f** étant encore comparables d'une figure à l'autre, ils ont été représentés avec la même orientation qu'en 7-6 et 7-13, alors qu'en réalité le col archégonal est tourné vers le haut en direction du micropyle de l'ovule.

o, oosphère; *cv*, cellule du canal du ventre; *n*, nucelle (modifié d'après EMBERGER, 1960).

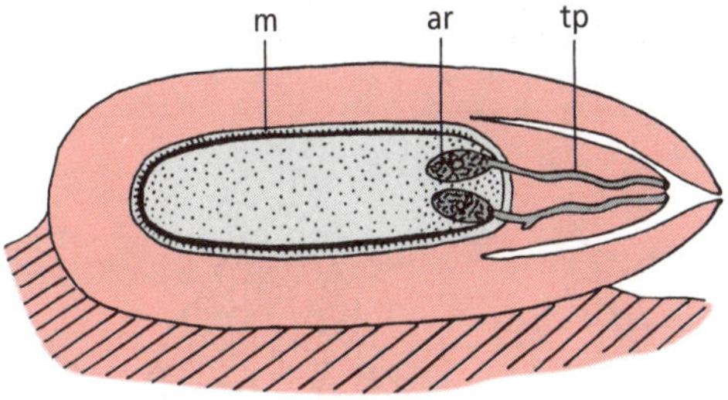

Figure 7-20. Mégaspore germée (prothalle inclus) de *Pinus pinaster* (Pinacées).

On remarquera l'enveloppe relativement épaisse (m) de la mégaspore-prothalle.

ar, archégones avec grosse oosphère; *tp*, tubes polliniques (*in* EMBERGER, 1960, et d'après MANGENOT).

Chez les Gymnospermes (et les Préspermaphytes), comme la méiospore, l'endosperme est plus ou moins lâchement uni au nucelle (p. 97). Aussi, est-il assez facile de l'énucléer.

■ Par rapport à l'archégone des Ptéridophytes (fig. 7-6), on constate ici :

– que la cellule basale donne l'oosphère ;

– que la formation de l'archégone est plus courte par suppression des cloisonnements 2 et 3 observés chez les Ptéridophytes ;

– que les archégones sont plus simples (col plus court, pas de cellule du canal du col) et complètement enfoncés dans le prothalle, y compris le col.

Comparaison du prothalle femelle des Ptéridophytes hétérosporés et de l'endosperme des Préspermaphytes, Gymnospermes et Chlamydospermes

Si l'on exclut, pour le moment, les Chlamydospermes, la formation du gamétophyte femelle est très comparable au travers de ces divers groupes :

– ce gamétophyte, toujours plus ou moins massif, est issu d'une seule mégaspore ; il est dit *monosporé* (ou *monoprothallé*) ;

– une fois son développement terminé, le prothalle est de structure cellulaire ;
– les archégones sont bien différenciés ;
– les oosphères sont de grande taille.

Pourtant, il existe aussi une différence capitale : les réserves du gamétophyte sont accumulées *avant* la fécondation chez les Ptéridophytes et les Préspermaphytes, *après* chez les Gymnospermes (voir p. 182).

Quant aux Chlamydospermes (fig. 7-21), ils se singularisent par la diversité de leur prothalle femelle.

– L'endosperme des Éphédrales est typique : monosporé, cellulaire, avec deux archégones bien constitués, au col allongé, multicellulaire.

– Chez les Welwitschiales, le prothalle est encore monosporé, cellulaire, mais ses cellules sont binucléées au pôle dirigé vers le micropyle de l'ovule, tandis que celles de la base sont polynucléées. Il ne se différencie pas d'archégones. Les cellules paucinucléées du sommet du prothalle envoient un prolongement à travers le nucelle en direction des tubes polliniques. La fécondation se fait au cours de la rencontre des uns et des autres.

– Les quatre mégaspores subsistent chez les Gnétales. A terme, le prothalle reste en partie cénocytique jusqu'à la fécondation et il n'apparaît pas d'archégones, tous les noyaux de la partie supérieure du cénocyte pouvant jouer le rôle de gamètes femelles.

Si les Éphédrales ont encore un endosperme typique, puisque présentant des archégones, il n'en est pas de même pour les Welwitschiales et les Gnétales. L'ensemble des Chlamydospermes constitue donc un groupe hétérogène, ce que confirment d'autres caractères.

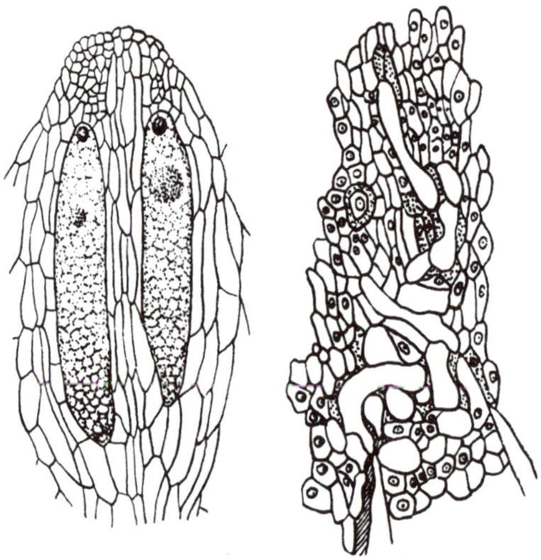

Figure 7-21. Prothalles femelles de Chlamydospermes.
A gauche, chez l'*Ephedra trifurcata* (Éphédracées), deux archégones avec leur oosphère de grande taille. A droite, sommet du prothalle de *Welwitschia mirabilis* (Welwitschiacées) avec cellules allongées jouant le rôle d'archégones réduits (*in* EMBERGER, 1960, d'après LAND et d'après PEARSON).

Le sac embryonnaire, gamétophyte femelle des Angiospermes

Suivant le nombre de mégaspores impliquées dans la réalisation du sac embryonnaire, on distingue plusieurs cas.

Formation et diversité des sacs embryonnaires

■ **Sacs monoprothallés** (ou **monosporés**). Une seule mégaspore germe, généralement l'inférieure (fig. 7-22).

– Sac *octonucléé,* le plus répandu (la plupart des Dicotylédones et quelques Monocotylédones) : type dit *Polygonum* pour rappeler que Strasburger donna le premier (1879) une étude précise de la formation du sac embryonnaire du *Polygonum divaricatum* (Polygonacées).

Les huit noyaux à *n* chromosomes résultant de trois divisions de la mégaspore s'agencent en un sac bipolaire : trois cellules au pôle micropylaire (une oosphère flanquée de deux synergides), trois autres au pôle opposé (antipodes) et deux noyaux centraux[1] fusionnés ou non avant la fécondation. Apparu à la suite de la germination d'une mégaspore et portant un gamète femelle, l'oosphère, ce sac embryonnaire est bien un gamétophyte femelle.

– Sac *tétranucléé* des Onagracées (Dicotylédones) : dans ce cas, c'est la mégaspore micropylaire qui germe (deux divisions seulement) et le sac est monopolaire (une oosphère, deux synergides et un noyau central).

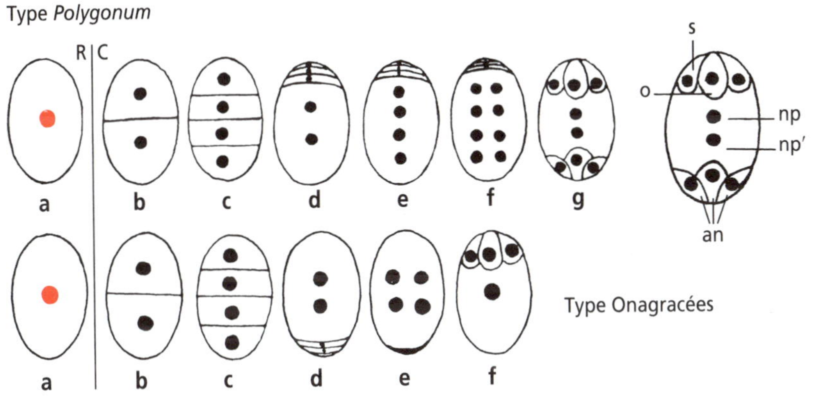

Figure 7-22. Sacs embryonnaires monoprothallés de type *Polygonum* (Polygonacées) et de type Onagracées.

Le sac octonucléé, qu'il soit mono- ou biprothallé (fig. 7-23) et même tétraprothallé (fig. 7-24), comprend une oosphère *(o),* flanquée de deux synergides *(s),* trois antipodes *(an)* et deux noyaux polaires (*np* et *np'*). Dans cette figure, comme dans les deux suivantes, la cellule-mère des spores à 2 *n* chromosomes est en **a**, les mégaspores ou leurs noyaux à *n* chromosomes en **c** (*in* Emberger, 1960).

1. Encore appelés noyaux polaires, ou secondaires, ou accessoires.

– *Nombreuses variantes* conduisant à des sacs comportant moins de huit cellules ou noyaux (noyaux-fils ne se divisant pas le même nombre de fois, fusion de certains d'entre eux, dégénérescence des antipodes) ou, au contraire, à des sacs de plus de huit cellules ou noyaux (divisions supplémentaires des noyaux antipodiaux comme chez les Graminées, fusion de sacs voisins, intrusion de noyaux nucellaires).

■ **Sacs biprothallés** (ou **bisporés**). Deux mégaspores étant fonctionnelles, le sac résulte de l'association de deux prothalles. Il peut être encore octonucléé et construit sur le type classique (*Allium* et *Scilla*/Liliacées) (fig. 7-23). On est en présence d'un cénoprothalle (du grec *koinê* = commune) comme dans les cas suivants.

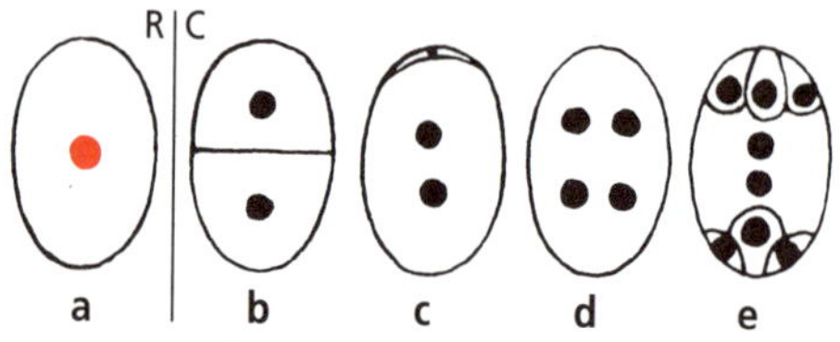

Figure 7-23. Sac embryonnaire biprothallé de type *Allium* et *Scilla*. Malgré son origine différente, ce sac octonucléé bipolaire est constitué comme celui du *Polygonum divaricatum*.

■ **Sacs tétraprothallés** (ou **tétrasporés**). Les quatre mégaspores sont à l'origine de quatre prothalles. Il peut comprendre quatre, huit ou plus de huit cellules (noyaux). D'où de nombreuses variantes dont nous ne signalons que quelques-unes (fig. 7-24).

– *Sacs tétranucléés.* Chez *Tulipa sylvestris* (Liliacées), il arrive que le sac monopolaire soit édifié directement à partir des quatre mégaspores qui ne se divisent pas. Comme chez les Onagracées, il comprend encore une oosphère, deux synergides et un noyau central qui sont, en fait, les quatre mégaspores. *C'est donc une spore qui joue le rôle de gamète femelle*[1].

Dans le genre *Plumbagella* (Plombaginacées/Dicotylédones), trois noyaux sporaux fusionnent, le sac en formation ne comprend plus qu'un noyau à n chromosomes et un noyau à 3 n. Chacun ne se divisant qu'une fois, le sac définitif est tétranucléé (une oosphère à n chromosomes, une antipode à 3 n et deux noyaux centraux, l'un à n chromosomes, l'autre à 3 n). Par exemple, chez une espèce

1. Ce cas rappelle celui de certaines Algues vertes (*Codium*/Chlorophycées), avec pourtant une différence : les quatre spores jouent le rôle de gamètes chez l'Algue, alors que seuls l'oosphère et le noyau central sont fécondés chez la Tulipe. En fait, la différence est faible car il arrive que les synergides puissent s'unir à un gamète mâle (voir p. 171).

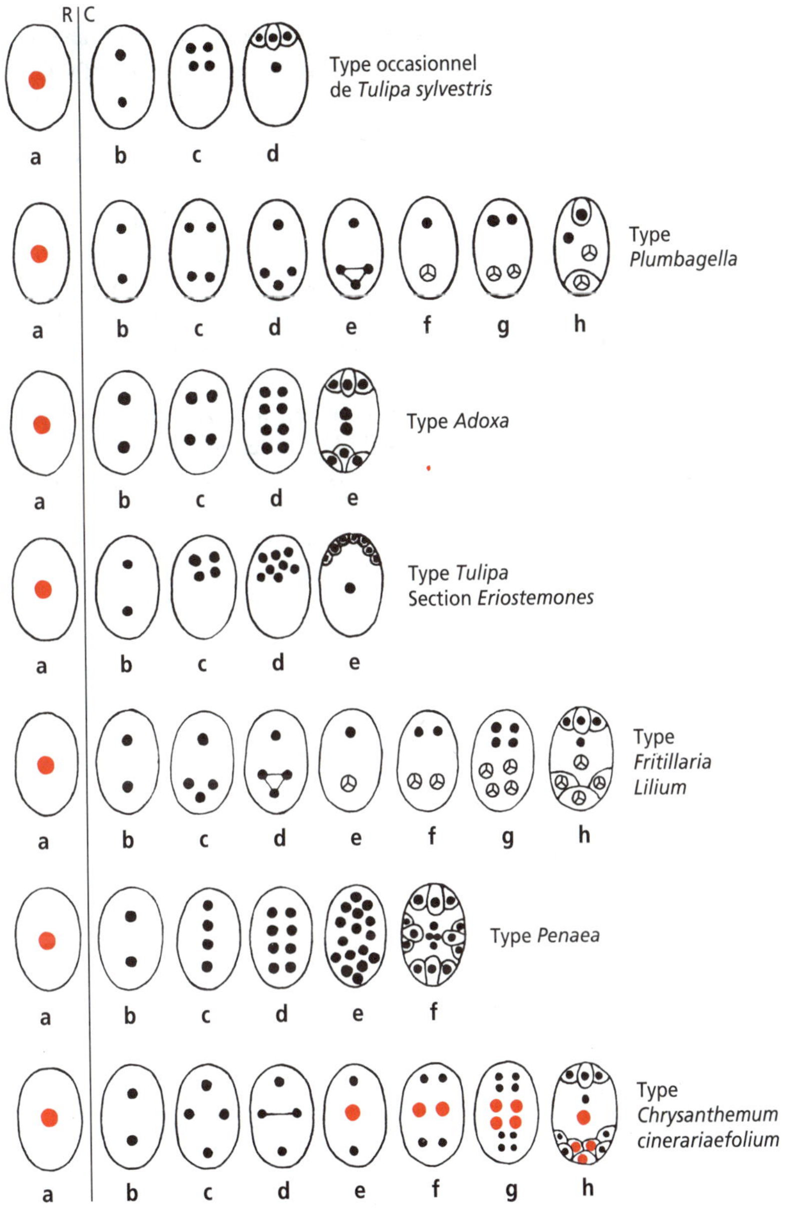

Figure 7-24. Quelques types de sacs embryonnaires tétraprothallés (in EMBERGER, 1960). Explications dans le texte.

diploïde à $2n = 2x = 12$, le sac embryonnaire est constitué d'une oosphère et d'un noyau central à $n = x = 6$ d'une part, d'un autre noyau central et d'une antipode à $3n = 3x = 18$ d'autre part.

– *Sacs octonucléés.* Dans le type *Adoxa* (Adoxacées/Dicotylédones), le sac est agencé comme le sac monoprothallé classique, mais chacune des spores ne s'est divisée qu'une seule fois.

Chez les Tulipes de la section *Eriostemones,* des sept cellules visibles du côté micropylaire, l'une joue le rôle d'oosphère, tandis qu'il n'existe qu'un seul noyau central.

Enfin, les Lilioïdées (Liliacées) et des genres de Dicotylédones se signalent par la fusion de trois mégaspores. La grande majorité des espèces de *Lilium* étant diploïdes ($2n = 2x = 24$), deux divisions du noyau à $3x = 36$ ainsi formé et du noyau à $x = 12$ restant ont pour conséquence que si l'oosphère, les synergides et un noyau central sont à $x = 12$, l'autre noyau central, ainsi que les trois antipodes sont triploïdes ($3x = 36$).

– *Sacs à plus de huit cellules* (noyaux). Celui à seize cellules (noyaux) des Pénéacées, et de quelques autres genres de Dicotylédones parmi les Malpighiacées et les Euphorbiacées, résulte de deux divisions de chacune des spores. Bien que ce sac soit tétrapolaire, une seule oosphère est fonctionnelle.

D'autres sacs de type seize sont unipolaires avec une oosphère, deux synergides, deux noyaux centraux et onze antipodes tous haploïdes, comme chez le *Chrysanthemum parthenium* (Composées), car cette espèce est diploïde.

Chez le *Chrysanthemum cinerariaefolium* ($2n = 2x = 18$), les deux mégaspores équatoriales fusionnent, puis surviennent deux divisions. Le sac est de type douze : huit cellules ou noyaux haploïdes à $n = x = 9$ (oosphère, synergides, un noyau central et quatre antipodes) et quatre cellules ou noyaux diploïdes à $2n = 2x = 18$ (trois antipodes et un noyau central).

Interprétation du sac embryonnaire

Quel que soit le type envisagé, il n'existe pas de structure archégoniale évidente. Peut-on retrouver des éléments homologues d'un ou de plusieurs archégones ?

L'anatomie comparée a conduit plusieurs auteurs à des interprétations différentes du sac embryonnaire soulevant de nombreuses discussions qui ne peuvent être considérées dans le cadre d'un tel ouvrage. Aussi n'envisagerons-nous que quelques aspects du problème à propos du sac monoprothallé octonucléé.

Certains auteurs, Porsch le premier, ont suggéré qu'un tel sac représenterait un gamétophyte femelle réduit à deux archégones. Si l'on compare, avec Chadefaud, l'archégone tétracellulaire de certaines Cycadales au sac classique, on peut dégager des homologies indiquées à la figure 7-25. Le sac octonucléé aurait valeur de deux archégones disposés dos à dos. Dans l'archégone situé du côté micropylaire, les homologies s'établiraient ainsi :

– l'oosphère ↔ la cellule de canal du ventre ;
– les deux synergides ↔ les cellules du col ;
– un noyau central ↔ oosphère.

Le second archégone comprendrait l'autre noyau central et les trois antipodes.

Une telle interprétation ne repose pas uniquement sur des rapports spatiaux des différents éléments du sac. Par exemple, chez *Abies balsamea* (Conifères), il arrive que deux archégones soient placés dos à dos évoquant ceux d'un sac octonucléé, et que la cellule de canal du ventre

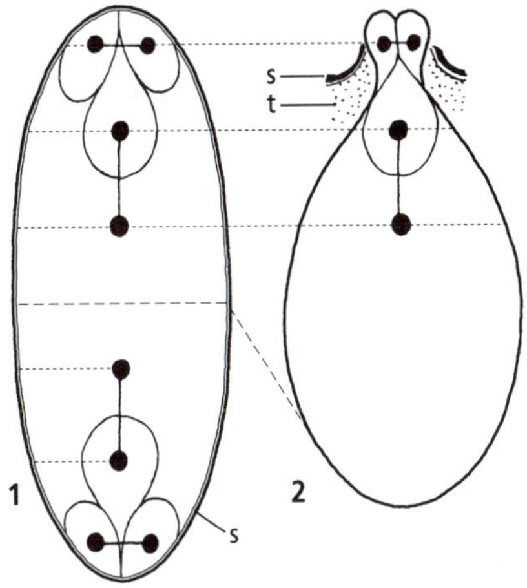

Figure 7-25. Sac embryonnaire d'Angiosperme (**1**), constitué de deux archégones, dans la mégaspore génératrice *(s)* et **2**, archégone d'un *Cycas*, dans un prothalle *(t)*, lui-même contenu dans la mégaspore *(s)* (*in* Chadefaud, 1966).

soit fécondée, ce qui confirmerait l'homologie entre cette cellule et l'oosphère d'un sac. Quant à celle qui existerait entre l'oosphère d'un archégone et un noyau central, elle serait justifiée par le fait que ce noyau participe à la double fécondation chez les Angiospermes (voir p. 171).

Si, *a priori*, on peut être surpris que les oosphères des archégones ne soient pas homologues des oosphères des sacs, il faut se rappeler que les huit cellules (noyaux) d'un sac ont rigoureusement la même valeur puisqu'elles proviennent d'une méiospore unique.

Pour Schürhoff (fig. 7-26), le sac octonucléé serait encore composé de deux archégones, mais seulement bicellulaires, tandis que les antipodes représenteraient avec un des noyaux centraux un reste de cellules prothalliennes végétatives.

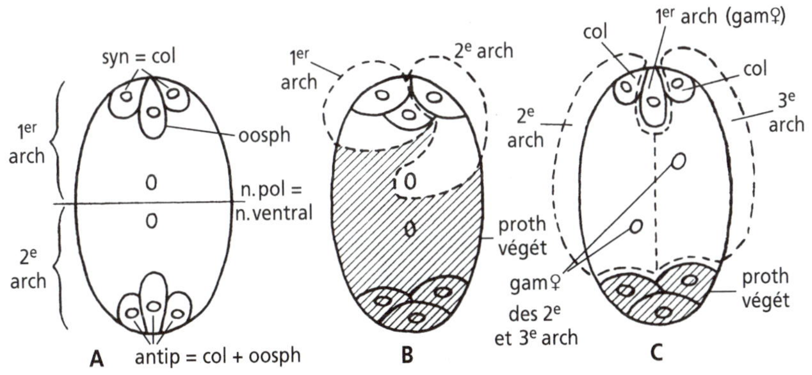

Figure 7-26. Trois interprétations du sac embryonnaire octonucléé.
A, celle de Porsch ; **B**, celle de Schürhoff ; **C**, celle de Favre-Duchartre (*in* Emberger, 1968, d'après Favre-Duchartre).

Mais, les difficultés soulevées pour reconnaître un ou plusieurs archégones modifiés dans le sac embryonnaire des Angiospermes ont fait penser à plusieurs auteurs (Maheshwari, Meeuse) que ce sac était original et sans rapport avec une ou plusieurs structures archégoniales.

Pourtant, la comparaison avec des Gymnospermes de la famille des Taxacées (*Torreya* et *Taxus*) a conduit Favre-Duchartre à proposer une autre interprétation du sac embryonnaire. Si, comme Schürhoff, cet auteur fait jouer aux trois antipodes le rôle de cellules prothalliennes, il pense que les autres cellules ou noyaux constitueraient trois archégones, l'un réduit à l'oosphère, les deux autres bicellulaires (une synergide : un noyau central) (fig. 7-26).

Enfin, en comparant l'archégone des Bryophytes et des Ptéridophytes au sac embryonnaire des Angiospermes, Vaudois et Tourte sont conduits à penser que les synergides correspondraient à la paroi inachevée du ventre archégonial, les antipodes à la paroi réduite du col, et les deux noyaux polaires à des initiales des cellules du canal du col. Pour ces deux auteurs, le sac serait donc un archégone dont *le col est orienté vers la chalaze*, et non pas vers le micropyle de l'ovule comme dans les théories précédentes.

Réduction du gamétophyte femelle des Angiospermes

Quelle que soit l'interprétation générale qui pourrait être donnée du sac embryonnaire, il est manifeste que l'involution progressive du gamétophyte femelle, observée des Ptéridophytes aux Préphanérogames et aux Gymnospermes, s'est poursuivie chez les Angiospermes, à un point tel que *« l'on tend aujourd'hui à considérer que toute structure ancienne a disparu du sac embryonnaire; celui-ci, complètement incorporé à la plante-mère (de la membrane de sporopollénine enveloppant encore le prothalle femelle des Conifères n'existe plus trace) et à développement très accéléré (quelques jours suffisent pour l'édifier, alors que des mois sont exigés par la construction du prothalle chez les Conifères et les Préspermaphytes), est un dispositif constitué d'éléments tous fonctionnellement équivalents, sans archégones*[1]*... Cette indifférenciation fonctionnelle des éléments du prothalle femelle existe déjà chez les Gnétopsides du genre* Gnetum *et le sac embryonnaire paraît ainsi l'aboutissement d'une tendance évolutive commune à d'autres lignées phylétiques, tendance définie par la réduction du prothalle à un organisme éphémère, complètement incorporé à l'ovule, formé d'éléments — dont le nombre tend à diminuer — tous équivalents, et dont leur aptitude à la fusion avec les gamètes mâles dépend peut-être surtout de leur position favorable au moment de l'entrée de ceux-ci dans le sac. »* (Mangenot).

L'appauvrissement des éléments constitutifs du sac embryonnaire est réalisé :

– par *avortement d'un certain nombre de spores* (sacs mono- et bisporés) ;
– par *diminution du nombre des mitoses succédant à la méiose.*

C'est ainsi que le sac embryonnaire des Onagracées est, à l'heure actuelle, un des plus évolués puisqu'il est monosporé et que la microspore fonctionnelle ne subit que deux mitoses. Dans cette voie, l'aboutissement de la phylogenèse serait la suppression de l'une de ces mitoses, ce qui conduirait à un sac bicellulaire comportant les deux noyaux nécessaires à la double fécondation, stade ultime non encore atteint.

---

1. Parmi les trachéophytes, les Archégoniates typiques sont représentés par les Ptéridophytes, les Préspermaphytes et les Gymnospermes. Chez les Chlamydospermes, seules les Éphédrales possèdent de véritables archégones.

Endoprothallie

Si le gamétophyte des Bryophytes et des Ptéridophytes, qu'il soit hermaphrodite ou sexualisé, est toujours indépendant du sporophyte qui le précède, il n'en est pas de même pour les Préspermaphytes et les Spermaphytes.

Avec la réalisation de l'ovule, l'endosperme et le sac embryonnaire restent toujours enveloppés par le nucelle. Dépourvus de chloroplastes[1], leur croissance se fait aux dépens du sporophyte qui les abrite. C'est ainsi qu'ils accumulent les matériaux apportés à la fleur par la sève. Toute l'existence de ces prothalles femelles s'accomplissant au sein des tissus du sporophyte dont ils sont totalement dépendants, on dit que les Préspermaphytes et les Spermaphytes sont des *endoprothallés*. Le parasitisme du sac embryonnaire est matérialisé, chez de nombreuses Angiospermes, par l'existence de suçoirs émis par ce sac et pénétrant dans tous les tissus de l'ovule, jusque dans le funicule (fig. 7-27).

Figure 7-27. Ovule de *Casuarina glauca* (Casuarinacées) avec une tétrade de mégaspores *(M)*, un sac embryonnaire peu allongé *(s_1)*, un sac ayant proliféré jusque dans le funicule *(s_2)* et une trachéide nucellaire *(t)* (*in* EMBERGER, 1960, d'après TREUB).

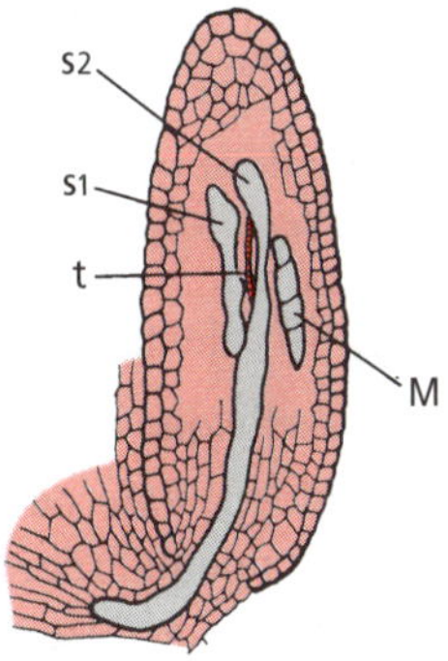

Au contraire, si le grain de pollen effectue toujours une partie de son développement dans les sacs polliniques, partie d'importance différente selon les groupes d'ailleurs, il quitte le sporophyte au moment de la pollinisation. Après une vie libre de courte durée, il continue son développement en germant aux dépens des tissus du stigmate et du style (Angiospermes), du nucelle (Gymnospermes). Dans la lignée mâle, bien que le gamétophyte soit assujetti au sporophyte pendant la plus grande partie de son existence, tant pour sa formation que pour sa germination, on ne peut parler d'endoprothallie comme dans la lignée femelle.

1. Seule exception parmi les plantes à ovules, l'endosperme du *Ginkyo biloba* est chlorophyllien.

5. SPORES DES BRYOPHYTES

Comme celles des Ptéridophytes, les spores disséminées par les Bryophytes sont encore des méiospores; elles sont issues de la méiose des cellules-mères constituant le tissu sporogène de la capsule.

Homosporie et hétérosporie

L'homosporie morphologique est assez générale parmi les représentants du groupe. Pourtant, on connaît des cas d'hétérosporie. Chez les espèces du genre *Macromitrium* (Bryales), par exemple, il existe deux catégories de spores dont le diamètre va du simple au double. Si l'hétérosporie est liée à une hétérosporangie chez les Ptéridophytes, il n'en est pas de même ici, puisque le sporogone ne comporte toujours qu'une seule capsule.

Caractères des spores

Elles sont toujours microscopiques. Leur taille varie d'une espèce à l'autre (7 à 10 µm pour les Polytrics/Bryales; 100 µm pour la majorité des Marchantiales), comme leur forme et leur couleur.

■ Le nombre de spores par capsule est également très différent : faible (20) chez *Archidium alternifolium* (Bryales), de 200 à 300 chez *Riccia* (Marchantiales), il est le plus souvent, beaucoup plus élevé (de l'ordre de 20 000 pour l'*Orthotrichum affine,* Bryales).

■ A maturité, chaque spore comprend :

– une enveloppe externe, l'*exine,* plus ou moins épaisse, lisse ou ornementée.

– une enveloppe interne, l'*intine,* mince et cellulosique;

– un *cytoplasme déshydraté* permettant à la spore de rester à l'état de vie ralentie pendant plus d'un an, dans l'attente de conditions favorables à sa germination;

– des *substances de réserve,* essentiellement lipidiques (gouttelettes huileuses), rassemblées dans un hémisphère de la spore, les organites (noyau, mitochondries, plastes, etc.) étant concentrés dans l'autre.

Les différences essentielles portent sur la structure des plastes :

– les spores du *Bryum capillare* sont vertes, car chlorophylliennes. Les chloroplastes sont relativement peu nombreux, mais à structure lamellaire bien développée (thylakoïdes empilés par deux ou trois et orientés selon le grand axe du plaste);

– les spores du *Funaria hygrometrica* sont brunes, car non chlorophylliennes. Les plastes sont à l'état de proplastes (thylakoïdes réduits à l'état de tubules élémentaires).

6. GAMÉTOPHYTES DES BRYOPHYTES

A partir du protonéma issu de la germination d'une méiospore, se constituent des tiges feuillées (Mousses, Hépatiques à feuilles) ou des thalles (Anthocérotes et Hépatiques à thalle) (T. I, chap. 7). A maturité, tous porteront des gamétanges, ce sont donc des gamétophytes.

Sexualisation des spores

Les Ptéridophytes nous ont montré que les spores des espèces homosporées n'étaient pas sexualisées, alors que celles des espèces hétérosporées le sont. Chez les Bryophytes, l'isosporie morphologique a très fréquemment encore pour conséquence l'existence de gamétophytes porteurs de gamétanges des deux sexes, mais elle peut aussi masquer une sexualisation des spores. Dans ce cas, chaque capsule contient des spores apparemment identiques, mais 50 % d'entre elles sont mâles, et 50 % femelles.

Si l'hétérosporie est manifeste (*Macromitrium*/Bryales), aux spores de petite taille correspondent encore des gamétophytes mâles et aux spores de plus grande taille des gamétophytes femelles.

Gamétanges des Bryales

Au printemps, les gamétanges se développent à l'aisselle des feuilles de bourgeons gamétangiaux, celles-ci formant parfois des involucres. Dans ce cas, les feuilles périgoniales sont de taille et de forme plus ou moins différentes de celles des autres feuilles (fig. 7-28).

Place et sexe des bourgeons gamétangiaux

■ D'après leur **place** sur les tiges feuillées, place qui conditionne celle des futurs sporogones, on distingue (fig. 7-28) :

– des Mousses *acrocarpes* (du grec *akros* = qui est à l'extrémité et *karpos* = fruit) dont les bourgeons gamétangiaux sont en position terminale. Des filaments stériles ou *paraphyses* accompagnent ordinairement les gamétanges (majorité des Bryales);

Figure 7-28. Mousses acrocarpes et pleurocarpes.
Bourgeons gamétangiaux en position terminale chez le *Mnium affine* (Bryales), à gauche, et en position latérale chez l'*Hypnum triquetrum* (Bryales), à droite (*in* CHADEFAUD, 1960).

– des Mousses *pleurocarpes* (du grec *pleurothen* = latéralement) probablement plus évoluées que les précédentes, aux bourgeons gamétangiaux en position latérale et placés chacun *sous* une feuille (voir T. I, chap. 1) (*Hypnum, Thuidium, Fontinalis,* etc.)

■ D'après le **sexe** des bourgeons gamétangiaux, diverses possibilités se rencontrent (fig. 7-29 et 7-30).

• Bourgeons gamétangiaux *hermaphrodites* des espèces synoïques (du grec *sun* = avec et *oikos* = maison) comprenant, à la fois, anthéridies et archégones (*Atrichum undulatum, Barbula muralis,* etc.).

• Bourgeons gamétangiaux *unisexués,* les uns mâles à anthéridies, les autres femelles à archégones :

– espèces *monoïques* : les bourgeons des deux sexes sont localisés sur les mêmes systèmes de rameaux feuillés (*Funaria hygrometrica,* dans certains cas) ;

– espèces *dioïques* : les gamétophytes mâles sont issus de spores mâles, les gamétophytes femelles de spores femelles ;

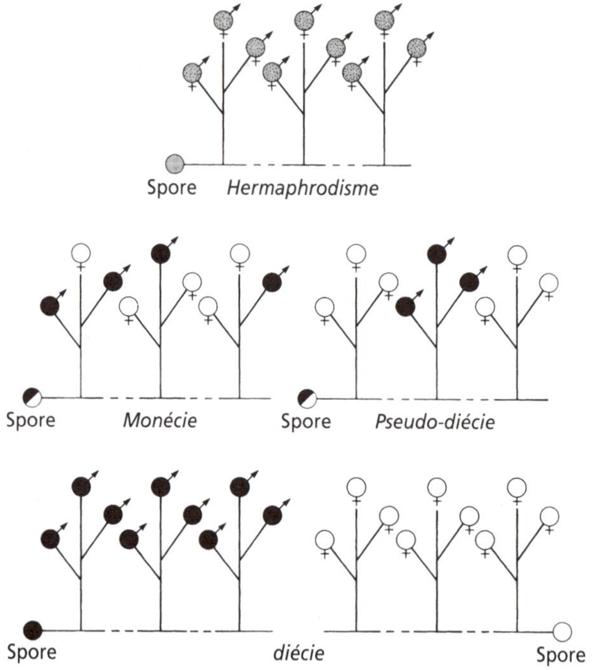

Figure 7-29. Répartition des bourgeons gamétangiaux chez les Mousses. Les différents bourgeons sont indiqués par des cercles blancs, noirs ou gris selon qu'ils ne comportent que des archégones ou des anthéridies, ou un mélange de ces deux types de gamétanges.

– espèces *pseudo-dioïques* dont les bourgeons de chaque sexe appartiennent à des systèmes de rameaux distincts du même protonéma, donc du même gamétophyte. On parle ici de pseudo-diécie car, après disparition du protonéma, les systèmes mâles et femelles se trouvent séparés, comme dans le cas de la vraie diécie, mais la diécie n'est qu'apparente ici, puisque tous ces systèmes dérivent du même protonéma et représentent donc le même individu génétique (fig. 2-1).

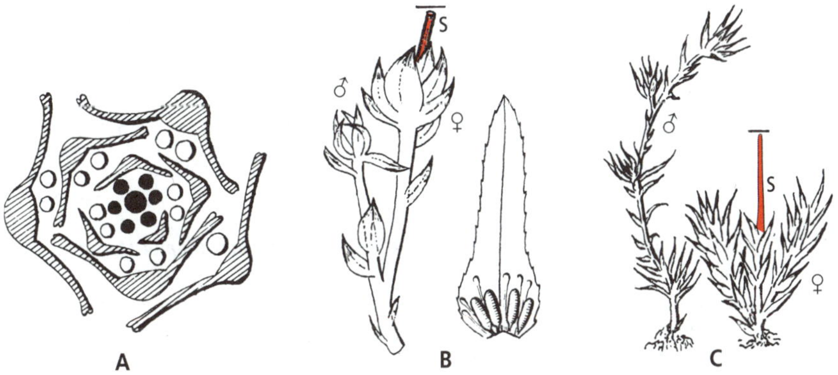

Figure 7-30. Répartition des anthéridies et des archégones dans les bourgeons gamétangiaux des Bryales.

A, coupe transversale d'un bourgeon gamétangial de *Mnium serratum,* avec archégones (cercles noirs) au centre et anthéridies (cercles blancs) à la périphérie. **B**, *Funaria hygrometrica* monoïque, avec un bourgeon mâle et un bourgeon femelle d'où s'échappe un sporogone *(S).* Une feuille d'un bourgeon mâle montre quatre anthéridies et des paraphyses dans son aisselle; **C**, *Ceratodon purpureus,* dioïque vrai (*in* CHADEFAUD, 1960, d'après JOVET-AST).

Gamétanges

Comme chez les Ptéridophytes, anthéridies et archégones sont encore des gamétanges typiques. Leur développement s'effectue à partir d'une cellule superficielle qui subit une division transversale. La cellule-fille inférieure est à l'origine du pédicelle gamétangial et la supérieure est l'initiale du sac anthéridial ou du ventre de l'archégone. Dans les deux cas, celle-ci se divise en trois cellules pariétales et une cellule centrale.

■ **Anthéridies** (fig. 7-31). Dans l'anthéridie en formation, les cellules pariétales se cloisonnent longitudinalement et transversalement, d'où la mise en place d'une paroi monostromatique, tandis que la cellule centrale engendre le tissu fertile spermatogène dont chaque cellule se transforme en un gamète mâle.

■ **Archégones** (fig. 7-32). La division des cellules pariétales est à l'origine de la paroi pluristromatique du ventre et d'un col monostromatique comprenant

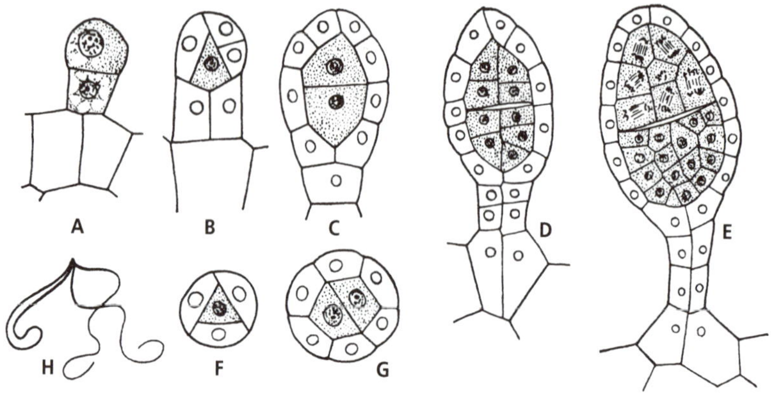

Figure 7-31. Développement de l'anthéridie chez *Calobryum blumei* (Jungermanniales).

A-E, sections longitudinales; **F** et **G**, sections transversales correspondant respectivement à **B** et **C**; **H**, anthérozoïde (DE FERRÉ, *in* DES ABBAYES et coll., 1978, d'après SMITH, BONNIER et LECLERC DU SABLON).

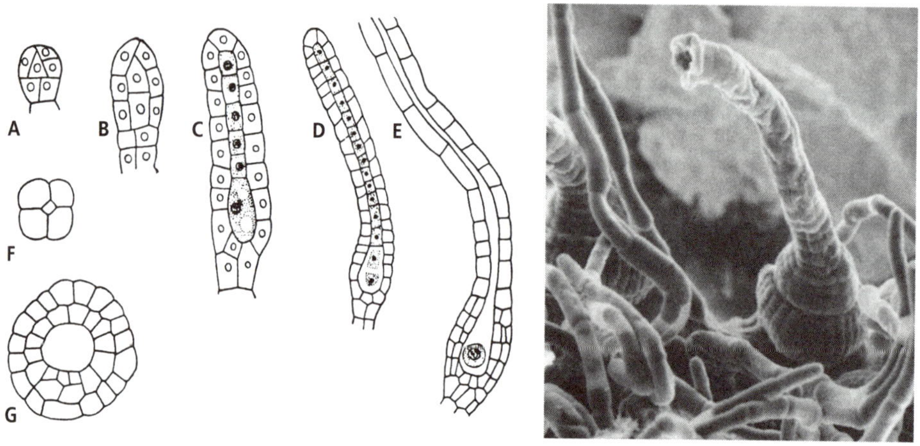

Figure 7-32. Développement de l'archégone chez *Calobryum blumei* (Jungermanniales).

A-E, sections longitudinales; **F** et **G**, sections transversales du col et du ventre (DE FERRÉ, *in* DES ABBAYES et coll., 1978, d'après SMITH).

La microphotographie présente un archégone de *Marchantia polymorpha* (Marchantiales) au milieu de paraphyses. Remarquer l'involucre entourant la base du ventre de cet archégone (cliché COUDERC).

jusqu'à une cinquantaine d'étages constitués chacun de quatre cellules. La cellule centrale se cloisonne en une cellule inférieure, à l'origine de l'oosphère et de la cellule ventrale du canal, et une cellule supérieure formant les nombreuses cellules superposées du canal du col.

La taille du col et du canal diminue donc régulièrement des Bryophytes aux Ptéridophytes, Préspermaphytes et Gymnospermes, tous Archégoniates typiques.

La maturité de l'oosphère atteinte, les parois des cellules du canal se gélifient. La gelée formée se gonfle d'eau venue de l'extérieur, ce qui a pour conséquence l'écartement des quatre cellules du dernier étage du col, d'où ouverture de celui-ci qui peut alors livrer passage à un gamète mâle.

Gamétanges des autres Bryophytes

Les **Anthocérotales** (toutes espèces monoïques) se signalent par un caractère très intéressant, car rencontré chez la plupart des trachéophytes, à savoir l'inclusion des gamétanges *dans* les tissus des gamétophytes.

Chez des **Marchantiales,** les gamétanges peuvent être portés par des ramifications spécialisées et redressées du thalle, *anthéridiophores* et *archégoniophores* des espèces dioïques, comme le *Marchantia polymorpha.* Pour celui-ci (fig. 7-33), chaque anthéridiophore des thalles mâles est terminé par un chapeau discoïde à huit lobes dont la structure est la même que celle du thalle (voir T. I, chap. 7). Les anthéridies sont enfoncées dans des cryptes situées à la face supérieure du chapeau, entre les chambres aérifères assimilatrices. Les archégoniophores ont la même structure générale, mais le chapeau femelle est profondément découpé en bras rayonnants (assez souvent au nombre de neuf) entre lesquels, sur la face inférieure de ce chapeau, sont disposés les archégones par nombres de 12 à 16. Deux membranes involucrales protègent chacun de ces groupes et une petite gaine (encore appelée «périanthe» ou involucre) entoure la base de chaque archégone (fig. 7-32 et 7-33).

7. CONCLUSION

*Les gamétophytes des Cormophytes sont autotrophes car chlorophylliens (Bryophytes, majorité des Ptéridophytes) ou vivent en symbiose avec un Champignon (*Psilotum, Lycopodium, *Ophioglossacées). Chez les Ptéridophytes plus évolués* (Selaginella, Marsilea), *ils exploitent des réserves accumulées aux dépens des sporophytes. Avec les Préspermaphytes et les Spermaphytes, les gamétophytes femelles se développent toujours au sein d'ovules qu'ils ne quittent pas, alors que les gamétophytes mâles s'échappent à l'extérieur des anthères.*

D'un groupe à l'autre, les Cormophytes nous ont montré une réduction progressive des gamétophytes (ainsi que de leurs gamétanges et tout particulièrement de l'archégone), cette involution étant plus accentuée dans la lignée mâle que dans la lignée femelle :

– protonéma et plante feuillée des Mousses et des Hépatiques à feuilles, protonéma et thalle des Anthocérotes et des Hépatiques à thalle;

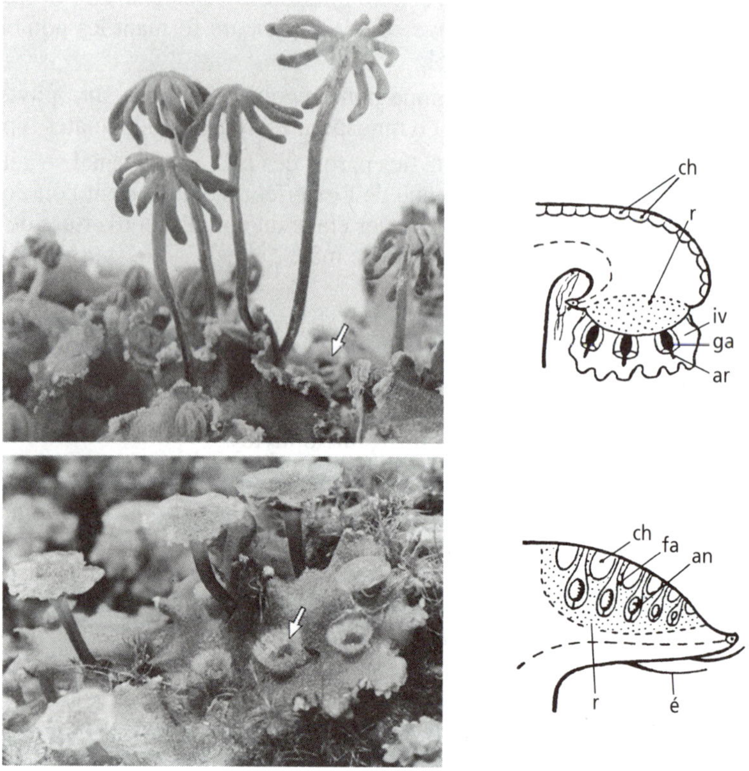

Figure 7-33. *Marchantia polymorpha* (Marchantiales).
De haut en bas, archégoniophores (chapeaux femelles) et anthéridiophores (chapeaux mâles). Dans les deux cas, des corbeilles à propagules sont visibles à la surface des thalles (flèches) (clichés COUDERC). De haut en bas, également, coupes radiales dans les deux types de chapeaux (*ch,* chambre aérifère sous-stomatique; *r,* réceptacle; *é,* écaille; *iv,* membrane involucrale qui protège les archégones; *ar,* archégone avec gaine *(ga)*; *fa,* fossette anthéridiale contenant une anthéridie *(an)* (*in* CHADEFAUD, 1960).

– prothalles hermaphrodites ou unisexués des Ptéridophytes;

– pollen des Préspermaphytes et des Spermaphytes;

– endosperme des Préspermaphytes et des Gymnospermes, prothalle femelle des Chlamydospermes;

– sac embryonnaire des Angiospermes.

Cette réduction s'observe aussi à l'intérieur de chaque groupe, par exemple, chez les Lycopodinées, du prothalle des Lycopodes à ceux des Sélaginelles et des Isoètes.

L'involution gamétophytique, bien que très avancée chez les Angiospermes, n'est pas encore poussée à l'extrême. «La phylogenèse n'a pas encore épuisé toutes ses potentialités. Les réductions peuvent, en effet aller encore plus loin. Les gamètes seuls pourraient subsister, et l'un d'eux pourrait être, dans le sexe mâle, affecté à la formation du tube pollinique. Enfin, les spores elles-mêmes pourraient être gamètes. » *(Emberger)*[1].

Cette ***évolution simplificatrice*** *s'est accompagnée :*

*– de l'apparition de l'****hétérosporie,*** *donc d'une sexualisation de plus en plus précoce;*

*– de celles de l'****angiosporie*** *et de l'****angioprothallie*** *pleinement réalisées dans la lignée femelle des plantes à ovules, les mégaspores ne quittant jamais le nucelle-mégasporange à l'intérieur duquel se développe et reste le gamétophyte femelle. Celui-ci est devenu parasite du sporophyte qui le précède (****endoprothallie****).*

Si la structure du sac embyonnaire des Angiospermes n'autorise pas à placer typiquement ce groupe parmi les Archégoniates, si la diversité du prothalle femelle des Chlamydospermes pose aussi des difficultés à ce sujet, il n'en reste pas moins qu'il existe, des Bryophytes aux Angiospermes, une unité des phénomènes de la reproduction sexuée représentée par la réduction du gamétophyte.

1. Cas réalisé occasionnellement dans la lignée femelle de *Tulipa sylvestris* (p. 110 et 111).

8
PHYLOGENÈSE DES ORGANES REPRODUCTEURS

- **Des Cordaïtales à la fleur des Angiospermes**
- **De l'inflorescence à la fleur des Angiospermes (états préfloraux)**
- **Sporanges**
- **Aspect phylogénique de la notion de fleur**

La fleur et l'inflorescence sont deux unités physionomiques *présentant souvent entre elles des convergences morphologiques frappantes. Dans ce cas, lorsque les fleurs involuées sont rassemblées en une inflorescence condensée, celle-ci est agencée sur un double plan architectural et fonctionnel tout à fait comparable à celui d'une fleur typique (p. 60 à 62). L'existence de telles inflorescences* « surévoluées » *pose le problème de connaître quelles sont les relations phylogéniques entre fleur et inflorescence. D'autre part, l'étude des organes reproducteurs que sont les gamétanges et les sporanges a montré que les différences existant entre Bryophytes, Ptéridophytes, Préspermaphytes et Gymnospermes ne sont pas fondamentalement primordiales, bien que l'absence ou la présence de fleurs oppose Cryptogames et Phanérogames. En revanche, il y a lieu de rechercher comment l'androcée et le gynécée ont été réalisés au cours de l'évolution.*

1. DES CORDAÏTALES À LA FLEUR DES ANGIOSPERMES

Des Cordaïtales (Préspermaphytes) aux Angiospermes, Emberger reconnaît « *tous les termes de passage entre un ensemble reproducteur archaïque et une fleur au sens habituel du mot* » (fig. 8-1).

– L'appareil reproducteur des Cordaïtales du Carbonifère (a), condensé comme un chaton, est constitué d'un axe primaire A_1, porteur de petites bractées br à l'aisselle desquelles des axes secondaires A_2 multifoliés portent des ovules O à leur extrémité.

– Chez les *Lebachia* (b), Conifères du Stéphanien, les cônes femelles rappellent la structure précédente, mais les bractées sont plus grandes et les axes secondaires, plus courts, moins feuillés, sont uniovulés.

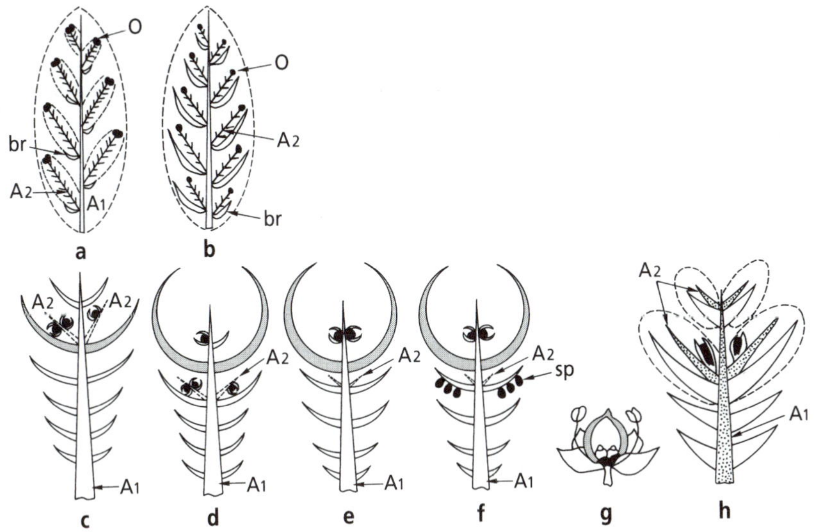

Figure 8-1. Évolution de l'appareil reproducteur des Cordaïtales aux Angiospermes (explications dans le texte).

Le tégument ovulaire n'a pas été figuré en *(a)* et *(b)*. Un tireté indique la soudure de pièces à la figure *(h)* (*in* NOZERAN, 1955; EMBERGER, 1960; LEMOINE, 1966).

– Les types d'organisation des Genévriers actuels (Cupressacées/Conifères) étudiés par Hagerup et Nozeran permettent de compléter la série.

Le cône femelle de Sabine *(Juniperus sabina)* (c) montre une contraction et un appauvrissement par rapport à celui des *Lebachia* : les axes secondaires ont presque tous disparu et, sur ceux qui persistent, il n'existe plus de feuilles stériles, mais seulement un ou deux ovules. Deux bractées stériles occupent l'extrémité de l'axe primaire.

Le Genévrier de Chine *(J. chinensis)* (d) diffère peu du précédent, toutefois une des bractées sommitales est fertile. Le cône est ici une inflorescence terminée par une fleur, alors que pour la Sabine, c'est encore une inflorescence, mais dépourvue de fleur terminale.

Avec le *J. communis* (e), la simplification du cône est encore plus nette par absence totale des axes secondaires, tandis que toutes les bractées sommitales sont fertiles.

Chez des cônes anormaux, car hermaphrodites, de *J. communis* (f), certaines bractées sont fertiles et portent des sacs polliniques. *« Nous sommes maintenant très proches de la fleur du type des Angiospermes, comme le montre la figure (g); il suffit que les bractées supérieures de la figure (f) se rabattent sur les ovules pour les enfermer. L'ovaire est ainsi réalisé, mais les bractées s'appelleront dorénavant* carpelles. *Une contraction accentuée aboutit à une fleur typique (g). L'axe principal est très court, il forme le* réceptacle*; les bractées ont formé le* périanthe, *les* étamines *et les* carpelles*; au centre il y a les ovules, ici en placentation centrale, au sommet de l'axe principal.* » (Emberger).

– D'autres auteurs donnent une interprétation différente du cône des Genévriers. Sur des cônes à différents stades de développement, Lemoine remarque dans les cônes jeunes que la vascularisation des pièces fertiles est simple, mais qu'il apparaît par la suite une double vascularisation. « *Entre la pièce fertile (bractée) et A_1 un système vasculaire s'est développé : il s'agit de l'axe A_2 transformé en cladode et entièrement soudé à la pièce axillante.* » (fig. 8-1, h). Il n'en demeure pas moins que ce « complexe séminal » peut être comparé à un carpelle.

– Quelle que soit l'interprétation retenue, à partir d'une structure ramifiée, les exemples successifs présentés peuvent être considérés comme des étapes phylogéniques conduisant à la fleur des Angiospermes par un processus abortif (disparition des axes d'ordre secondaire) et de transfert de la fonction sporogène de ces axes à l'axe principal. Tous les états décrits des Cordaïtes au Genévrier commun sont des *états préfloraux,* structures non encore parvenues à l'état floral des Angiospermes.

2. DE L'INFLORESCENCE À LA FLEUR DES ANGIOSPERMES (ÉTATS PRÉFLORAUX)

La flore *actuelle* fournit de nombreux exemples d'états préfloraux. Nous avons déjà signalé (p. 61 et 62) que le capitule des Composées et l'épi des Aracées imitent des fleurs. Parmi de nombreux autres exemples, nous n'en citerons que trois, deux au niveau de la famille, le dernier à celui de l'espèce.

Famille des Moracées (fig. 8-2)

Cette famille, représentée par 1 600 espèces en très grande majorité tropicales, permet d'établir une série allant de l'inflorescence typique à la fleur par l'intermédiaire d'états préfloraux résultant de la condensation plus ou moins poussée d'inflorescences groupant des fleurs très involuées.

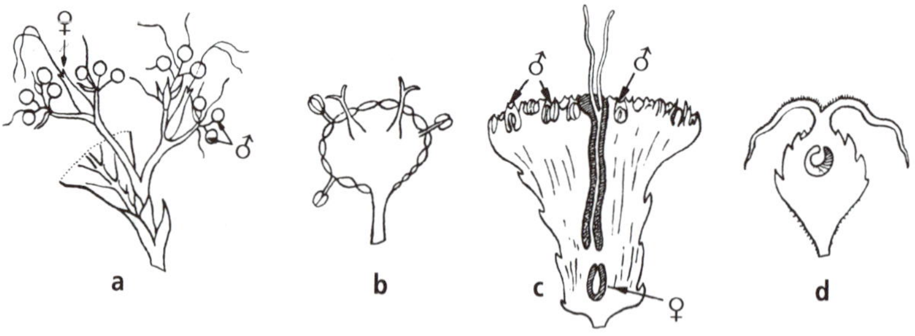

Figure 8-2. États préfloraux chez les Moracées.
a, *Bleckrodia*; **b**, *Brosimum*; **c**, *Lanessania;* **d**, *Antiaris* (explications dans le texte) (*in* EMBERGER, 1968, d'après ENGLER et PRANTL, VELENOWSKY).

Chez le *Bleckrodia insignis* (a), les fleurs sont groupées en cymes, chaque fleur femelle étant entourée de plusieurs fleurs mâles.

Dans le genre *Brosimum* (b), les fleurs des deux sexes sont rassemblées sur un réceptacle commun et l'inflorescence est contractée en boule.

Avec le *Lanessania imbricata* (c), chaque réceptacle inflorescentiel porte une seule fleur femelle pour plusieurs fleurs mâles. Une telle inflorescence est déjà très proche de la fleur inférovariée.

Enfin, dans le genre *Antiaris,* si les réceptacles mâles comportent encore plusieurs fleurs, les femelles sont uniflores (d). Seule une comparaison avec les exemples précédents permet d'affirmer qu'une telle fleur a valeur d'inflorescence.

Cyathium et fleur des Euphorbiacées (fig. 8-3 et 8-4)

■ A propos des Euphorbes, on serait tenté de considérer comme une fleur ce qui est, en réalité, une inflorescence très particulière, le *cyathium.*

Du centre vers la périphérie, celui-ci est généralement constitué :

– d'un pistil tricarpellé (ovaire trilobé et trois styles) porté par un pédicelle plus ou moins long. Ce pistil est, en fait, une *fleur femelle* très involuée comme le prouve, chez quelques espèces, la présence d'un petit calice trimère ;

– de *cinq cymules* unipares scorpioïdes dont chacune des *fleurs mâles monostaminées* et nues pourrait être confondue, à première vue, avec une étamine. Pourtant, la présence d'un sillon annulaire sur le pédicelle portant l'anthère

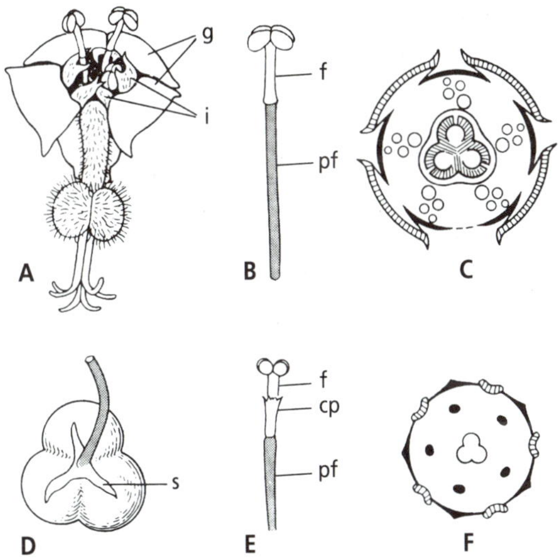

Figure 8-3. Cyathium des Euphorbiacées.

A, cyathium d'*Euphorbia peplus* avec fleur femelle nue et pendante (*i,* bractées involucrales, *g,* glandes stipulaires); **B**, une fleur mâle monostaminée (*f,* filet staminal; *pf,* pédoncule floral); **C**, diagramme d'un cyathium d'*E. peplus :* **D**, fleur femelle d'*E. caespitosa,* avec calice trimère rudimentaire (*s,* sépales); **E**, fleur mâle unistaminée d'*Anthostema* avec sa collerette périanthaire *(cp)*; **F**, diagramme du cyathium d'*E. hirta* (*in* Mangenot, 1973, D et E d'après Nozeran, F, d'après Aubreville).

montre que celui-ci est constitué de deux parties différentes qui, anatomiquement, se révèlent à symétrie axiale pour l'inférieure, à symétrie bilatérale pour la supérieure (un unique faisceau cribro-vasculaire). La première est donc un axe, le pédoncule floral et, la seconde, le filet de l'étamine. Dans d'autres genres d'Euphorbiacées *(Anthostema),* l'existence d'une collerette périanthaire insérée au niveau du sillon confirme cette interprétation ;

– d'un *involucre de cinq bractées* introduisant les cymules et alternant avec des stipules glanduleuses. Il arrive que la grande taille de ces stipules et leur couleur fassent penser à un périanthe.

Figure 8-4. Convergences morphologiques hétéroplastiques cyathium-fleur chez *Euphorbia fulgens.*
En haut, cyathium jeune, fonctionnellement mâle ; en bas cyathium plus âgé, fonctionnellement femelle, dont la fleur femelle sort au centre des fleurs mâles qui ont disséminé leur pollen (*in* MANGENOT, 1973).

Le cyathium n'est pas sans rappeler l'inflorescence de *Lanessania,* mais il préfigure la fleur hermaphrodite supérovariée et non inférovariée.

■ Dans chaque cymule mâle, le nombre des fleurs monostaminées est souvent de trois à cinq, mais il peut être réduit à l'unité comme chez *Euphorbia hirta,* par exemple (fig. 8-3). Dans ce cas, le diagramme du cyathium est très proche d'un diagramme floral typique, la fleur femelle étant en position de gynécée, les fleurs mâles à la place d'un androcée pentastaminé. On pourrait imaginer que, par une involution plus poussée, le pédoncule floral de chaque fleur mâle disparaissant, le cyathium passerait alors à la fleur hermaphrodite. Une telle hypothèse est-elle dénuée de tout fondement ? L'exemple suivant répondra à cette question.

Inflorescence d'*Houttuynia cordata* (Saururacées) (fig. 8-5)

Sur cette espèce, Nozeran a montré comment une inflorescence peut devenir une fleur, ces deux termes étant pris dans leur sens classique.

L'inflorescence est ici un épi court ressemblant à la fleur des Renonculacées, car les fleurs basales sont axillées par des bractées de grande taille et pétaloïdes rappelant une corolle. En

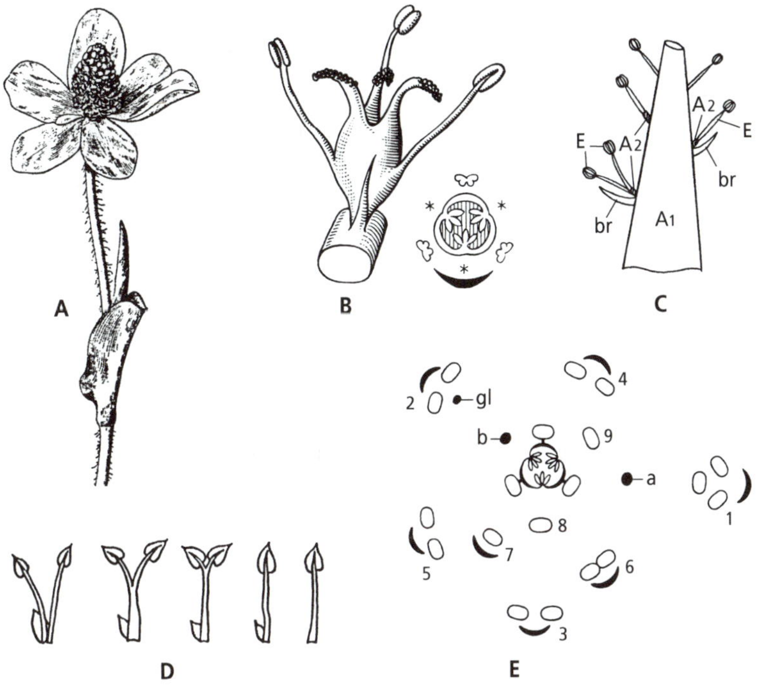

Figure 8-5. Fleurs et inflorescences des Saururacées.

A, convergence hétéroplastique entre l'inflorescence de l'*Anemiopsis californica* et une fleur de Renoncule; **B**, fleur normale de l'*Houttuynia cordata* et son diagramme; **C**, partie subterminale de l'inflorescence de cette espèce, explications dans le texte (A_1, axe principal, A_2, axes secondaires; *br*, bractées; *E*, étamines); **D**, passage de la fleur mâle bistaminée pourvue d'une bractée à la fleur unistaminée et sans bractée et même à une étamine, si la symétrie bilatérale est acquise dès l'émission; **E**, diagramme d'un sommet inflorescentiel (*1*, fleur mâle tristaminée; *2*, fleur mâle dont une étamine est à l'état de glande *(gl)*; *3, 4, 5*, fleurs mâles bistaminées; *6* à *9*, la fleur mâle se réduit progressivement à une étamine unique sans bractée *(9)*; *a*, un staminode-fleur; *b*, un nectaire-fleur; au sommet une fleur normale) (*in* EMBERGER, 1960, d'après NOZERAN).

remontant le long de l'axe de l'épi, les bractées sont de plus en plus petites, toujours en forme d'alêne, mais elles axillent des fleurs présentant des simplifications progressives.

– Les fleurs inférieures et moyennes sont nues, hermaphrodites, à trois étamines et trois carpelles.

– Les premières transformations portent sur le gynécée qui s'appauvrit, le nombre des carpelles passant de trois à deux, puis à un, le carpelle qui subsiste étant un carpelle latéral.

– Plus haut, les fleurs sont mâles et à trois étamines.

– Puis, c'est au tour des fleurs mâles de subir des simplifications : l'étamine adossée à l'axe se réduit à une glande, puis avorte.

– Par fusion des deux étamines restantes, on passe ensuite progressivement à des fleurs monostaminées, comme le montre la soudure graduelle des deux filets de leur base à leur sommet.

– Puis les bractées disparaissent. Il en est de même des axes secondaires portant l'étamine. En effet, dans certains cas, celle-ci est émise comme un axe (symétrie axiale du système conducteur) mais, plus haut, sur le filet, l'anatomie évolue (passage à la symétrie bilatérale). Dans ce cas, l'étamine est en fait une fleur monostaminée. Mais, quand la symétrie bilatérale est acquise dès l'émission, on est en présence d'une véritable étamine insérée directement sur l'axe inflorescentiel. L'hypothèse formulée à propos d'une évolution possible du cyathium d'*Euphorbia hirta* n'était donc pas inconsidérée.

– Enfin, sans entrer dans le détail de l'organisation terminale de l'épi d'*Houttuynia,* variable d'un échantillon à l'autre, il faut retenir qu'une fleur hermaphrodite trimère, tout à fait comparable à celles de la base de l'épi (ou dimère), occupe le sommet de l'axe inflorescentiel.

*« L'épi d'*Houttuynia *n'est plus entièrement une inflorescence, et ce n'est pas encore une fleur. L'état floral typique n'est réalisé qu'au sommet de l'épi; à la base, l'organisation en est le plus éloignée; les niveaux moyens ont une structure intermédiaire. Le mouvement phylogénétique vers l'état floral prend son essor au sommet et gagne, de là, des régions de plus en plus basses, par une sorte d'invasion basipète comparable à celle décrite par L. Emberger, dans la phylogenèse des organes végétatifs, notamment des Fougères. »* (Nozeran) (voir T. I, chap. 8).

Fleur des Liliales

S'il est une fleur classique typique ne semblant pas poser de problèmes, c'est bien la fleur trimère des Liliales, et pourtant on peut se demander si elle ne serait pas homologue de six fleurs monostaminées axillées par six bractées, le sommet de son axe étant occupé par trois carpelles, c'est-à-dire un ensemble comparable au cyathium de l'*Euphorbia hirta.*

Nozeran a observé, dans le genre *Allium,* des fleurs dont une ou plusieurs étamines étaient remplacées par une fleur trimère complète (fig. 8-6). En présence de tels faits, cet auteur se demande *« si les fleurs trimères classiques de Monocotylédones ne représentent pas un ensemble plus ramifié, contracté à un tel degré par la phylogenèse que sa structure originelle est complètement masquée et n'apparaît qu'accidentellement ».* Or, Plantefol a montré que *« les étamines seraient* indépendantes *des pièces des hélices foliaires, terminées sur*

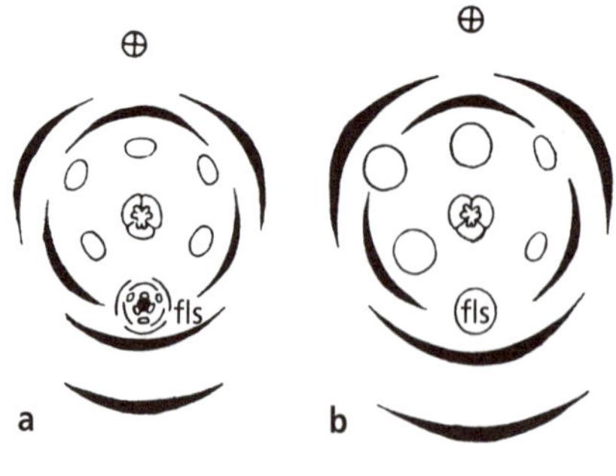

Figure 8-6. Diagrammes de « fleurs » d'*Allium* dans lesquelles une **(a)** ou plusieurs étamines **(b)** sont remplacées par quatre fleurs secondaires *(fls)* (*in* EMBERGER, 1968, d'après NOZERAN).

les tépales ». Pour Nozeran, la fleur de Tulipe se décomposerait en trois hélices[1] intéressant chacune un tépale externe, un tépale interne et un carpelle, *« chaque étamine étant portée par un "rameau secondaire" réduit à zéro, à l'aisselle des tépales »* (fig. 8-7).

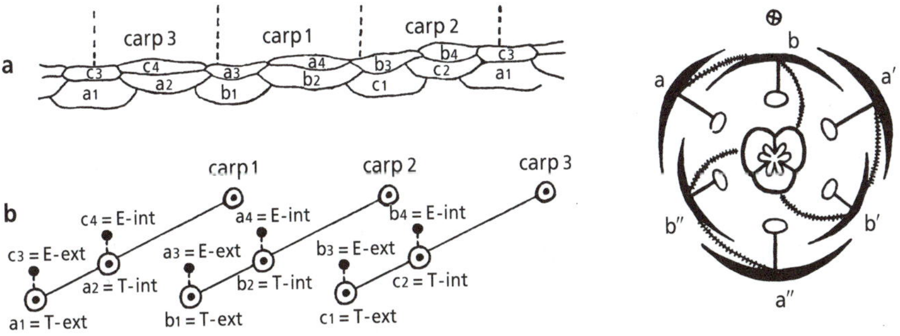

Figure 8-7. Fleur de Tulipe (Liliacées).
a, insertion des pièces florales dans une fleur normale de Tulipe, d'après PLANTEFOL (les indices 1 et 2 se rapportent aux pièces périanthaires, les indices 3 et 4, aux étamines. Les traits figurés au-dessus des insertions marquent les limites des carpelles.
b, Interprétation de Nozeran en trois hélices (*T-ext*, tépale externe : *T-int*, tépale interne ; *E-ext*, étamine externe ; *E-int*, étamine interne ; *carp*, carpelle).
Le diagramme de la « fleur » des Liliacées proposé par NOZERAN interprète celle-ci comme un ensemble de neuf fleurs élémentaires réparties sur trois hélices (*in* PLANTEFOL, 1949, NOZERAN, 1955, EMBERGER, 1968).

3. SPORANGES

Il a été montré que les organes végétatifs (T. I, chap. 8) sont composés essentiellement d'axes, la feuille et la racine ne représentant que des modifications apparues au cours de la phylogenèse. Les premiers trachéophytes connus (*Rhynia*/Psilophytinées) étaient constitués d'un système dichotomique d'axes aphylles, l'extrémité de chacun d'eux portant un sporange solitaire (T. I, chap. 8).

Étamine des Angiospermes

Au cours de l'évolution, les Ptéridophytes ont manifesté une tendance marquée à l'association de leurs sporanges (p. 70), tendance qui s'exprime pleinement dans la grande majorité des Angiospermes avec l'anthère, tétrasynange typique. Tout se serait passé comme si l'appauvrissement d'un système axial dichotomique avait conduit au filet porteur de quatre sporanges représentés par

1. *« La Tulipe, à une seule hélice foliaire végétative, comporte dans sa fleur trois hélices périanthaires. »* (Plantefol)

chaque sac pollinique, cette transformation s'étant accompagnée de l'acquisition de la symétrie bilatérale du système conducteur.

Dans la flore actuelle, les étamines normalement bifides, dont chaque branche porte seulement deux sacs polliniques, matérialiseraient une étape du processus (Bétulacées - Noisetiers, Charmes, Bouleaux, et certaines Euphorbiacées) (fig. 8-8). Chez des Euphorbiacées, et des Sterculiacées, les quatre sacs polliniques sont encore nettement séparés.

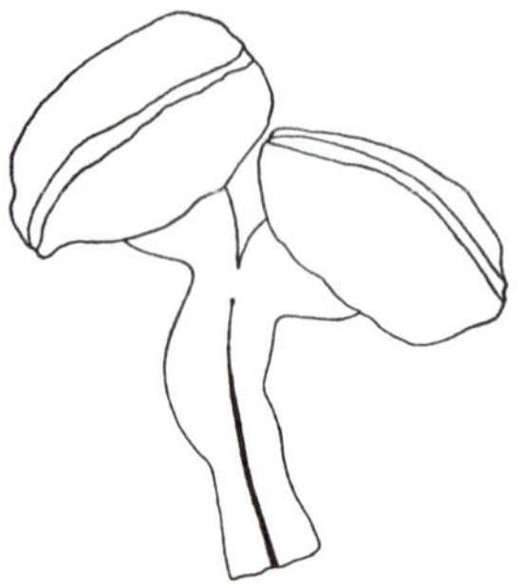

Figure 8-8. Étamine de *Tilia mongolica* (Tiliacées) (*in* NOZERAN, 1955).

Développement de l'angiosporangie, réalisation de l'ovule

L'ovule des Spermaphytes est caractérisé par une angiosporangie poussée, puisque le nucelle-mégasporange est entouré par au moins un tégument, et même deux chez beaucoup d'Angiospermes (p. 74). Mais cette angiosporangie est apparue progressivement à partir de certains groupes de Ptéridophytes.

■ La plupart des Ptéridophytes sont caractérisés par leur gymnosporangie. Que les sporanges soient isolés ou rassemblés en sores, ils sont le plus souvent nus. Pourtant, parmi les espèces actuelles, quelques tentatives d'enveloppement des mégasporanges sont amorcées.

– L'indusie de Filicinées isosporées, où de simples replis de la fronde recouvrent en partie les sporanges, au moins lorsqu'ils sont jeunes.

– Avec des Filicinées hétérosporées comme les Marsiléacées, l'existence de sporocarpes assure une protection des micro- et des mégasporanges et même des prothalles pendant le début de leur existence. La constitution tripartite de la paroi du sporocarpe (fig. 8-9) n'est pas sans rappeler celle du tégument unique de l'ovule des Préspermaphytes (fig. 6-18).

– Chez des Lycopodinées hétérosporées, comme le *Selaginella spinulosa*, les bords inférieurs de la sporophylle ont tendance à se replier sur le sporange.

■ Des espèces fossiles avaient déjà amorcé une préfiguration très poussée de l'ovule, en particulier parmi les Lycopodinées.

– La *paroi sporangiale* du *Lepidostrobus takhtajani* (Lépidodendracées) (fig. 8-10) est tripartite et entoure une seule mégaspore fonctionnelle. Une telle

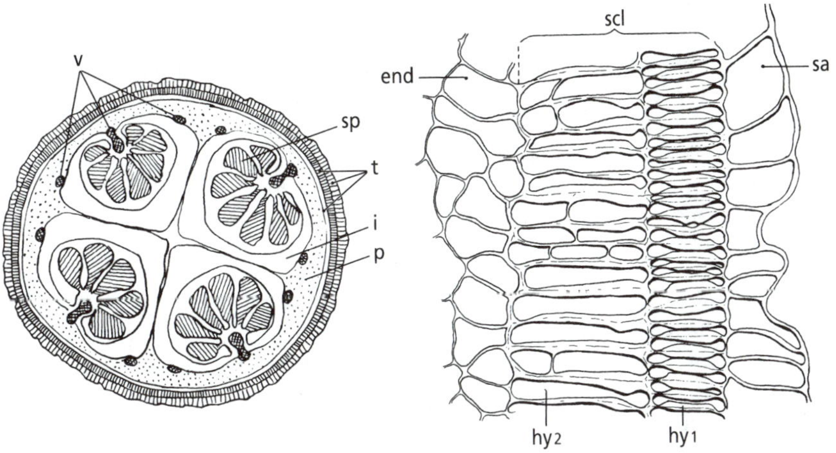

Figure 8-9. Sporocarpes d'Hydroptéridales.

À gauche, coupe d'un sporocarpe de *Pilularia globulifera* (Marsiléacées) montrant quatre sores de méga- et de microsporanges (*sp*, sporanges; *i*, indusie épaisse; *p*, parenchyme foliaire; *t*, tégument tripartite; *v*, vascularisation); à droite, détail de la paroi du sporocarpe des Marsiléacées (*sa*, sarcotesta; *scl*, sclérotesta se décomposant en deux couches hy_1 et hy_2; *end*, endotesta) (*in* EMBERGER, 1960, d'après BONNET).

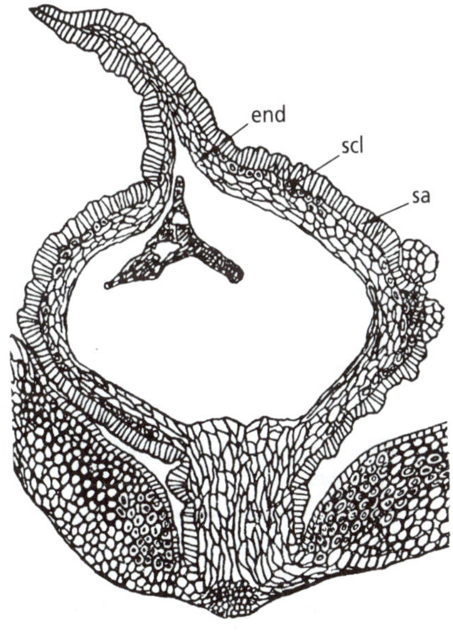

Figure 8-10. Mégasporange de *Lepidostrobus takhtajani* (Lépidodendracées).

sa, sarcotesta; *scl*, sclérotesta; *end*, endotesta (*in* EMBERGER, 1968, d'après SNIGIREVSKAYA).

organisation tripartite (sarcotesta, sclérotesta et endotesta) concerne donc à la fois la paroi des sporocarpes de Marsiléacées, celle du sporange de Lépidodendracées et le tégument de l'ovule des Préspermaphytes, bien que ces trois structures ne soient pas homologues, puisque d'origine différente.

– Dans le genre *Lepidocarpon* (Lépidocarpacées), la réalisation de l'ovule est plus avancée. La sporophylle tend à envelopper le mégasporange (une unique et énorme mégaspore), formant même, dans les cas les plus prononcés, un micropyle allongé dans sa partie apicale. On est alors en présence d'un ovule primitif (fig. 8-11). L'enveloppement du mégasporange amorcé au Carbonifère par certaines Lycopodinées ne s'est pas répercuté dans les lignées actuelles du groupe, ce que l'on observe, au contraire, pour les Préspermaphytes.

■ Avec les Ptéridospermales (du Dévonien moyen au début du Crétacé), les Caytoniales (du Rhétien au Crétacé supérieur) et les Cordaïtales (du Dévonien moyen au Permien inférieur), l'ovule est bien constitué (fig. 8-12). Dans tous les cas, une fois mis en place le volumineux prothalle gorgé de réserves, une couche sclérifiée continue se forme dans le tégument (sclérotesta). Toutes les relations entre la plante-mère et le prothalle sont donc suspendues bien avant la fécondation, caractère fondamental de tous les Préspermaphytes.

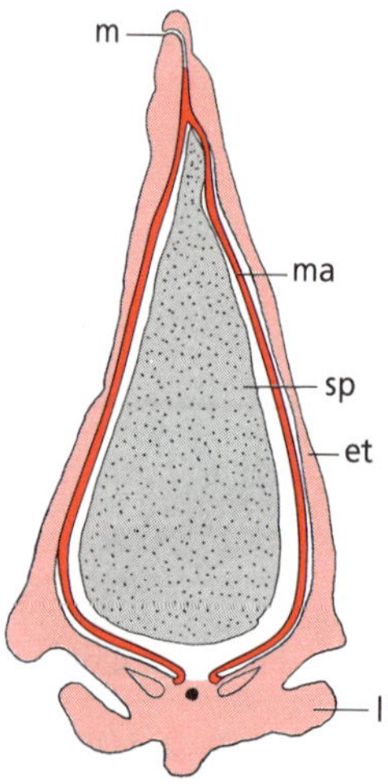

Figure 8-11. Coupe transversale d'une mégasporophylle de *Lepidocarpon lomaxi* (Lépidocarpacées).
l, limbe; *et*, enveloppe-tégument excroissance du limbe; *ma*, paroi du mégasporange; *sp*, mégaspore; *m*, micropyle (*in* EMBERGER, 1968, d'après SCOTT).

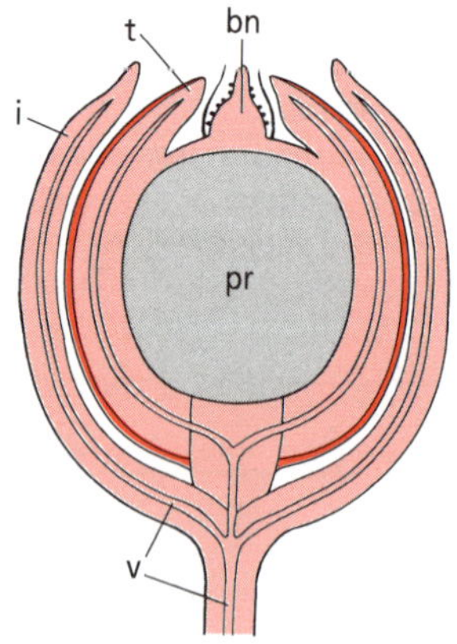

Figure 8-12. Ovule de *Lagenostoma lomaxi* (Ptéridospermales).
bn, bec nucellaire récepteur de pollen; *t*, tégument doublé extérieurement d'une cupule involucrale *(i)*; *v*, vascularisation de la cupule et du complexe nucelle-tégument; pr, prothalle (*in* MANGENOT, 1973).

■ Comme le fait remarquer Mangenot, *« l'enveloppement du mégasporange et, par conséquent, du mégaprothalle, qui contient les réserves nécessaires à la croissance du futur embryon, est une étape évolutive d'*une importance capitale *: étape comparable à celle accomplie, chez les Animaux, par l'intervention de l'amnios. Les œufs sans amnios (Poissons, Batraciens) sont exposés aux mêmes risques que les prothalles nus; ne supportant pas la dessiccation, ils ne se développent que dans l'eau, où les prédateurs sont nombreux. La protection de l'œuf par les membranes amniotiques, sans laquelle la vie terrestre au-delà du niveau amphibien eut été impossible, a été l'un des grands moments de l'histoire des Vertébrés. La découverte de l'enveloppement amniotique et celle de l'enveloppement ovulaire n'ont pas été tellement éloignées dans le temps : "l'ovule, au sens classique du terme, ne remonte pas plus haut que le Carbonifère inférieur" (Emberger); et les premiers ossements attribuables à des Reptiles ont été trouvés dans les sédiments du Westphalien supérieur »*.

■ De l'ovule des Préspermaphytes à celui des Spermaphytes, l'évolution est caractérisée par une réduction du mégaprothalle, mais plus encore, peut-être, par le fait que, pour l'ovule des seconds, les rapports avec la plante-mère ne sont pas suspendus très précocement comme pour les premiers. En effet, chez les Spermaphytes, l'ovule reste alimenté bien après la fécondation, ce qui permet la formation de l'embryon et la mise en place de réserves.

4. ASPECT PHYLOGÉNIQUE DE LA NOTION DE FLEUR

Étapes de la phylogenèse florale

Ce qui précède permet de retracer les étapes successives ayant conduit à la fleur des Angiospermes.

– Les sporanges sont dispersés sur des axes (Ptéridophytes et Préspermaphytes archaïques).

– Les sporanges se groupent sur des sporophylles (Ptéridophytes).

– Les sporophylles se rassemblent à leur tour, tandis que l'**angiosporangie** s'installe dans la lignée femelle avec la réalisation de l'ovule (Cycadales et Gymnospermes primitives comme les Bennettitinées — Trias et Crétacé inférieur). Dans le genre *Cycadeoidea* (Bennettitales) (fig. 8-13), sur un axe court terminé en cône, de l'extérieur vers l'intérieur sont insérées selon Wieland, en ordre spiralé, de nombreuses feuilles bractéiformes, pubescentes, constituant un « périanthe », puis, en ordre verticillé, de nombreuses étamines libres dont chaque penne portait deux rangées de synanges à 2 n sporanges et, enfin, des ovules unitégumentés longuement pédonculés et entremêlés d'écailles allongées. Pour Delevoryas, la région microsporangiée aurait formé, par fusion latérale de pièces, une enveloppe close coiffée d'un dôme parenchymateux. Les sporanges seraient insérés sur des trabécules (= pennes pour Wieland). L'important, ici, est que, dans chacune de ces deux interprétations, l'ensemble des pièces constituait un état préfloral par rapport à la fleur des Angiospermes.

– Puis survient l'enveloppement de l'ovule dans un ovaire (**angiovulie** des Angiospermes).

– L'existence des fleurs inférovariées chez lesquelles le réceptacle entoure la partie ovarienne du pistil (**angiovarie**) pourrait être considérée comme l'annonce d'une nouvelle phase évolutive qui se traduirait par l'apparition de l'*angiopistillie,* si l'enrobement du pistil ne se localisait plus seulement à la région ovarienne, mais concernait aussi la partie stylaire *(angiocarpie). « Les Angiocarpes seraient, par rapport aux Angiospermes, ce que celles-ci sont par rapport aux Gymnospermes. »* (Mangenot)

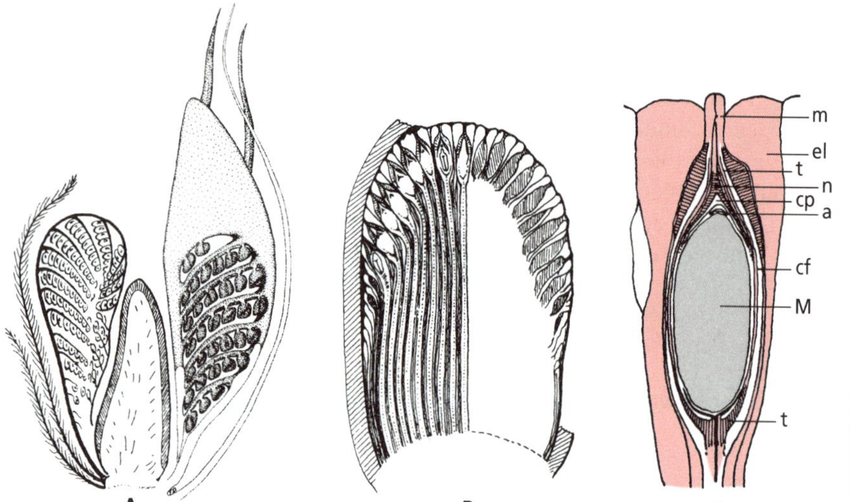

Figure 8-13. « Fleur » de *Cycadeoidea* (Bennettitinées).

A, coupe longitudinale schématique (à gauche, interprétation de Wieland, à droite celle de Delevoryas); **B**, région centrale avec les ovules; **C**, un ovule (*m*, micropyle; *ei*, écaille interséminale; *n*, nucelle; *cp*, chambre pollinique; *a*, archégones; *cf*, couche vasculaire; *M*, prothalle femelle; *t*, tégument (d'après LIGNIER) (*in* EMBERGER, 1968 et DELEVORYAS, 1963).

Involution florale

Les étapes que représentent l'*angiosporangie,* l'*angiovulie* et l'*angiovarie* s'accompagnent d'une involution de l'ovule des Préspermaphytes aux Gymnospermes et aux Angiospermes, par miniaturisation de plus en plus poussée de cet organe. Il en résulte une augmentation du nombre des ovules à volume égal de matière, ce qui constitue un net avantage pour les Angiospermes.

Cette tendance à l'involution se fait sentir d'ailleurs au niveau de toutes les parties de la fleur des Angiospermes (contraction dimensionnelle, réduction numérique, concrescence), en même temps que les fleurs se rassemblent en inflorescences qui se condensent à leur tour. D'où l'existence d'états préfloraux conduisant à une nouvelle architecture florale.

Comparaison avec les Ptéridophytes et les Bryophytes

Nous avons vu plus haut (p. 134) que l'ovule est déjà réalisé par des Ptéridophytes fossiles comme les Lépidocarpacées. Bien que cet organe soit inconnu chez les Bryophytes, on pourrait être tenté de qualifier de « fleur » l'ensemble comprenant, chez certaines Bryales, le périgone (« périanthe » bien visible à la figure 7-28) et les gamétanges qu'il entoure. Un bourgeon gamétangial, tant sur le plan morphologique que fonctionnel, serait à rapprocher d'un bouton floral.

En revanche, seule la fleur des Angiospermes, en particulier par son organe femelle, réalise une série d'emboîtements successifs traduisant des étapes de la phylogenèse. Ce sont, de l'extérieur vers l'intérieur du gynécée, l'emboîtement :

1. de l'ovaire de fleurs inférovariées ;
2. des ovules dans une cavité ovarienne ;
3. du nucelle-mégasporange dans l'ovule ;
4. du prothalle femelle dans le mégasporange entraînant le parasitisme du gamétophyte sur le sporophyte qui le précède. Ce prothalle n'étant jamais libre, l'embryon résultant de la fécondation est enfermé dans l'ovule transformé en graine. Le jeune sporophyte commence donc son développement aux dépens du gamétophyte et du sporophyte qui le précèdent.

L'ovule de certains Ptéridophytes fossiles, des Préspermaphytes et des Gymnospermes est déjà un système d'emboîtements (3 et 4 de la liste précédente), mais le gynécée des Angiospermes en comporte un supplémentaire obligatoire (2) et même, dans certains cas, l'amorce d'un quatrième (1). La fleur des Angiospermes tire son originalité de tous les emboîtements que présente le gynécée. Comme le remarque Mangenot : *« l'organe femelle des Angiospermes fait penser à une poupée russe ».*

5. CONCLUSION

Si la fleur des Angiospermes tire son originalité des emboîtements successifs des différents constituants du gynécée, tous les problèmes ne sont pas résolus à son sujet. Sans entrer dans une longue discussion qui ne peut trouver sa place dans le cadre d'un ouvrage comme celui-ci, il nous faut, tout de même, revenir sur certains points des chapitres précédents qui, aux yeux du lecteur, pourraient présenter des contradictions apparentes.

Reprenons, par exemple, le cas de l'étamine des Angiospermes. Emberger écrit à son sujet : « Le synange staminal des Angiospermes est, à l'origine, un système dichotomique, plus ou moins ramifié, contracté et foliarisé. » *L'existence d'étamines bifides chez les Bétulacées (p. 132) constituerait une preuve en faveur d'une telle affirmation. Des auteurs comme Plantefol, ne semblent pas admettre cette manière de voir, car* « les étamines sont des émergences sui generis dont le caractère spororogène est essentiel ». *La bilatéralité du système conducteur qui accompagne toute foliarisation (T. I, chap. 8) est-elle suffisante pour admettre qu'un organe qui la présente est une feuille modifiée, quand celui-ci ne suit pas la distribution phyllotaxique de l'espèce ? Or* « la naissance simultanée de plusieurs étamines, les ordres d'apparition, centripètes ou centrifuges, des étamines nombreuses, empêchent qu'elles soient la prolongation des hélices florales du calice » *(Plantefol).*

Et pourtant, ce dernier auteur écrit : « En quoi cette interprétation[1] serait-elle opposée à celle que fournit mon étude de la fleur[2] ? Rien ne s'oppose à ce qu'on voie dans les émergences apparues sur le réceptacle de la fleur le résultat du développement de télomes contractés et plus ou moins foliarisés[3]. Il nous manque, pour juger de la correspondance entre les deux séries de notions, de connaître avec assez de précision les lois de développement des télomes et de les comparer aux lois qui se manifestent ici. »

« Si les feuilles des Angiospermes sont elles-mêmes des télomes ou groupements de télomes, la conclusion à laquelle je suis conduit imposerait qu'il y ait des télomes de deux sortes différentes, tirant leur origine des deux séries de tissus méristématiques présents à l'extrémité de la tige végétative. »

Emberger lui-même, à propos de l'interprétation des organes reproducteurs des Cordaïtales donnée par Schoute et basée sur la métamorphose des feuilles, préfère celle que fournit l'utilisation de la notion de télomes : télomes ***stériles*** *(bractées), télomes* ***fertiles*** *ramifiés (étamines), télome* ***stérile*** *constituant le tégument enveloppant le télome* ***fertile*** *qu'est l'ovule.*

1. Celle d'Emberger citée plus haut.
2. Voir p. 49.
3. Voir T.l, chap. 8.

9
BIOLOGIE DE LA REPRODUCTION

- **Détermination chromosomique du sexe**
- **Cinétique florale (et inflorescentielle)**
- **Méiospores et gamétophytes**
- **Gamètes**
- **Fécondation**
- **Embryogenèse. Rapports sporophyte-gamétophyte**

Au cours de la reproduction sexuée, des méiospores (sexualisées ou non) ou des grains de pollen sont produits par le sporophyte, des gamètes par le gamétophyte hermaphrodite ou unisexué.

Si les spores et les grains de pollen sont passifs au cours de leur dissémination, les gamètes mâles sont actifs quand ils nagent jusque dans le col archégonial (des Bryophytes aux Préphanérogames) ou, au contraire, passifs quand un tube pollinique les transporte jusqu'à l'oosphère (Gymnospermes, Chlamydospermes et Angiospermes), celle-ci restant toujours dans le ventre de l'archégone (Archégoniates) ou dans le sac embryonnaire (Angiospermes).

Dans tous les cas, l'embryon issu de la fécondation est à l'origine d'un nouveau sporophyte.

1. DÉTERMINATION CHROMOSOMIQUE DU SEXE

Le problème de cette détermination ne se pose, en principe, que pour les espèces dioïques[1]. Il est probable que la transformation d'autosomes en chromosomes sexuels (hétérosomes) se serait produite de la même manière que chez les Vertébrés (en particulier inactivation génétique du chromosome Y par hétérochromatinisation). D'ailleurs, beaucoup d'espèces dioïques présentent un méca-

1. Pourtant chez le Maïs (Graminées), espèce monoïque, il a été découvert des gènes responsables de la transformation des individus normalement bisexués en individus unisexués. On considère que ces gènes seraient placés sur les dix chromosomes de chaque génome de l'espèce.

nisme chromosomique comparable à celui des Mammifères, le sexe femelle étant homogamétique (XX), le sexe mâle hétérogamétique (XY). Parmi les Angiospermes, on peut citer le Chanvre (*Cannabis sativa*/Moracées)[1], le *Melandrium album* (Caryophyllacées) et la Bryone (*Bryonia dioica*/Cucurbitacées).

Chez les Angiospermes, on connaît également des espèces présentant des hétérosomes multiples. Ainsi, chez *Humulus japonicus* (Moracées), à $2n = 16/17$, les individus femelles sont homogamétiques (XX), et les mâles hétérogamétiques avec XY_1Y_2. En méiose, les hétérosomes des seconds se séparent de la manière suivante : X a un pôle et Y_1Y_2 à l'autre pôle. Mais, pour le Houblon *(Humulus lupulus)* interviennent deux paires de chromosomes sexuels X_1X_1, X_2X_2, pour les plantes femelles et X_1X_2, Y_1Y_2, pour les plantes mâles.

Au cours de l'évolution, des autosomes possédant une forte concentration de gènes contrôlant la sexualité se seraient différenciés, devenant partiellement ou en totalité hétéromorphes. Chez le *Melandrium dioicum,* le chromosome Y est exceptionnellement plus grand que le chromosome X, *mais tous deux comportent encore une région homologue,* la quatrième. Le premier est constitué de plusieurs régions différentes. Dans la première se trouvent des gènes suppresseurs de la féminité, dans la deuxième des gènes favorisant la masculinité, dans la troisième des gènes déterminant la fertilité des mâles, tandis que la quatrième région comporte des gènes allèles avec le chromosome X sans action sur l'expression du sexe (fig. 9-1). Si la délétion de la première région n'a pas d'effets importants, celle de la deuxième entraîne la transformation en une plante femelle, et celle de la troisième détermine la formation d'un individu mâle dont les étamines avortent.

Les chromosomes sexuels sont bien connus aussi parmi les Bryophytes (type XY), en particulier chez les Hépatiques (Jungermanniales et Marchantiales). Quand les chromosomes X et Y sont reconnaissables, le second est plus petit que le premier, mais tous deux peuvent avoir la même taille et la même forme ; dans ce cas, Y est toujours plus riche en hétérochromatine que X.

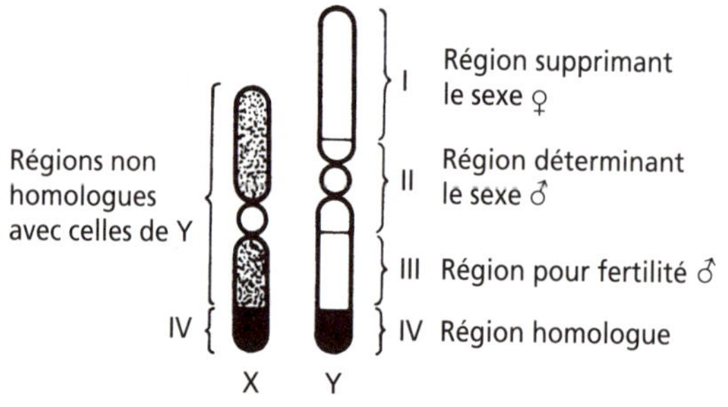

Figure 9-1. Chromosomes sexuels du *Melandrium dioicum* (Caryophyllacées) (*in* GORENFLOT et RAICU, 1980, d'après WESTERGAARD).

1. Le Chanvre est, en outre, très sensible au photopériodisme. En jours longs, on rencontre 50 % d'individus mâles et 50 % d'individus femelles, mais le traitement par jours courts provoque une féminisation des mâles.

2. CINÉTIQUE FLORALE (ET INFLORESCENTIELLE)

Depuis l'Antiquité, les mouvements d'ouverture et de fermeture des fleurs et des capitules ont attiré l'attention des observateurs (Théophraste).

Linné dressa une liste d'espèces dont les fleurs s'épanouissent à des heures différentes. Signalons, parmi les repères de cette « horloge florale » :

– le Liseron des haies (*Convolvulus sepium*/Convolvulacées) vers 3 heures ;

– la Chicorée sauvage (*Cichorium intybus*/Composées) vers 5 heures ;

– la Dame de onze heures (*Ornithogalum umbellatum*/Liliacées) vers 11 heures ;

– le Silène nocturne (*Silene noctiflora*/Caryophyllacées) vers 17 heures ;

– la Belle de nuit (*Mirabilis jalapa*/Nyctaginacées) vers 23 heures.

Certaines espèces s'ouvrent deux fois par jour, vers 6 heures du matin et 19 heures (à 14 °C) pour la Houlque laineuse (*Holcus lanatus*/Graminées), par exemple.

Durée de floraison

Il y a lieu de distinguer les espèces dont les fleurs ne s'épanouissent qu'une fois, puis se fanent rapidement (éphémères), par opposition aux espèces qui portent des fleurs s'ouvrant et se fermant à maintes reprises pendant plusieurs jours.

■ Les **éphémères**[1] sont de deux types :

– les éphémères *diurnes* comme l'*Helianthemum guttatum* (Cistacées) dont les fleurs s'ouvrent vers 8-9 heures, mais dont les pétales tombent dès 10-11 heures ;

– les éphémères *nocturnes*. Les boutons floraux de l'*Oenothera biennis* (Oenothéracées) s'épanouissent à la tombée du jour en une corolle jaune citron. Dès le lendemain matin, une légère teinte rougeâtre annonce déjà le début du flétrissement.

■ Les espèces dont le cycle floral s'accomplit en plus de 24 heures. Elles sont très nombreuses : fleurs des Tulipes (Liliacées), Gentianes (Gentianacées), etc., capitules des Composées (Pissenlit, Pâquerette), etc.

■ Les mouvements des pièces florales qui entraînent l'ouverture et la fermeture des fleurs appartiennent au groupe des **nasties**, mouvements d'organes ayant atteint leur taille définitive. Contrairement aux tactismes, les nasties ne sont pas orientées par rapport à des agents excitants[2].

Facteurs physiques responsables de l'ouverture et de la fermeture des fleurs et des inflorescences

Linné ne tenait pas compte des facteurs physiques atmosphériques si variables sous nos latitudes et qui, agissant simultanément, influent sur le mécanisme intime de l'« horloge florale ». En fait, la cinétique florale (et inflorescentielle) est contrôlée par différents facteurs.

---

1. On parle encore de plantes éphémères (éphémérophytes) à propos des espèces annuelles passant de la graine à la graine en un temps très court (voir T. I, chap. 12).
2. Nasties et tactismes s'opposent aux tropismes et aux nutations, mouvements caractérisant les organes en croissance (voir HELLER et coll., *Abrégé de physiologie végétale,* T. II, chap. 5).

– La **température** (thermonastie) : *Ficaria ranunculoides* et *Anemone nemorosa* (Renonculacées), *Colchicum automnale* et *Ornithogalum umbellatum* (Liliacées).

– La **lumière** (photonastie)[1] : fleurs de jour, les plus nombreuses, capitules des Liguliflores (Composées); et fleurs de nuit comme celles de la Reine de la nuit (*Cereus grandiflorus*/Cactacées). Une luminosité peu intense a pour conséquence la fermeture définitive des fleurs du Mouron des oiseaux (*Stellaria media*/Caryophyllacées) qui deviennent ainsi photo-cléistogames (voir p. 146).

– Les **chocs**[2] : au niveau de la fleur et de l'inflorescence, les manifestations sont, le plus souvent, discrètes.

– L'**humidité atmosphérique** : les mouvements liés à des variations de l'humidité atmosphériques se déroulent aussi sur des plantes mortes. C'est le cas des capitules de diverses Carlines (Composées) qui se comportent comme de véritables hygromètres, se fermant à l'humidité (bractées inflorescentielles rabattues sur les fleurs) et s'ouvrant à la sécheresse (bractées retournées vers l'extérieur)[3].

– Il est très rare que les mouvements floraux et inflorescentiels dépendent d'un seul facteur physique, mais l'influence de l'un d'entre eux peut être dominante. Par exemple, les fleurs sensibles à la température ou (et) à la lumière le sont aussi aux chocs. Après une série de chocs, les fleurs ligulées des capitules de Pâquerette et de Pissenlit se rabattent sur les fleurs tubulées centrales (position de sommeil). Les capitules ayant subi une excitation mécanique sont plus sensibles à la lumière et à la chaleur. Si l'on fait passer du soleil à l'ombre deux capitules de Pissenlit, l'un d'entre eux ayant subi une excitation d'ordre séismonastique, c'est celui-ci qui se ferme le premier.

3. MÉIOSPORES ET GAMÉTOPHYTES

Suivant les groupes et le fait qu'elles sont sexualisées ou non, les méiospores sont libérées ou non, leur éventuelle libération intervenant avant ou après le commencement de leur germination.

Libération ou non des méiospores et des gamétophytes

Devenir des méiospores

Dans la flore actuelle, on peut reconnaître quatre cas principaux :

– méiospores libérées avant germination : Bryophytes et Ptéridophytes isosporés;

– microspores libérées, alors que leur développement a débuté à l'intérieur des microsporanges : prothalle mâle inclus dans la spore des Sélaginellales et des Isoétales (p. 94), grain de pollen des Préspermaphytes et des Spermaphytes;

– mégaspores quittant le mégasporange au stade de prothalle femelle inclus en formation : Sélaginellales et Isoétales (p. 95);

– mégaspores restant continuellement dans le mégasporange, d'où endoprothallie : Préspermaphytes et Spermaphytes (p. 115).

---

1. On connaît aussi des états de veille et de sommeil chez les feuilles : feuilles trifoliolées de l'*Oxalis acetosella* (Oxalidacées) et des Trèfles (Papilionacées), feuilles composées du Robinier, du Lupin (Papilionacées) et de la Sensitive (Mimosacées).
2. Des réactions séismonastiques sont également décelables au niveau de feuilles (Sensitive/*Mimosa pudica,* feuilles de plantes carnivores comme les *Drosera* et les Dionées (Droséracées) (voir T. I, chap. 2).
3. Des mouvements hygroscopiques sont observables sur des plantes entières mortes (Rose de Jéricho/Crucifères et diverses Sélaginelles) (voir p. 196 et T. I, chap. 12).

Processus de libération

La libération des méiospores germées ou non se fait de différentes manières. Nous retiendrons ici les deux principales.

■ Existence de **zones de déhiscence.** Celle-ci est la conséquence de la dessiccation des sporanges dont certaines cellules épidermiques ou (et) pariétales se déforment plus particulièrement en fonction de l'existence d'épaississements localisés de leur paroi squelettique et de la nature de ceux-ci. Les tensions qui en résultent entraînent des ruptures dont la position dépend de la place de :

– l'*anneau* de la capsule des Bryales (p. 81) et des Sphagnales, au niveau duquel se détache l'opercule de la capsule ;

– l'*assise mécanique* : *exothécium* des sporanges de Ptéridophytes, des sacs polliniques des Cycadales et des Gymnospermes (p. 73), *endothécium* des sacs polliniques des Ginkyoales (p. 73) et des anthères d'Angiospermes (p. 71).

■ **Simples déchirures** de la paroi sporangiale

– La capsule des Andraéales et des Hépatiques s'ouvre en quatre valves par quatre fentes, celle des Anthocérotes en deux valves par deux fentes, à la suite de leur dessiccation, mais sans le jeu d'une assise mécanique (p. 82).

– De même, les sporanges de certains Ptéridophytes dépourvus d'anneau mécanique se déchirent par une fente transversale ou longitudinale ou au niveau d'un pore.

– Des étamines d'Angiospermes sont dépourvues d'endothécium (déhiscence poricide) (p. 72).

■ Des **manifestations d'ordre mécanique** contribuent quelquefois à faciliter la libération des spores et des grains de pollen.

– Les mouvements hygroscopiques de la soie de la Funaire hygrométrique (Bryales) et ceux de détente et de rétraction des élatères des Hépatiques, des Anthocérotales et des *Equisetum* favorisent l'expulsion des spores (p. 82 et 88).

– Lors de la déhiscence des sporanges de Filicinées leptosporangiées (p. 69), une partie de la paroi se rabat lentement en arrière, entraînant avec elle une partie des spores. Plus tard, l'air pénétrant dans les cellules de l'anneau presque desséchées, la tension cesse et le sporange se referme brusquement en projetant les spores. Il s'ouvre et se referme plusieurs fois sous l'influence des conditions hygrométriques, lançant dans l'air les dernières spores qu'il contient encore.

– Dans le bouton des fleurs hermaphrodites de la Pariétaire (*Parietaria officinalis*/Urticacées), pendant la croissance des quatre étamines, chaque anthère est coincée entre un sépale et la base de l'ovaire, tandis que le filet arqué s'allonge et se tend. Lors de l'ouverture de la fleur, les anthères se dégagent, les filets se redressent brusquement, tels des ressorts en détente, et les grains de pollen sont projetés à l'extérieur (fig. 9-2).

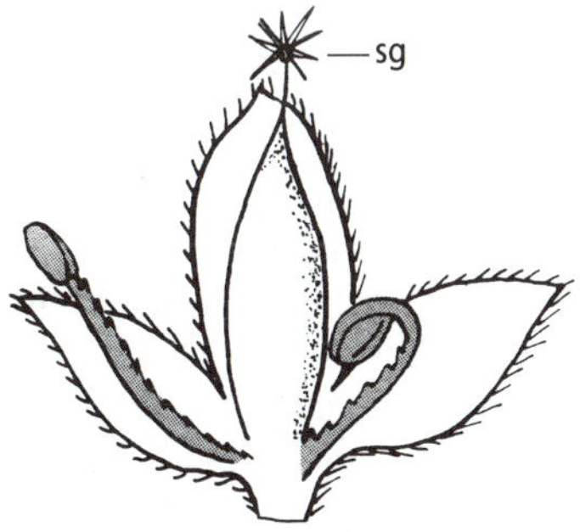

Figure 9-2. Coupe longitudinale d'une fleur de Pariétaire (Urticacées).

L'étamine de droite est repliée, celle de gauche détendue.

sg, stigmate (OZENDA, *in* CHAMPAGNAT et coll., 1969).

Dissémination passive des spores et du pollen

Les zoospores étant inconnues parmi les Cormophytes, leurs spores, une fois libérées, sont incapables de se mouvoir activement. Il en est de même des grains de pollen. La dissémination passive des uns et des autres dépend donc de divers facteurs physiques (pesanteur, eau, vent), ou (et) d'agents biologiques (Insectes, Oiseaux, Mammifères).

En outre, au cours de la pollinisation, transport du pollen de l'anthère sur les stigmates (Angiospermes), ou des sacs polliniques sur l'ovule (Préspermaphytes, Gymnospermes, Chlamydospermes), l'Homme intervient quelquefois activement.

- Pour augmenter le rendement de la pollinisation naturelle par le vent, chez le Dattier, par exemple (*Phoenix dactylifera*/Palmiers).

- Pour remplacer les Insectes absents. Lorsque le Vanillier (Orchidacées), originaire du Mexique, a été introduit à la Réunion, il n'a pas fructifié, les Hyménoptères qui effectuent normalement la pollinisation (Mélipones) n'existant pas à la Réunion. Aussi, l'Homme a-t-il été dans l'obligation de l'assurer.

C'est un esclave, Edmond Albius, observateur avisé de la nature et habile de ses mains, qui élabora en 1841 un procédé pratique de pollinisation de la fleur de Vanillier. Avec pour tout outil une épine de Citronnier, une aiguille de Bambou ou une pointe de palmiste, l'opération consiste à abaisser et à déchirer le labelle pour dégager le gynostème, puis à relever le rostellum afin de libérer les stigmates et, enfin, par une pression du doigt de haut en bas, à mettre les pollinies à leur contact, travail normalement effectué au Mexique par les Mélipones (fig. 9-3, à comparer avec la fig. 3-26). Toutes les fleurs ainsi traitées par Albius fructifiaient, alors qu'avant la proportion était d'une sur mille.

Dans l'absolu, Albius n'est pas l'inventeur du procédé de la pollinisation artificielle du Vanillier mise au point en France dix ans plus tôt au Muséum national d'histoire naturelle, découverte restée malheureusement limitée aux milieux scientifiques. Il n'en a eu que plus de mérite de concevoir une méthode encore plus simple qui a permis à la Réunion, puis à l'outre-mer, le démarrage d'une importante industrie.

D'une manière générale, pour réussir l'introduction d'une espèce d'un continent à un autre, il est nécessaire de bien connaître toutes ses exigences (climatiques, édaphiques, biologiques, etc.) et de savoir si elles pourront être satisfaites dans son nouveau milieu. Tenter, par exemple, une opération de ce genre sur une espèce entomophile, sans avoir étudié au préalable sa biologie florale, est très hasardeux car la réussite de l'opération est liée à la possible introduction du pollinisateur si celui-ci n'existe pas dans le nouveau territoire.

- Pour réaliser des croisements entre variétés ou espèces différentes.

Si le sporoderme révèle de nombreux caractères exploités en systématique, il présente aussi des adaptations particulières en rapport avec le facteur physique ou l'agent biologique assurant la dissémination des spores et du pollen. Nous envisagerons ici, avec quelques détails, le cas des grains de pollen, non seulement parce que ces adaptations sont bien connues, mais aussi parce que les caractères floraux sont en rapport avec le type de pollinisation. Il n'en reste pas moins que les grandes idées, qui ressortiront de l'étude des caractères polliniques liés à

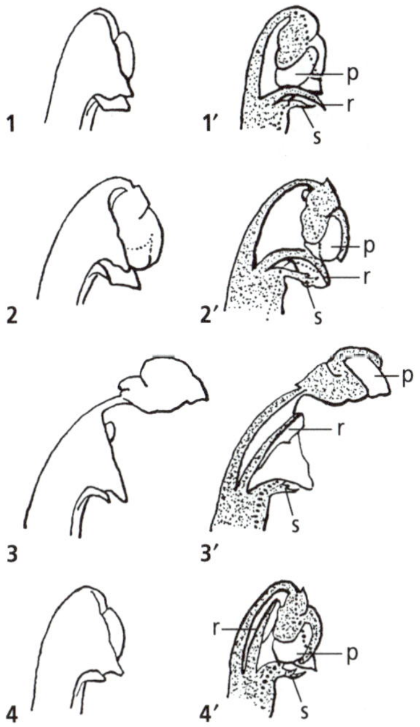

Figure 9-3. Pollinisation artificielle du Vanillier (Orchidacées).

1 et **1'**, le rostellum *(r)* est normalement interposé entre les pollinies *(p)* et les stigmates *(s)*; **2** et **2'**, le gynostème est dégagé; **3** et **3'**, le rostellum étant relevé, les stigmates sont dégagés à leur tour; **4** et **4'**, les pollinies sont mises au contact des stigmates. Pour chaque étape de cette pollinisation artificielle, la fleur est représentée de profil et en coupe longitudinale médiane (*in* EMBERGER, 1960, d'après BOURRIQUET).

un facteur ou à un agent pollinisateur, pourraient être reprises à propos des spores et même pour la dispersion de toutes les diaspores en général (voir p. 195).

Modes de pollinisation

Au moins pour les Angiospermes, la pollinisation survient, le plus souvent, quand l'ovule est parvenu à maturité, mais cette concordance n'est pas générale parmi les plantes à ovules.

– Chez les Préphanérogames et les Gymnospermes, la pollinisation précède de beaucoup la maturité de l'ovule, puisqu'elle survient alors que l'endosperme, encore au stade cénocytique, n'a pas terminé sa croissance. Les archégones ne sont donc pas encore en place.

– Des Angiospermes qui, pour beaucoup de caractères, se révèlent primitives, montrent également une pollinisation très précoce par rapport à la formation du sac embryonnaire (Fagales : Bétulacées et Fagacées).

– Le cas des Orchidacées est très étonnant, puisque c'est la pollinisation qui déclenche la formation et la croissance des ovules.

Théoriquement du moins, la pollinisation des espèces hermaphrodites devrait être possible à l'intérieur d'une même fleur, puisque celle-ci comporte, à la fois, des étamines et un gynécée. Au contraire, la pollinisation des espèces monoïques et dioïques implique, au moins, une fleur mâle et une fleur femelle. En fait, la pollinisation est un phénomène complexe et varié.

Pollinisation directe ou autopollinisation

S'effectuant sur un même individu, à l'intérieur d'une même fleur ou entre fleurs différentes, l'autopollinisation comporte diverses modalités.

– Les fleurs **cléistogames** ne s'ouvrant jamais, la pollinisation s'accomplit obligatoirement dans chaque bouton floral (*Viola odorata*/Violacées).

– Quand les fleurs s'épanouissent, cas de beaucoup le plus répandu (fleurs **chasmogames**), la pollinisation est encore directe pour certaines espèces hermaphrodites, qu'elle se réalise au sein de la même fleur ou entre fleurs portées par un même individu, ou, pour des espèces monoïques, entre fleurs de sexes différents de la même plante.

Pollinisation croisée ou allopollinisation (du grec allos *= autre)*

Cette fois, deux individus sont obligatoirement en cause. Si les espèces dioïques présentent, de par la distribution des deux sexes sur des plantes différentes, une pollinisation croisée, c'est aussi le cas d'un grand nombre d'espèces hermaphrodites herchogames, hétérostylées ou autostériles. C'est dire que l'allopollinisation est plus répandue que l'autopollinisation.

■ L'**herchogamie** est caractérisée par l'existence d'un obstacle mécanique s'opposant à la pollinisation directe. C'est le cas de l'un des trois stigmates, atrophié et non réceptif *(rostellum)* de la fleur de certaines Orchidacées (fig. 9-6).

■ La **dichogamie** se traduit par la séparation des sexes dans le temps, car l'androcée et le gynécée d'une fleur ne parviennent pas synchroniquement à maturité.

– La **protogynie** : les stigmates sont déjà réceptifs, alors que le pollen n'est pas mûr : Plantains (Plantaginacées), de nombreuses Aracées, etc.

– La **protandrie** est l'inverse de la protogynie, le pollen étant libéré alors que le (les) stigmate n'est pas encore réceptif (Ombellifères et Labiées).

■ L'**hétérostylie.** Un des exemples les mieux connus est celui des Primevères étudié par Darwin. Le *Primula officinalis* est représenté par deux sortes d'individus (fig 9-4)[1].

– Les uns, aux fleurs *longistylées* dont le stigmate surplombe les anthères. En outre, le pollen est de petite taille et les papilles stigmatiques bien développées.

– Les autres, aux fleurs *brévistylées.* Cette fois, les anthères dominent le stigmate et disséminent des grains de pollen de plus grande taille, tandis que les papilles stigmatiques sont courtes.

---

1. Si l'hétérostylie des *Primula* et *Forsythia* se traduit par un dimorphisme floral, on connaît aussi des cas d'hétérostylie trimorphe (*Oxalis*/Oxalidacées ; *Lythrum salicaria*/Lythracées) (fig. 3-21).

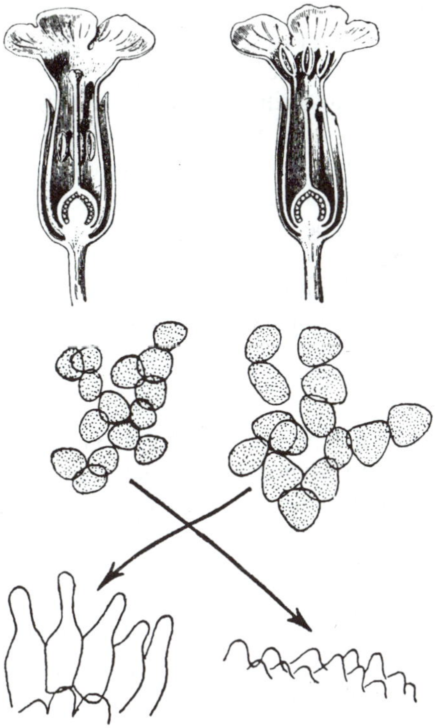

Figure 9-4. Hétérostylie des Primevères. A gauche, coupe longitudinale, pollen et papilles stigmatiques d'une fleur longistylée. A droite, idem pour une fleur brévistylée. Les flèches indiquent les deux sens dans lesquels la pollinisation est efficace (*in* MANGENOT, 1948, d'après LECOMTE, CHODAT).

Les caractères morphologiques opposés, et apparemment mal distribués, de l'androcée et du gynécée de ces deux types floraux, ne constituent pas vraiment à eux seuls un obstacle à la pollinisation directe. Par exemple, les anthères des fleurs brévistylées étant situées au-dessus du stigmate, celui-ci peut recevoir facilement du pollen tombé de ces anthères. Et pourtant, on constate que la pollinisation croisée est nécessaire à la fécondation. C'est que des caractères physiologiques rendent auto-incompatibles les deux types floraux. Chez le *Forsythia intermedia* (Oléacées), autre espèce hétérostyle, le pollen des fleurs brévistylées possède un hétéroside, la *rutine,* qui inhibe sa germination sur le stigmate des styles courts. En revanche, les stigmates des fleurs longistylées synthétisent une enzyme qui décompose la rutine et annule ses effets. Le pollen des fleurs brévistylées peut donc y germer. Inversement, le pollen des fleurs longistylées possède un autre hétéroside, le *quercitroside,* qui inhibe sa germination sur le stigmate des styles longs, tandis que le stigmate des fleurs brévistylées sécrète une enzyme inactivant le quercitroside. Le pollen des fleurs longistylées peut alors germer sur le stigmate des fleurs brévistylées.

L'hétérostylie n'est, en fait, qu'un cas particulier d'autostérilité.

■ L'**autostérilité** (ou auto-incompatibilité). Des espèces hermaphrodites ne présentant ni herchogamie, ni dichogamie, ni hétérostylie, se révèlent pourtant autostériles, l'autopollen étant incapable d'amorcer sa germination ou de la mener jusqu'à la fécondation, au sein de la même fleur, ou entre fleurs d'un même individu (ou d'un même clone). Dans ce cas, il y a incompatibilité entre éléments reproducteurs issus d'un même génotype. On parle d'auto-incompatibilité ou d'autostérilité, comme chez le Seigle, par exemple.

Si la diécie (p. 40), en séparant les sexes dans l'espace exclut toute autopollinisation, avec l'auto-incompatibilité la séparation des sexes n'est pas de même ordre. En effet, chez une espèce hermaphrodite présentant de l'autostérilité, de l'autopollen peut être déposé sur le gynécée de la fleur qui l'a produit ou sur celui des fleurs portées par l'individu disséminateur de ce pollen, mais, dans ce cas, l'incompatibilité est ici d'ordre physiologique, le pollen étant incapable d'assurer son rôle particulier de vecteur des gamètes mâles jusqu'aux oosphères.

Vecteurs du pollen

Si les Préspermaphytes et les Gymnospermes sont essentiellement pollinisés par l'intermédiaire du vent, les Angiospermes, au contraire, le sont principalement par les animaux, et tout particulièrement par les Insectes. Dans notre flore, par exemple, 80 % environ d'Angiospermes sont entomophiles, contre 20 % anémophiles.

Pollinisation des espèces zoïdophiles par les animaux

Quel que soit le pollinisateur, *« toute l'évolution de l'appareil floral zoogame des Angiospermes est dirigée par l'interaction entre, d'une part, la tendance invétérée à l'involution puis au regroupement, qui est celle des organes floraux, et, d'autre part, la sélection naturelle, qui retient les dispositifs de nature à attirer et à accueillir les animaux capables de transporter du pollen »* (Mangenot).

Si plusieurs groupes animaux sont impliqués (des Insectes butineurs, des Oiseaux arboricoles, des Mammifères, en particulier des Chauves-souris et des Marsupiaux arboricoles de petite taille), le rôle des Insectes pollinisateurs est, de loin, prépondérant.

Dans tous les cas, l'animal, attiré par une couleur vive des pièces florales ou (et) par les odeurs qu'elles émettent, prélève du pollen, base d'une alimentation complète riche en protéines, sucres divers, lipides, sels minéraux (Coléoptères), ou du nectar dont il s'abreuve et se nourrit (Lépidoptères, Hyménoptères, Diptères, Oiseaux du groupe des Nectariniens, Chauves-souris et Marsupiaux). Si le signal optique repose sur l'affichage vivement coloré réalisé par de grandes fleurs solitaires ou isolées, ainsi que par des inflorescences de petites fleurs, le signal olfactif relève de l'émission de produits volatils odorants. Des Insectes fréquentent également fleurs et inflorescences pour y brouter les poils des pièces florales, comme les Mélipones (Hyménoptères pollinisateurs du Vanillier/Orchidacées), ou pour y pondre, comme le *Blastophaga grossorum* dont les femelles déposent leurs œufs dans les fleurs femelles stériles d'un Figuier, le *Ficus carica* (Moracées), et le *Tegiticula yuccasella,* Microlépidoptère pondant un œuf dans l'ovaire du *Yucca filamentosa* (Liliacées).

Quel que soit l'objet de leur visite, les animaux sont saupoudrés de grains de pollen qui s'accrochent ou se collent à leurs poils et à leurs plumes. Cette fixation est assurée grâce aux ornementations de l'exine ou à l'enduit visqueux qui la recouvre.

■ **Pollinisation entomophile** des Orchidacées (du grec *entomon* = insecte). Dans cette famille, en principe rigoureusement entomophile, l'agglutination du pollen est souvent poussée très loin. L'anthère du gynostème de *Barlia robertiana* (fig. 9-5), par exemple, est biloculaire. A chaque loge correspond une masse de tétrades polliniques adhérant les unes aux autres et constituant une *pollinie*. Les deux pollinies, visibles après déhiscence de l'anthère, sont réunies par leur base à un rétinacle glanduleux qui assure leur fixation sur la tête de l'insecte. Celui-ci les transporte dans une autre fleur où, du fait de la conformation particulière de la corolle et du gynostème d'une part, de celle de l'insecte d'autre part, ces pollinies sont déposées sur la surface stigmatique réceptrice. Comme le fait remarquer Mangenot, *« ce transfert en masse par pollinies, est certainement très adapté à des fleurs dont l'ovaire contient de très nombreux ovules, comme le sont, précisément, celles des Asclépiadacées et, beaucoup plus encore, des Orchidacées »* (p. 38).

Figure 9-5. Détails de la fleur de *Barlia robertiana* (= *Aceras longibracteatum*) (pour la coupe générale, voir fig. 3-26).
A gauche, le gynostème : *e*, étamine réduite à l'anthère et contenant les deux pollinies ; *c*, connectif ; *r*, rostellum ; *sti*, stigmates fertiles ; *b*, bursicule contenant le rétinacle ; *e-ép*, entrée de l'éperon. A droite, les deux pollinies (*p*), leurs caudicules (*cau*), et le rétinacle (*re*) (*in* EMBERGER, 1960).

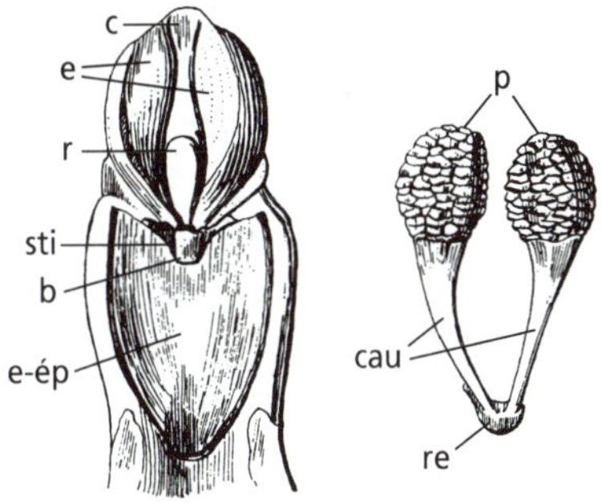

Chez les *Ophrys*, la « fleur-attrape » trompe le visiteur mâle comme l'a montré Kullenberg. En effet, le labelle pendant (pétale postérieur formant une lèvre inférieure de la corolle zygomorphe) rappelle par sa forme, sa pilosité, ses couleurs et l'odeur qu'il dégage, l'abdomen de la femelle de l'insecte. Abusé, le mâle effectue une fausse copulation au cours de laquelle les pollinies se fixent sur sa tête. Cette ressemblance est si frappante qu'elle avait été reconnue bien avant les travaux de Kullenberg comme l'attestent les noms des divers *Ophrys* : O. Abeille, O. Frelon, etc. Dans le cas présent, la spécificité de l'entomogamie est très stricte ; à chaque espèce végétale correspond une espèce animale pollinisatrice. Il résulte de cet isolement sexuel de la plante que les hybrides d'*Ophrys* sont extrêmement rares.

Le tableau 9-1 rassemble les caractères inflorescentiels, floraux et polliniques des espèces entomophiles, caractères que l'on peut étendre dans une certaine mesure à toutes les espèces zoïdophiles[1].

■ **Pollinisation ornithophile** (du grec *ornis, ornithos* = oiseau) du *Strelitzia reginae* (Strélitziacées). *« Cette fleur, par sa belle allure et la finesse de ses formes, ne pouvait être dédiée qu'à une reine »*, écrivaient à la fin du XVIIIe siècle deux botanistes anglais, Aiton et Banks, à propos d'une espèce qu'ils avaient découverte en Afrique du Sud, d'où le nom qu'ils lui donnèrent, l'épouse du roi Georges III étant une princesse de Mecklembourg-Strelitz.

1. Voir également la fig. 5-7 pour la pollinisation entomophile des Aristolochiacées et des Aracées.

Groupées en une cyme unipare scorpioïde, les fleurs (fig. 9-6) de type 3 sont constituées :

– d'un calice de 3 sépales lancéolés de teinte orange ;

– d'une corolle profondément modifiée, bleue, composée d'un pétale médian court, formant un cornet barrant les voies d'accès au nectar, et de deux pétales allongés unis en un labelle, pièce en forme de fer de lance et très décorative qui, à la base, présente deux oreillettes relevées vers le haut. En outre, face au pétale impair, le labelle porte une profonde gouttière

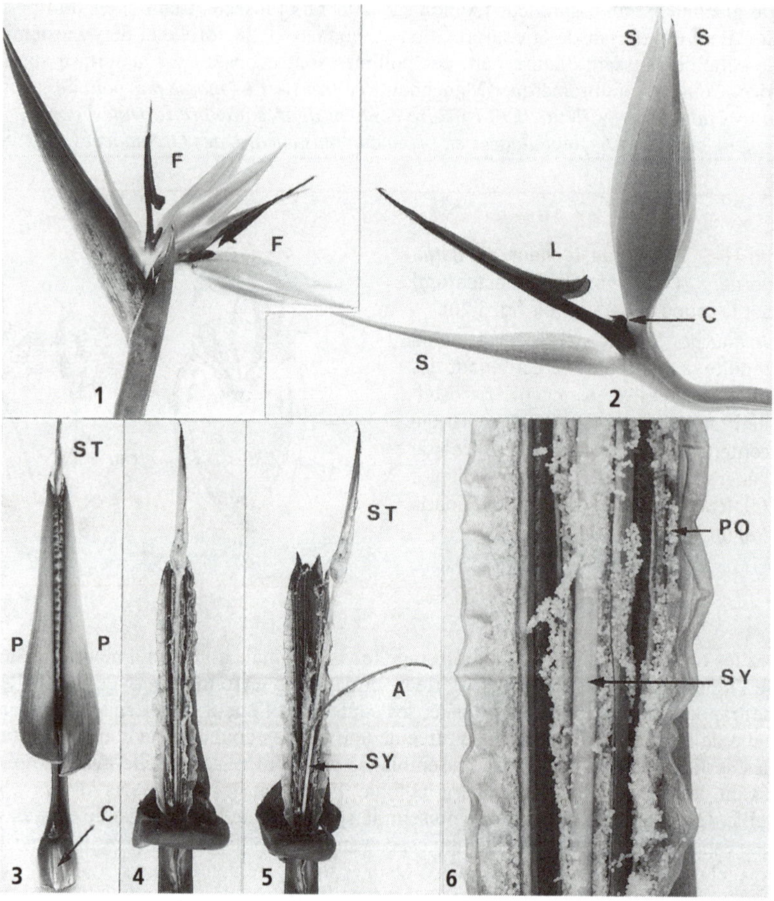

Figure 9-6. *Strelitzia reginae* (Strélitziacées).

1, la cyme unipare avec sa bractée inflorescentielle, à gauche de laquelle se dégagent deux fleurs *(F)*; **2**, une fleur avec ses trois sépales *(S)* et sa corolle constituée d'un labelle *(L)* de deux pétales et d'un cornet *(C)*; **3**, vue de face, la gouttière du labelle dans laquelle sont logés cinq étamines et le style. Seul, le stigmate *(ST)* en sort; **4**, à l'aide d'un clip, les oreillettes sont écartées l'une de l'autre. Style et anthères sont alors visibles; **5**, une des anthères *(A)* et le style *(SY)* ont été sortis de la gouttière du labelle; **6**, détail de 4 montrant le pollen *(PO)* échappé des anthères et dont les grains adhèrent les uns aux autres (clichés COUDERC).

adaxiale constituée de deux replis longitudinaux, membraneux et ondulés, dans laquelle sont logés 5 étamines (1 avortée), et un long style surmontant un ovaire infère triloculaire. Trois branches stigmatiques dépassent le sommet du labelle.

Aucun insecte ne peut déplacer le cornet de la corolle. Seul un *Nectarinia y* parvient. En vol fixe, vibrant des ailes, l'oiseau plonge son long bec au fond de la fleur, afin d'y puiser du nectar. Au cours de cette manœuvre, sa région pectorale ou ventrale entre en contact avec les oreillettes du labelle. En s'écartant, celles-ci dégagent la gouttière contenant du pollen à la suite de la déhiscence des anthères. Les grains, sphériques et volumineux (120 à 140 µm), à exine faiblement verruqueuse, sont retenus ensemble par des filaments visqueux. L'ensemble forme un amas de texture arachnéenne adhérant au plumage de l'oiseau qui le déposera sur les stigmates d'une autre fleur.

Comme celles du *Strelitzia reginae,* les fleurs ornithophiles :

– sont inodores (régression souvent complète du sens olfactif du pollinisateur) ;

– sont vivement colorées, aux couleurs spectrales pures, associant souvent des couleurs complémentaires (bleu et orange, par exemple) ; le visiteur fréquente de préférence les fleurs dont les couleurs se retrouvent sur son plumage ;

– et produisent une grande quantité de nectar.

■ **La pollinisation chéiroptérophile** du Baobab (*Adansonia digitata*/Bombacées). Les fleurs de cet « arbre-bouteille » (voir T. I, chap. 12), isolées et pendantes, produisent une grande quantité de nectar. S'ouvrant pendant la nuit, elles attirent une Chauve-souris *(Eidolon helvum)* qui s'accroche aux pétales, le temps de s'abreuver de nectar. Au matin, les fleurs sont flétries et portent les traces de ses griffes sous forme de longues traînées brunâtres à la surface des pétales. Les fleurs du Baobab ne sont d'ailleurs pas strictement chéiroptérogames, le vent pouvant intervenir dans leur pollinisation.

■ Les exemples qui viennent d'être envisagés montrent qu'il existe une adaptation réciproque très précise entre la fleur et le pollinisateur. On est en présence d'une *coévolution,* puisqu'une évolution parallèle se déroule pour l'espèce végétale et pour l'espèce animale en cause, sans information génétique réciproque bien entendu. Si les mécanismes de l'évolution du règne végétal et du règne animal sont éclaircis au moins en partie, il n'en est pas de même pour ceux de la coévolution à propos de laquelle il n'a pas été fourni d'explication vraiment valable jusqu'à maintenant, et ceci d'autant plus que l'adaptation fleur-animal est d'une extraordinaire précision et d'une extrême complexité. Les Sauges (Labiées) en apportent la démonstration, mais on pourrait multiplier les exemples. Chez ces plantes, les fleurs sont protandres. Un insecte butinant une fleur au stade mâle heurte la base des deux étamines qui basculent alors sur le visiteur. Les sacs polliniques éclatant, celui-ci est saupoudré de pollen qu'il transporte dans d'autres fleurs dont certaines sont au stade femelle. Dans ce cas, la longueur du style et sa courbure font que les stigmates essuient obligatoirement le dos de l'insecte. La pollinisation croisée est ainsi assurée (fig. 9-7).

Pollinisation des espèces anémophiles par le vent
(du grec *anemos* = vent) (tableau 9-1)

Si les fleurs s'« affichent » dans les cas de zoïdophilie, elles sont d'une grande discrétion, tant sur le plan de la taille, de la forme, de la structure que sur celui des couleurs, quand la pollinisation est assurée par le vent. De même, elles ne sécrètent pas de nectar et ne produisent pas de substances volatiles. Tout au plus,

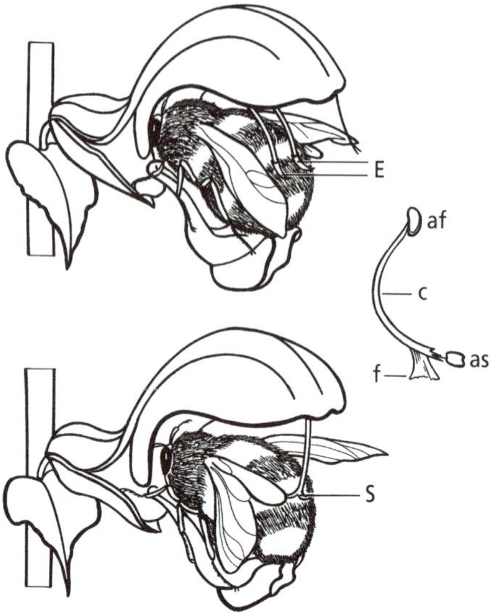

Figure 9-7. Pollinisation d'une fleur de Sauge par un Insecte.

En haut, fleur fonctionnellement mâle, en bas fleur fonctionnellement femelle (explications dans le texte). A droite, une étamine isolée (*af*, demi-anthère fertile; *as*, demi-anthère stérile; *c*, connectif; *f*, filet; *S*, stigmates) (*in* GUINOCHET, 1965).

quelques dispositifs favorisent-ils le dépôt du pollen sur les stigmates (importance de la surface réceptrice stigmatique).

Contrairement à ceux des espèces zoïdophiles, et en particulier entomophiles, les grains de pollen des espèces anémophiles sont de taille relativement faible[1], dépourvus d'ornementations et de substance visqueuse. Bien que les résultats d'ordre numérique dont nous disposons à propos de la production pollinique de plantes entières soient peu nombreux, il apparaît que les espèces anémophiles dispersent beaucoup plus de pollen que les espèces zoïdophiles[2]. En revanche, le hasard qui préside à leur pollinisation est responsable d'un énorme gaspillage. La quantité de pollen parvenant sur les stigmates étant relativement faible, on peut penser qu'un ovaire multiovulé serait un non-sens. Effectivement, des familles entières typiquement anémophiles possèdent un ovaire uniloculaire et uniovulé (Graminées, Cypéracées, Chénopodiacées, Polygonacées, Urticacées).

Ce qui précède a permis de dégager les caractères différentiels du pollen des espèces entomophiles et des espèces anémophiles. Pourtant, lorsque l'on établit une comparaison entre les caractères des grains de pollen (nombre, volume, densité, vitesse de chute), suivant qu'ils sont disséminés par les Insectes ou bien par le vent, il faut se garder de généraliser hâtivement. Par exemple, le Marron-

1. Chez les Pinacées (Conifères), les grains de pollen sont tout de même assez volumineux et pesants. En revanche, ils portent deux ballonnets provenant du décollement de l'exine qui, en augmentant le volume pollinique, diminuent la densité du grain (fig. 7-13).

2. La « pluie de soufre » du nord des Alpes provient des forêts de Conifères de l'Italie septentrionale.

Tableau 9-1. *Comparaison des caractères inflorescentiels, floraux et polliniques des espèces anémophiles et des espèces entomophiles.*

ESPÈCES ANÉMOPHILES	ESPÈCES ENTOMOPHILES
Caractères floraux et inflorescentiels	
1. Fleurs discrètes : Taille réduite	1. Fleurs voyantes : Taille variant dans des proportions considérables (les plus petites sont groupées en inflorescences compactes et voyantes) Forme : disques, urnes, clochettes, entonnoirs, tubes, etc.
Couleurs ternes Sans parfum ni odeur Pas de nectar	Couleurs vives Parfums ou odeurs violentes Nectar
2. Structure simple de la fleur (souvent ovaire uniloculaire et uniovulé), mais toujours grande surface développée par le stigmate	2. Pièces florales souvent très modifiées, mais stigmate de surface beaucoup plus réduite que pour les espèces anémophiles
3. Fleurs en général unisexuées	3. Fleurs en général hermaphrodites
Caractères polliniques	
1. Seraient grandes productrices de pollen	1. Produiraient moins de pollen que les espèces anémophiles
2. Grains de pollen de taille relativement faible	2. Grains de taille supérieure à ceux des espèces anémophiles
3. Grains lisses et dépourvus de substance visqueuse, n'adhérant pas entre eux et ne collant pas aux écrans récepteurs	3. Grains ornementés, visqueux, adhérant entre eux et se fixant sur l'agent transporteur

nier (*Aesculus hippocastanum*/Hippocastanacées), espèce entomophile, possède des grains recouverts d'une substance visqueuse, mais de volume assez réduit (5 300 μ^3), de très faible densité (0,17) et de vitesse de chute parmi les plus petites (0,25 cm/s), caractères d'espèces anémophiles[1].

■ La pollinisation par le vent étant essentiellement aléatoire et s'accompagnant d'un extraordinaire gaspillage de matière vivante, on pourrait être tenté de la considérer comme primitive. D'ailleurs, n'est-elle pas caractéristique des Gymnospermes ?

Et pourtant, si parmi les Préspermaphytes, le *Ginkyo biloba* (Ginkyoales) est typiquement anémophile, des Cycadales comme les *Encephalartos* sont pollinisées

1. Bien que très peu d'espèces aient été considérées dans le détail, on peut situer la densité moyenne des grains de pollen des espèces anémophiles entre 1,16 (*Typha latifolia*/Typhacées) et 0,35 (*Zea mays*/Graminées), écart inclus à l'intérieur de la fourchette relative aux espèces entomophiles (1,50 – *Nymphaea gigantea*/Nymphéacées, à 0,17 – *Aesculus hippocastanum*/Hippocastanacées). Il en est de même pour la vitesse de chute des grains (en cm/s), de 13,35 pour le Maïs à 0,89 pour le Genévrier commun (Cupressacées), espèces anémophiles, et de 30 pour la Courge (Cucurbitacées) à 0,25 pour le Marronnier, espèces entomophiles.

par des Coléoptères. De même, la pollinisation entomophile est bien connue chez le *Welwitschia mirabilis* (Chlamydospermes).

Quant aux Angiospermes, on connaît dans ce groupe des espèces dont les fleurs entomophiles au début de l'anthèse, deviennent ensuite anémophiles : *Calluna vulgaris* (Éricacées), des Rhinanthées (Scrophulariacées). Chez les Cyclamens (Primulacées), les fleurs, richement colorées produisant du nectar et du pollen glutineux, sont d'abord visitées par des Insectes. Quand la production de nectar cesse, les filets staminaux s'allongent, le pollen devenu sec est alors entraîné par le vent.

Si certaines lignées anémophiles d'Angiospermes ont pu, depuis le Crétacé inférieur, traverser tous les temps géologiques jusqu'à l'époque actuelle, l'anémophilie est liée, le plus souvent, à l'involution florale. Elle est alors secondaire, même chez des Monocotylédones très évoluées comme les Graminées et les Cypéracées. Une telle installation de la pollinisation anémophile s'est faite *« de préférence chez les espèces dites sociales, susceptibles de constituer de vastes peuplements, prairies ou forêts, et qui en raison de leur richesse en individus et de leur pauvreté en espèces, se prêtent remarquablement à ce mode de fertilisation »* (Jaeger).

Pollinisation des espèces hydrophiles par l'eau

Les Spermaphytes aquatiques étant, en fait, des espèces aériennes retournées secondairement à l'eau (voir T. I, chap. 12), leur adaptation est donc relativement récente. Au moment de la reproduction sexuée, la très grande majorité des espèces reviennent à leur milieu ancestral et leurs fleurs s'ouvrent dans l'air. C'est ainsi que les Potamots (Potamogétonacées) et les Myriophylles (Halorrhagidacées) sont anémophiles, les Nénuphars (Nymphéacées) et les Renoncules aquatiques (Renonculacées) entomophiles. En revanche, les genres dont le pollen est véhiculé par l'eau sont relativement rares, bien que très répandus, leurs aires de distribution étant vastes. Certains peuplent les eaux marines (*Zostera*/Zostéracées, *Posidonia*/Posidoniacées, *Cymodocea*/Zannichelliacées), d'autres les eaux douces (*Ceratophyllum*/Cératophyllacées).

Les fleurs des espèces totalement inféodées au milieu aquatique rappellent celles des espèces aériennes anémophiles :

– discrètes, de taille réduite, au périanthe verdâtre ou absent ;

– elles ne produisent ni nectar, ni parfum ;

– la séparation des sexes est de règle : *Cymodocea nodosa* est dioïque, les Cératophylles et les Zostères monoïques.

Si la pollinisation se fait dans la masse d'eau (pollinisation hyphydrogame), le pollen est charrié passivement dans les trois directions de l'espace. Il en résulte des pertes énormes[1], malgré que la grande surface réceptrice des stigmates soit :

– ornementée et capte, soit des grains de pollen sphériques recouverts de mucus (*Thalassia*/Hydrocharitacées), soit des tubes mucilagineux contenant chacun une tétrade de grains ellipsoïdaux (*Halophila*/Hydrocharitacées) ;

---

1. On constate que chez les fleurs à pollinisation hyphydrogame, l'ovaire est uniloculaire et uniovulé, comme pour les espèces anémophiles, tandis que celui des fleurs à pollinisation éphydrogame est pluriovulé.

– ou lisse et fixe alors de longs grains filiformes (jusqu'à 5 mm de longueur pour 10 à 30 μm de diamètre (Zostères).

Comme celles des Angiospermes terrestres, les sécrétions superficielles des stigmates des Angiospermes marines contiennent de l'estérase, mais, si dans le premier cas, elles sont solubles dans l'eau, elles résistent à l'eau dans le second.

Quand le pollen se déplace à la surface de l'eau (pollinisation *éphydrogame*), les pertes sont moins importantes. Chez les *Ruppia* (Ruppiacées), par exemple, plantes protandres, l'allongement du pédoncule inflorescentiel porte les fleurs à la surface de l'eau et les stigmates fixent une partie du pollen flottant[1].

Figure 9-8. Coupe longitudinale d'un prothalle femelle flottant d'*Azolla filiculoides* (Hydroptéridales). *M,* mégaspore; *n,* appareil natatoire; *pr,* prothalle; *ar,* archégone; *i,* indusie. Comparer avec la figure 7-2 (*in* EMBERGER, 1960, d'après CAMPBELL).

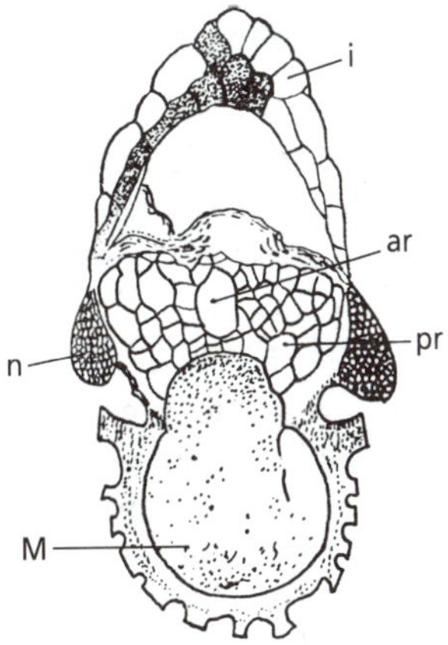

Germination des spores et du pollen

Bien que les spores des Bryophytes et des Ptéridophytes d'une part, les grains de pollen des Préspermaphytes et des Spermaphytes d'autre part, n'aient pas la même valeur (spores ou gamétophytes), et bien que leur germination se fasse dans des conditions et sur des supports différents, cette germination débute de la même manière, mais les produits en sont différents.

Supports de la germination des spores et du pollen

La germination des spores de Bryophytes se déroule sur la terre, les rochers, les écorces ou dans l'eau. Elle se fait donc toujours dans le milieu extérieur et non sur le sporophyte. Il en est de même pour les Psilophytinées, les Articulées,

1. La flottaison des spores et des prothalles est connue également chez des Ptéridophytes. *Azolla filiculoides* (Hydroptéridales/Azollacées) dissémine des mégaspores pourvues de corps spongieux constituant un appareil natatoire grâce auquel elles restent à la surface de l'eau. Les microspores sont rassemblées en groupes de 4-8, les massules, portant des appendices de nature périsporale (glochidies), en forme d'ancres et assurant leur fixation sur la mégaspore (fig. 9-8 à comparer avec fig. 7-2).

les Filicinées et les Lycopodiacées. En revanche, chez les Sélaginellales, les Isoétales et les Hydroptéridales, les microspores et les mégaspores donnent des prothalles mâles et femelles inclus dans les spores, bien que la paroi de celles-ci éclate (angioprothallie, p. 93). D'autre part, les mégaspores de certaines Sélaginelles n'étant pas disséminées, le développement du prothalle femelle s'accomplit alors totalement à l'intérieur des mégasporanges (endoprothallie).

Chez les Spermaphytes, l'évolution des microspores en grains de pollen se fait dans les sacs polliniques et la germination du pollen sur les stigmates floraux (Angiospermes) ou directement sur le nucelle de l'ovule (Gymnospermes). Au contraire, la germination de la mégaspore en endosperme ou en sac embryonnaire relève d'une angioprothallie et d'une endoprothallie typiques (p. 123).

Aspects morphologiques généraux

Après leur dissémination, dont le vent est l'agent principal, et si elles trouvent un milieu favorable, en particulier l'humidité, les spores des Bryophytes et des Ptéridophytes isosporés s'imbibent d'eau, augmentent de volume, puis éclatent. La germination est commencée. Au niveau d'une rupture de l'exine, l'intine forme une hernie à l'extérieur, amorce du protonéma des Bryophytes et du prothalle des Ptéridophytes (voir T. I, chap. 7).

Parvenus sur le stigmate, les grains de pollen, eux aussi, absorbent de l'eau fournie par les papilles stigmatiques, gonflent mais n'éclatent pas comme les spores. C'est au niveau des apertures que l'intine fait saillie à l'extérieur. Si le grain comporte plusieurs apertures, rapidement une des émergences de l'intine prend le pas sur les autres et constitue le tube pollinique.

Pour les spores, comme pour les grains de pollen, l'exine ne prend donc pas une part directe à la germination. C'est toujours l'intine qui est impliquée.

Germination du pollen [1]

■ **Préspermaphytes.** Les grains de pollen du *Gynkyo biloba* transportés par le vent et ceux des Cycadales sont retenus par une goutte du liquide mucilagineux sécrété par le nucelle et qui sort par le micropyle, l'extrémité de celui-ci fonctionnant comme un stigmate. La résorption de cette goutte a pour conséquence le retrait du liquide. Les grains sont alors entraînés dans la chambre pollinique qui se ferme une fois la pollinisation terminée, tandis que le micropyle s'oblitère. La germination débute; le tube pollinique ramifié *(Ginkyo)* ou non (Cycadales) se fixe dans le toit nucellaire de la chambre (fig. 9-9). C'est à ce moment que la cellule gamétogène se divise en une cellule-socle et une cellule-mère des gamètes, tandis que l'endosperme poursuit son développement.

---

1. Le plan archaïque signalé à propos des spores de Ptéridophytes (p. 86) est conservé pour le pollen de beaucoup de Dicotylédones avec plus ou moins de détails secondaires. Dans les autres groupes (des Ptéridophytes, Gymnospermes, Chlamydospermes, beaucoup de Monocotylédones, certaines Dicotylédones acycliques) la déhiscence primitivement dorsale a été transférée au sillon harmomégathique. Elle est donc devenue ventrale.

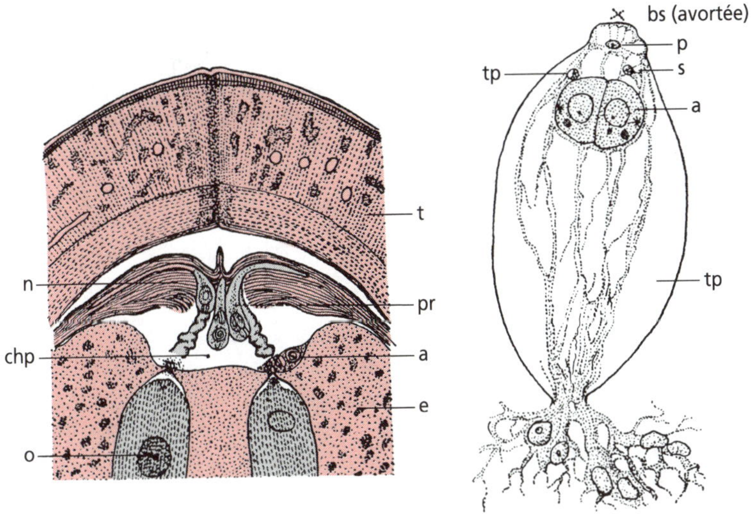

Figure 9-9. Germination du pollen des Préspermaphytes.

A gauche, partie supérieure d'un ovule de *Dioon edule* (*t*, tégument ovulaire; *pr*, cinq prothalles mâles germés et fixés dans le toit nucellaire de la chambre pollinique [*chp*]). Deux d'entre eux ont libéré leurs anthérozoïdes (a); *n*, nucelle; *o*, noyau de l'oosphère; *e*, endosperme (d'après CHAMBERLAIN).

A droite, grain de pollen germé de *Ginkyo biloba* (*bs*, cellule basale disparue; *p*, noyau du pied; *s*, noyau du socle; *a*, anthérozoïdes; *tp*, tube pollinique, son noyau et ses crampons) (*in* EMBERGER, 1960, d'après HIRASE).

■ **Gymnospermes.** Chez les Pins (Pinacées), le pollen est encore capté par une goutte micropylaire et conduit au contact du nucelle, sans qu'il existe ici de chambre pollinique. La germination débute immédiatement, le tube pollinique commençant à pénétrer dans le nucelle. Deux mois après environ, la cellule-socle et la cellule-mère des gamètes sont mises en place. Suspendue pendant l'hiver, la croissance du tube pollinique reprend au printemps suivant pour atteindre un col archégonial. Il contient alors, outre la cellule-socle et le noyau végétatif, les deux gamètes (fig. 9-10).

Il arrive que, grâce à des papilles, le tégument ovulaire ou le nucelle fixent le pollen, comme le fait le stigmate des Angiospermes (fig. 9-11).

Le pollen gymnospermien étant généralement inaperturé, les grains éclatent au début de la germination. Comme celui des Préspermaphytes, le tube pollinique des Gymnospermes est à croissance beaucoup plus lente (en moyenne 15 µm/jour) que celui du pollen angiospermien, mais la distance à parcourir est également beaucoup plus courte du fait que les ovules sont nus. En outre, sa croissance est diffuse et il se ramifie sur toute sa longueur.

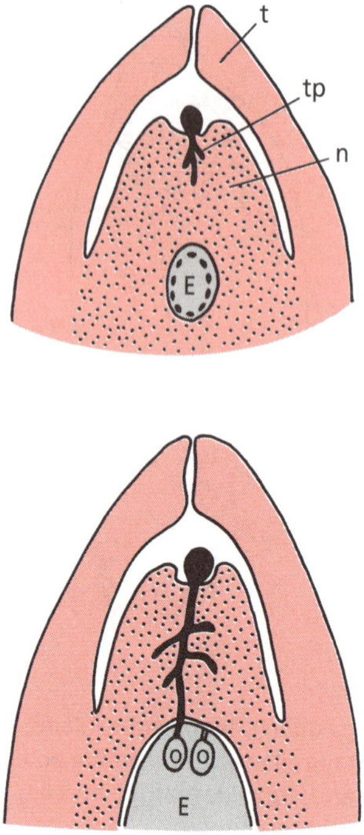

◀ **Figure 9-10.** Germination du pollen des Pins.

En haut, la première année ; en bas, la seconde année (*t,* tégument ovulaire ; *tp,* tube pollinique ; *n,* nucelle ; *E,* endosperme ; *o,* oosphère).

Figure 9,11. Micropyle papilleux de *Tetraclinis articulata* (Cupressacées) à gauche et nucelle d'*Araucaria* (Araucariacées) ayant une fonction stigmatique dans la zone micropylaire (à droite) (*in* EMBERGER, 1960, d'après JUILLET et HAGERUP). ▶

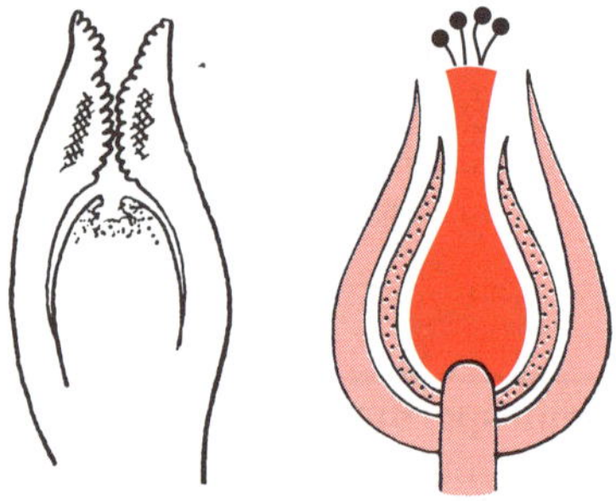

■ **Angiospermes.** Le tube pollinique pénètre dans le stigmate en empruntant généralement les espaces intercellulaires des cellules stigmatiques, espaces remplis d'air (stigmates secs du Cotonnier/Malvacées) ou de sécrétions liquides (huileuses chez la Tomate/Solanacées). La progression du tube se poursuit par le canal stylaire contenant souvent un exudat ou occupé par des filaments émis par le tégument profond de l'ovule (fig. 9-12). Si le style est plein, le tube élargit les espaces intercellulaires ou s'allonge dans un tissu de conduction constitué de petites cellules, sans méats, aux parois peu rigides et souvent gélifiées (fig. 9-12). Un tel tissu peu résistant, riche en mucilage, guide le tube pollinique et assure sa nutrition (sucres). Parvenu dans la cavité ovarienne, celui-ci continue son trajet jusqu'à l'ovule en suivant, le plus souvent, des bandes de cellules papilleuses prolongeant le canal stylaire ou le tissu de conduction.

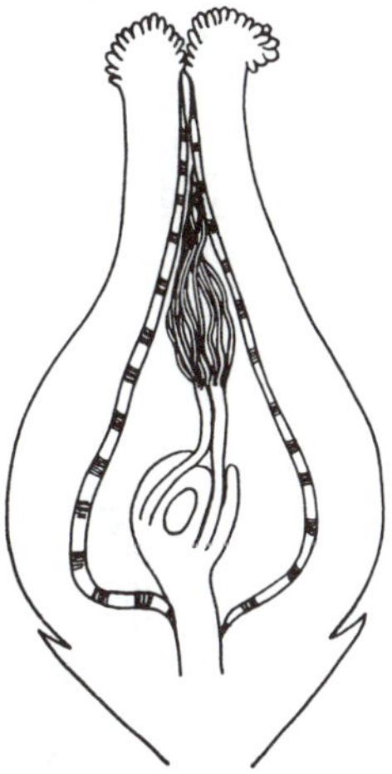

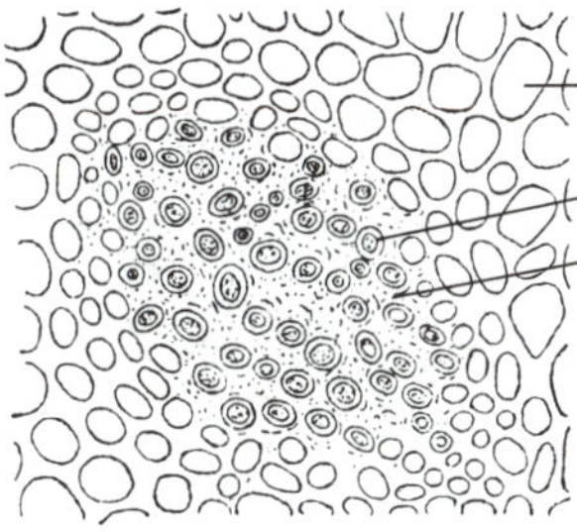

Figure 9-12. Trajet du tube pollinique dans le style des Angiospermes.

En haut, des filaments émis par le tégument ovulaire interne obstruent le canal d'un style et servent ainsi de « guide » aux tubes polliniques (*Leucosyke*/Urticacées).

En bas, « tissu conducteur » d'un style plein, en coupe transversale (*a*, parenchyme banal; *b*, cellules dissociées de la région « conductrice »; *c*, mucilage intercellulaire) (*in* McLean et coll., 1956, d'après Fagerlind; Mangenot, 1948, d'après Belzung).

En fait, plusieurs grains germant au même moment sur chaque stigmate, c'est un paquet de tubes polliniques qui se fraie un passage au travers du pistil. La distance à parcourir est évidemment très différente d'une espèce à l'autre, mais la vitesse de croissance de ces tubes est toujours assez importante. En moyenne de 2,5 à 7,5 mm/heure, elle varie avec la température. Chez le *Datura stramonium* (Solanacées), par exemple, de 1,3 mm/heure à 11 °C, elle passe à 5,9 mm/heure à 33 °C. Comme pour les Pins, il arrive que l'allongement du tube pollinique soit suspendu tant que le développement du gamétophyte femelle n'est pas terminé. C'est pourquoi il s'écoule quelquefois un temps assez long entre la pollinisation et la fécondation, de 12 à 14 mois chez certains Chênes (Fagacées).

Le tube pollinique comprend trois zones (fig. 9-13) :

– une, apicale, dont le cytoplasme est dense en organites cellulaires : deux noyaux gamétiques[1] et un noyau végétatif plurilobé, réticulum endoplasmique,

1. Ces deux noyaux existent déjà dans les grains de pollen trinucléés (p. 100). Dans le cas des grains binucléés, les deux gamètes mâles sont issus d'une mitose de la cellule spermatogène survenant au cours de la germination du pollen.

mitochondries, dictyosomes. C'est la portion vraiment active au niveau de laquelle se fait la synthèse de cellulose, de callose et de composés pectiques nécessaires à l'élaboration de la paroi du tube (croissance polarisée). Cette région apicale s'isole souvent du reste du tube par des bouchons successifs de callose, ce qui permet le maintien, à son niveau, d'une turgescence élevée nécessaire pour la traversée des tissus du pistil;

– une, moyenne, très vacuolisée;

– une, basale, au contact du grain, dont le cytoplasme est dégénérescent.

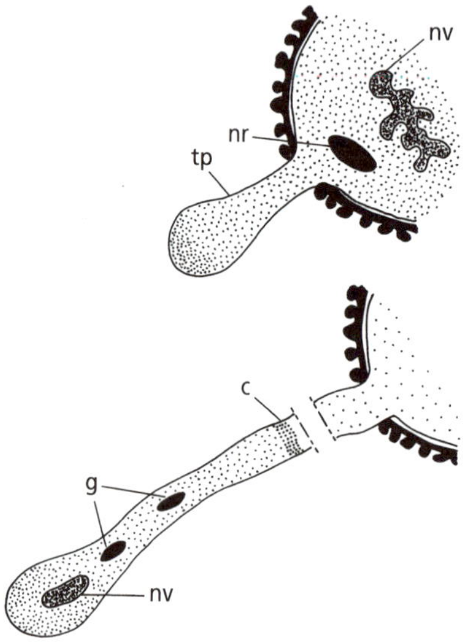

Figure 9,13. Deux stades de la germination d'un pollen binucléé.
tp, tube pollinique; *nr,* noyau reproducteur; *nv,* noyau végétatif; *c,* bouchon de callose; *g,* noyaux gamétiques.

La croissance du tube pollinique est orientée. Il s'agit ici d'un *chimiotropisme positif* comme le montre une expérience simple. On dépose, au centre d'une boîte de Pétri contenant un milieu de culture solidifié par de la gélose, un fragment de stigmate ou d'ovule et du pollen de la même espèce est saupoudré autour. Au cours de la germination des grains, les tubes polliniques s'allongent en direction des tissus du gynécée. Il est donc permis de supposer qu'une (ou plusieurs) substance excitatrice, émise par l'organe femelle et diffusant dans le milieu, a orienté la croissance de ces tubes.

De tous les travaux effectués jusqu'à présent pour tenter d'identifier la nature de l'excitant en cause, il ressort qu'il n'existe pas un facteur chimiotropique unique pour toutes les Angiospermes, mais plusieurs, différant selon les espèces considérées (Ca^{++}, acides aminés, etc.).

4. GAMÈTES

Les gamètes mâles sont plus diversifiés que les gamètes femelles. En effet, si ces derniers sont toujours des oosphères, cellules sexuelles relativement volumineuses et immobiles, les gamètes mâles sont nageurs (zoogamètes) dans les groupes inférieurs, mais, dépourvus d'appareil locomoteur chez les Spermaphytes, ils sont alors incapables par eux-mêmes d'atteindre les oosphères. Tous sont toujours à *n* chromosomes.

Gamètes mâles

Gamètes nageurs ou anthérozoïdes[1]

■ **Bryophytes.** Le noyau de chaque cellule anthéridiale spermatogène des Bryales s'étire et devient hélicoïdal, renflé à une extrémité, au niveau de laquelle se situe un plaste postérieur générateur d'amidon, effilé à l'autre, porteuse d'un petit plaste et de deux blépharoplastes à l'origine des flagelles. Lisses car dépourvus de mastigonèmes[2], ces flagelles sont de véritables fouets. Le cytoplasme se réduit à une très mince pellicule entourant le noyau (fig. 9-14).

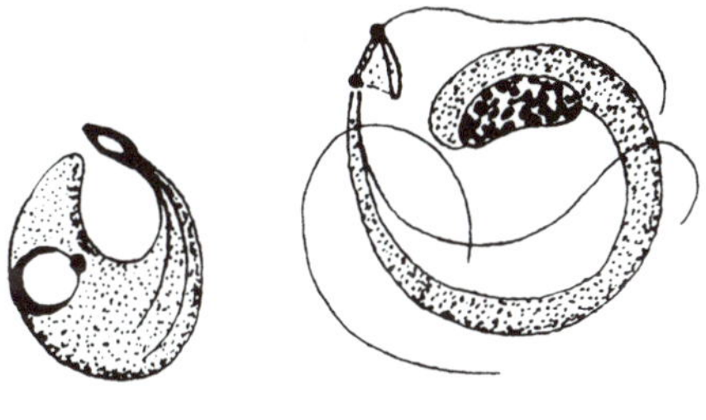

Figure 9-14. Cellule spermatogène (à gauche) se transformant en anthérozoïde (à droite) (*Atrichum undulatum*/Bryales) (*in* CHADEFAUD, 1960, d'après EYMÉ).

La paroi des cellules spermatogènes se gélifie ; l'anthéridie se gonfle d'eau (la seule rosée peut suffire), éclate à son sommet et expulse son contenu mucilagineux entraînant les gamètes.

■ **Ptéridophytes.** Les cellules-mères des anthérozoïdes subissent des transformations comparables à celles décrites ci-dessus. Les gamètes mâles, encore constitués d'un gros noyau étiré en spirale, sont cette fois multiciliés. Un globule cytoplasmique adhère au noyau (fig. 9-15).

L'anthéridie mûre, mouillée par l'eau, s'ouvre grâce à un couvercle constitué par une des cellules de la paroi du gamétange (fig. 7-7).

1. Du grec *anthêros* et *zoon* = animal. On parle aussi de spermatozoïdes (du grec *sperma* = semence).
2. Voir GORENFLOT et GUERN, *Organisation et biologie des Thallophytes*, Doin.

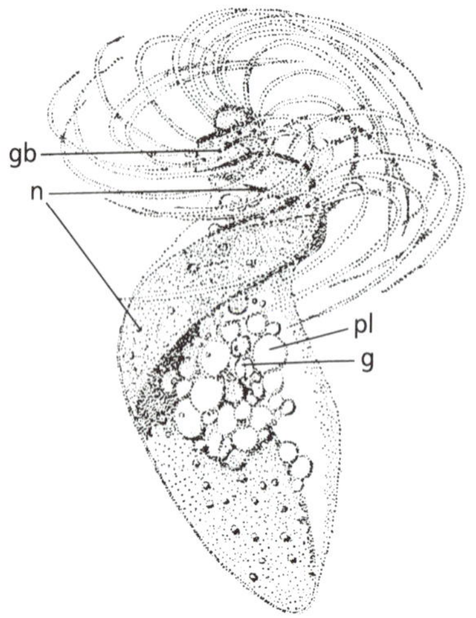

Figure 9-15. Anthérozoïde d'*Equisetum* (Articulées).
n, noyau; *gb*, grains basaux; *pl*, plastes de la vésicule; *g*, globules graisseux (*in* EMBERGER, 1960, d'après DRACINSCHI).

■ **Préspermaphytes.** Dans ce groupe, nous sommes en présence d'un cas intermédiaire entre celui des Bryophytes et des Ptéridophytes d'une part, et celui des Spermaphytes d'autre part. En effet, quand les archégones sont différenciés, la cellule spermatogène se divisant, le tube pollinique contient alors deux gamètes mâles pourvus d'un gros noyau et de cils vibratiles portés par un blépharoplaste spiralé (fig. 9-16). De grande taille, ils atteignent même 300 µm pour le *Dioon edule* (Cycadales).

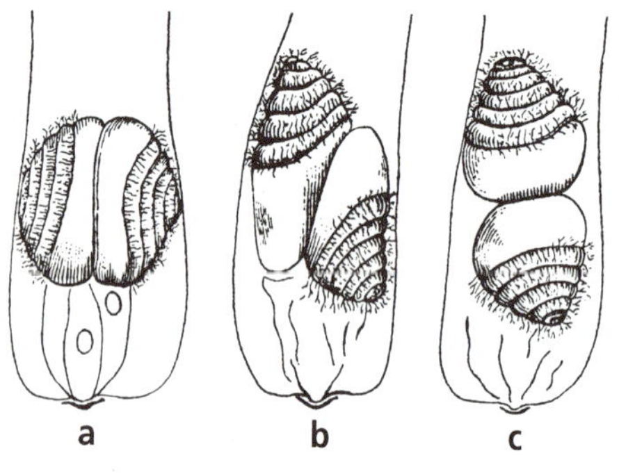

Figure 9-16. Les deux anthérozoïdes de *Zamia floridana* (Cycadales).
D'abord côte à côte (**a**), les anthérozoïdes se déplacent ultérieurement (**b** et **c**). Un reste de la paroi de la microspore est visible à l'extrémité distale du tube pollinique (*in* EMBERGER, 1960, d'après WEBBER).

Gamètes dépourvus d'appareil cinétique

Réduits à leur noyau[1], les gamètes mâles des Gymnospermes, des Chlamydospermes et des Angiospermes restent enfermés dans le tube pollinique jusqu'à la

1. Plus ou moins vermiforme chez les Angiospermes (en particulier Liliacées et Composées); gamètes à l'état de cellules dans la famille des Apocynacées.

fécondation. Ils sont donc maintenant indépendants du milieu extérieur. Rappelons que ce caractère évolué est également connu parmi les Champignons. En effet, les gamétocytes mâles des Phycomycètes ne libèrent jamais de gamètes, mais émettent des siphons copulateurs conduisant les noyaux reproducteurs, à travers la paroi des gamétocystes femelles, jusqu'aux oosphères.

En outre, l'existence de tubes polliniques (ou de siphons copulateurs) représente un progrès certain quant à l'efficacité des gamètes, ceux-ci ne risquant plus d'être perdus. Au contraire, la libération dans le milieu extérieur de gamètes nageurs a pour conséquence un énorme gaspillage de matière vivante, car bien peu d'entre eux, malgré leur chimiotactisme, parviennent aux archégones et assurent la fécondation.

En résumé, il existe, chez les Bryophytes et les Ptéridophytes, une double perte de matériel reproducteur, car bien peu de méiospores germent, tandis que de très rares gamètes mâles assurent la fécondation. Avec les Préspermaphytes et les Spermaphytes, au contraire, la perte est simple, le gaspillage ne concernant que les grains de pollen dont la très grande majorité n'atteint jamais les organes femelles, tout particulièrement chez les espèces anémophiles ou hyphydrogames (p. 154).

Gamètes femelles

■ Toujours à l'état cellulaire, les oosphères (du grec *ôon* = œuf et *sphaira* = boule) restent dans le ventre de l'archégone (Bryophytes, Ptéridophytes, Préspermaphytes, Gymnospermes et Chlamydospermes) ou dans le sac embryonnaire (Angiospermes).

Par rapport aux gamètes mâles correspondants, les oosphères sont toujours plus riches en réserves (d'où leur taille plus importante), et leur noyau plus gros. Ces différences sont particulièrement bien marquées chez les Préspermaphytes. Si le gamète mâle du *Dioon edule,* par exemple, est pourtant déjà très important (300 µm), le seul noyau de l'oosphère atteint 500 µm[1]. Le réticulum endoplasmique des oosphères de Préspermaphytes et des Pins est très développé et isole dans le cytoplasme des îlots cytoplasmiques constituant de nombreuses inclusions bien visibles en microscopie photonique.

■ **Complexe gamétique** *du sac embryonnaire des Angiospermes.* On ne peut dissocier l'oosphère des synergides qui lui sont accolées, et qui jouent d'ailleurs un rôle dans la fécondation (voir p. 169). Les synergides sont caractérisées par une nette polarité, leur noyau étant généralement placé au pôle micropylaire ou au centre de ces cellules, tandis que la vacuole en occupe la partie basale. La densité de leur cytoplasme en organites variés (réticulum endoplasmique, dictyosomes, mitochondries, etc.), les nombreuses invaginations de leur plasmalemme font penser que ces cellules constitueraient une voie de transit de matériel du nucelle vers le sac embryonnaire.

1. D'une manière générale, il n'existe pas de rapport direct entre le nombre de chromosomes d'un noyau et la taille de celui-ci. Ceci est particulièrement net pour les Préspermaphytes et les Gymnospermes. Les noyaux des cellules tégumentaires et des cellules nucellaires, tous à 2 n chromosomes, sont relativement petits et d'une taille voisine de celle des noyaux à n de l'endosperme, alors que le noyau à n chromosomes de l'oosphère est géant.

Leur paroi présente une double originalité. L'*appareil filiforme,* parfois très digité et situé en face du micropyle, est constitué de protubérances pariétales essentiellement polysaccharidiques (hémicelluloses et pectines) (fig. 9-21). En outre, il arrive que la paroi des synergides soit incomplète dans le tiers inférieur de ces cellules (Cotonnier/Malvacées).

Les synergides auraient très probablement un rôle sécréteur. Par chimiotropisme positif, le tube pollinique serait ainsi guidé, dans la toute dernière partie de son trajet, vers le sac embryonnaire.

La polarité de l'oosphère est inverse de celle des synergides (noyau en position basale et vacuole vers le micropyle). Sa paroi mince étant fréquemment incomplète, son plasmalemme entre alors en contact avec celui des synergides.

5. FÉCONDATION

La fécondation, au cours de laquelle un gamète mâle et un gamète femelle s'unissent pour former un œuf ou *zygote* (du grec *zugos* = couple), est une *autofécondation* si les gamètes des deux sexes proviennent du même individu (autogamie), ou une *fécondation croisée* si deux parents sont en jeu, l'un fournissant les gamètes mâles, l'autre les gamètes femelles (allogamie, du grec *allos* = autre).

Autogamie et allogamie

Ces deux systèmes reproducteurs ont été beaucoup plus étudiés chez les Spermaphytes que chez les Archégoniates typiques (Bryophytes et Ptéridophytes) et, dans le premier cas, mis en liaison avec les deux grands modes de pollinisation.

Il semble évident que l'autofécondation soit liée à la pollinisation directe (autopollinisation) et la fécondation croisée à la pollinisation croisée (allopollinisation). Doit-on en conclure pour autant qu'une espèce visitée par des Insectes assurant la dispersion de leur pollen soit obligatoirement allogame ? L'exemple de l'*Anthyllis vulneraria* (Papilionacées) apporte une réponse significative à cette question. En effet, si les inflorescences de cette espèce attirent de nombreux Hyménoptères butineurs comme divers Bourdons, Couderc a montré que l'autofécondation se déroule normalement avant que l'ouverture des fleurs ne permette à ces Insectes de se charger de pollen (fig. 9-17). Dans de très rares cas, si l'autopollinisation n'a pas lieu au sein de la fleur non épanouie, la longue durée de l'état réceptif du stigmate permet à un allopollen d'y germer et d'assurer alors une fécondation croisée. Mais alors, les descendants sont stériles mâles si l'allopollen n'appartient pas à la même population que les fleurs pollinisées par le butineur (anthères vides ou pollen non viable). L'*Anthyllis vulneraria* est donc normalement autogame, bien que les Bourdons viennent prélever du nectar au fond de ses calices.

Si l'on connaît des autogames strictes, comme les espèces cléistogames (p. 146), et des allogames strictes, la reproduction sexuée de certaines espèces relève, à la fois, des deux systèmes reproducteurs. En fait, les allogames strictes ou préférentielles sont plus répandues que les autogames. Dès 1862, Darwin faisait remarquer que *« la nature démontre, de manière la plus présente, qu'elle a horreur de l'autofécondation »*. Les brassages géniques s'effectuant au cours de

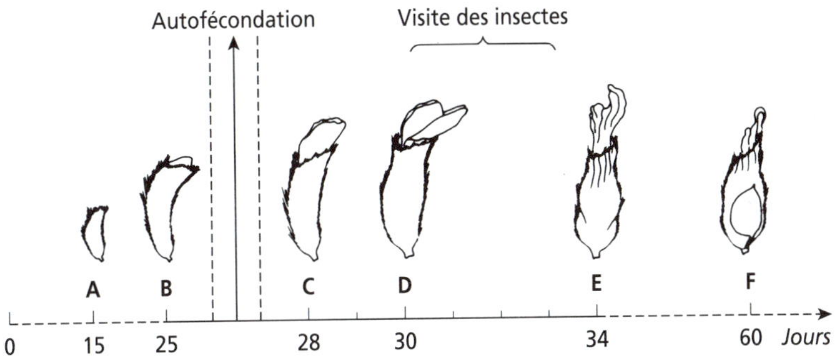

Figure 9-17. Chronologie du développement de la fleur de l'*Anthyllis vulneraria* (Papilionacées), de sa fécondation et de sa fructification.
A, **B**, **C**, bouton floral; **D**, fleur épanouie; **E**, fanaison; **F**, fruit mûr (*in* COUDERC, 1971).

la méiose et de la gamie, il est évident que, l'autofécondation maintenant une consanguinité, les possibilités de recombinaison sont très réduites, les génotypes des deux gamètes étant très voisins, sinon identiques. La fécondation croisée, au contraire, est responsable d'une grande diversité dans les descendances. D'une manière générale, elle permet de nombreuses recombinaisons; parmi les génotypes nouveaux apparus, la sélection naturelle mettra en valeur les mieux adaptés à tel ou tel milieu particulier et éliminera les autres. Il faut regretter, à ce sujet, que l'on ne dispose encore que d'assez peu de résultats précis sur les systèmes reproducteurs de beaucoup d'Angiospermes sauvages, en particulier à propos de l'importance relative de l'autogamie et de l'allogamie, ce qui limite la compréhension de la variation au sein de chaque espèce[1].

Fécondation simple

L'union des gamètes se fait dans le milieu aquatique pour les groupes les moins évolués, mais dans le milieu aérien pour les Gymnospermes, et les Chlamydospermes.

Fécondation aquatique

Bien que les Bryophytes et les Ptéridophytes ne comportent que peu d'espèces franchement aquatiques et que les Préspermaphytes soient toujours aériens, la fécondation de toutes ces plantes est obligatoirement aquatique.

■ **Bryophytes et Ptéridophytes.** Un mince film d'eau suffit aux spermatozoïdes pour nager des anthéridies vers les archégones dans le col desquels l'un d'entre eux s'engage. La distance parcourue peut être relativement importante chez les

1. Beaucoup d'espèces cultivées sont autogames (Blé, Orge, Avoine, Haricot, Pois, Lin, etc.).

espèces dioïques de Bryophytes, les pieds mâles et les pieds femelles n'étant pas obligatoirement disposés côte à côte. Il en est de même des prothalles unisexués des Ptéridophytes hétérosporés. L'eau joue donc un rôle capital dans la reproduction sexuée de ces végétaux, puisqu'elle intervient dans l'ouverture des anthéridies et du col des archégones, mais aussi comme milieu nécessaire aux déplacements des spermatozoïdes.

Leur chimiotactisme positif pour les substances qui diffusent du mucilage des cols archégoniaux ouverts (principalement saccharose pour les Mousses et acide malique pour les Fougères) oriente le sens de la nage de ces gamètes. Dans une goutte d'eau où l'on écrase des anthéridies de Fougères, les spermatozoïdes se répartissent au hasard. Mais, si l'on y plonge l'extrémité d'un tube fin contenant de l'acide malique à 1 %, celui-ci diffuse dans l'eau et l'on ne tarde pas à constater que des gamètes remontent dans le tube. En revanche, de plus fortes concentrations en acide déclenchent un chimiotactisme négatif et les spermatozoïdes s'éloignent de la base du tube[1].

Arrivé au contact de l'oosphère, un spermatozoïde pénètre dans le gamète femelle dépourvu de paroi squelettique et leurs noyaux s'unissent (fig. 9-18). Devenue un œuf, l'oosphère fécondée s'entoure d'une paroi cellulosique et, sans phase de repos, le zygote se développe immédiatement en donnant un embryon.

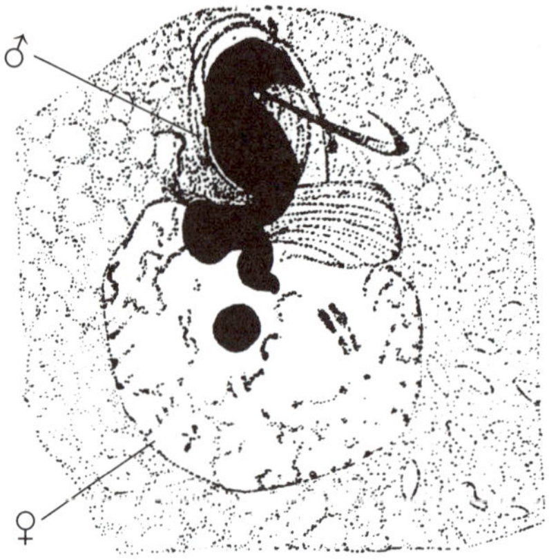

Figure 9-18. Fécondation simple chez une Fougère.

Au sein du cytoplasme de l'oosphère, union d'un noyau gamétique mâle et du noyau de l'oosphère (*in* J. VAZART, 1956).

Les caractères morphologiques, le nombre et le comportement des gamètes lors de la fécondation montrent que l'on est en présence d'une *oogamie* typique, telle qu'on la rencontre parmi les Thallophytes, en particulier chez de nombreuses Algues (voir Gorenflot et Guern, *Organisation et biologie des Thallophytes,* Doin).

1. Le chimiotactisme des zoogamètes (comme celui d'Algues unicellulaires ou de zoospores de Thallophytes) est un mouvement déterminé par la différence de concentration d'une ou de plusieurs substances chimiques dans un milieu liquide non homogène. Les tropismes, au contraire, sont des mouvements accompagnant la croissance de divers organes, comme le tube pollinique par exemple.

■ **Préspermaphytes.** Bien que le tube pollinique fasse son apparition avec ce groupe, il est encore de petite taille et n'atteint pas l'archégone. Libérés par éclatement de ce tube à l'intérieur de la chambre pollinique (p. 156), les gamètes mâles *nagent*[1] dans le liquide émis par le nucelle *(Ginkyo)*, ou dans une gouttelette provenant du tube pollinique ouvert (Cycadales), et parviennent ainsi aux cols archégoniaux et aux oosphères. Les Préspermaphytes sont des *Natrices*. L'œuf, une fois formé, son noyau se divise immédiatement.

Une originalité importante des Préspermaphytes réside dans le fait que, si les ovules tombent avant la fécondation, celle-ci peut tout de même avoir lieu. D'ailleurs, quand elle intervient sur la plante-mère, il n'existe déjà plus de relations effectives entre celle-ci et les ovules qu'elle porte.

Fécondation aérienne

Plus long que celui des Préspermaphytes, le tube pollinique des Gymnospermes et des Chlamydospermes, après avoir traversé le nucelle, conduit les noyaux mâles jusqu'au col d'un archégone dans lequel il s'engage. Par opposition aux Natrices, on parle ici de *Vectrices*, le tube pollinique étant l'*agent vecteur* des gamètes. Il y a *siphonogamie* et non plus oogamie.

Parvenu à l'oosphère, le tube pollinique des Pins déverse son contenu à la périphérie du cytoplasme du gamète femelle sans y pénétrer. Un des deux noyaux spermatiques s'enfonce alors jusqu'au noyau femelle avec lequel il s'unit. Le noyau du zygote se divise encore sans phase de repos. Le second noyau mâle, le noyau végétatif et la cellule-socle dégénèrent rapidement, ne prenant aucune part à la fécondation (fig. 9-19). La fécondation est dite *simple*.

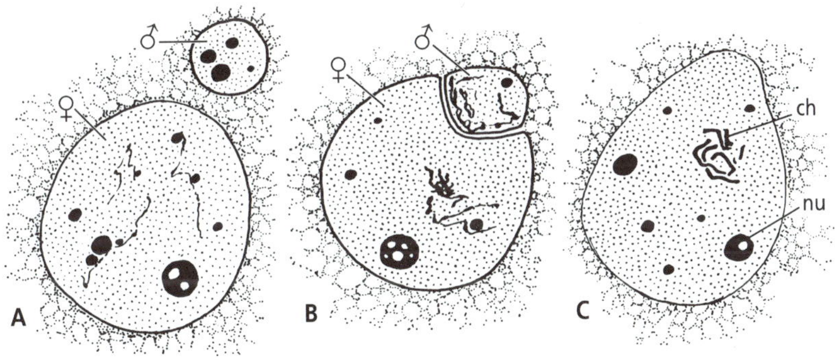

Figure 9-19. Fécondation simple chez les Pins (Gymnospermes).
En **A**, le noyau de l'oosphère et un noyau spermatique, dans le cytoplasme de l'oosphère. En **B**, les deux noyaux gamétiques sont en prophase. En **C**, ils ont fusionné et leurs chromosomes forment une plaque équatoriale (*ch*, chromosomes; *nu*, nucléole) (*in* CAMEFORT, 1965).

1. On parle de zoïdogamie (du grec *zôon* = animal et *gamos* = mariage).

Double fécondation

La double fécondation met en jeu les deux noyaux gamétiques mâles des Angiospermes. Le phénomène a été découvert conjointement à la fin du XIXe siècle par un botaniste français, Guignard, et un botaniste russe, Nawaschin.

Trajet du tube pollinique au niveau de l'ovule (fig. 9-20)

Il est caractérisé par une tendance progressive du tube pollinique à emprunter le chemin le plus court pour parvenir au sac embryonnaire.

– La *chalazogamie* est primitive ; sans avoir quitté les tissus carpellaires, le tube pénètre dans l'ovule au niveau de la chalaze.

– Dans l'*aporogamie,* il parcourt encore les tissus carpellaires, mais les quitte à la hauteur du nucelle et se dirige alors vers le micropyle, réduisant ainsi au minimum l'espace vide à parcourir.

– Chez la plupart des Angiospermes, on observe une *porogamie* typique ; sortant de la base du style le tube traverse la cavité ovarienne, allant droit vers l'ovule dans lequel il pénètre par le micropyle. Il peut arriver que celui-ci soit oblitéré par un *obturateur,* prolifération du placenta ou du funicule, qui ne constitue pas pour autant d'ailleurs un obstacle à la pénétration du tube, mais au contraire un guide pour celui-ci.

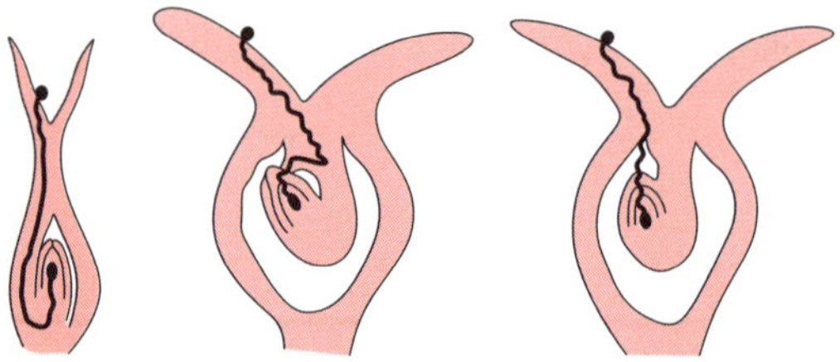

Figure 9,20. Trajet du tube pollinique au niveau de l'ovule des Angiospermes.

De gauche à droite, chalazogamie typique (*Casuarina*/Casuarinacées), aporogamie (*Ulmus*/Ulmacées), porogamie typique (*in* EMBERGER, 1960, d'après NAWASCHIN, WETTSTEIN).

Décharge pollinique

Après une traversée plus ou moins longue du nucelle, le tube pollinique parvient au sac embryonnaire dans lequel il pénètre au niveau du complexe gamétique, suivant des modalités différentes d'une espèce à l'autre, comme le montrent les observations effectuées en microscopie photonique.

Chez le Cotonnier (Malvacées), par exemple, une des deux synergides commence à dégénérer dès la pollinisation. C'est au niveau de son appareil filiforme que s'établit le contact du tube pollinique avec le sac. La pression de turgescence augmentant dans le tube, celui-ci s'ouvre à son extrémité et décharge son contenu dans la synergide. Le noyau de celle-ci et le noyau végétatif dégénèrent. Les gamètes mâles, entraînés par des courants cytoplasmiques, se déplacent vers la zone où le plasmalemme de la synergide est en contact avec ceux de l'oosphère et de la cellule centrale du sac embryonnaire, au travers desquels ils passent, l'un dans l'oosphère, l'autre dans le reste du sac embryonnaire (fig. 9-21).

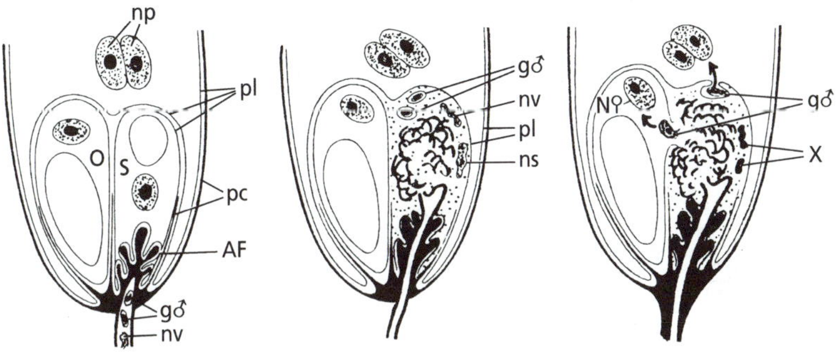

Figure 9-21. Décharge pollinique et transfert des gamètes chez le Cotonnier (Malvacées).

De gauche à droite, pénétration du tube pollinique à travers l'appareil filiforme de l'une des deux synergides *(S)*, décharge du tube dans cette synergide, les deux noyaux mâles vont fusionner respectivement avec le noyau de l'oosphère *(O)* et les deux noyaux centraux.

AF, appareil filiforme; *g*, gamètes mâles; *nv*, noyau végétatif; *np*, noyaux polaires ou centraux; *pc*, paroi cellulaire; *pl*, plasmalemme; *ns*, noyau de la synergide; corps *X*, noyau végétatif et noyau de la synergide dégénérés (*in* DUMAS, 1979, d'après JENSEN).

La synergide qui n'a pas livré passage au tube pollinique montre une intense activité golgienne, quand celui-ci traverse l'autre synergide. Les dictyosomes émettent de nombreuses vésicules, tandis que la paroi devient complète et s'épaissit. Pour la Capselle (Crucifères), on n'observe pas une telle activité. Au contraire, noyau et cytoplasme dégénèrent.

Double caryogamie et conséquences (fig. 9-22)

■ Un noyau spermatique fusionne avec celui de l'oosphère. Il en résulte un premier zygote, le **zygote principal**, duquel dérive l'embryon. La division du zygote débute, le plus souvent, après l'union complète des deux noyaux gamétiques ou même avant, comme chez les Liliacées. Dans cette famille, les chromosomes d'origine paternelle d'une part, ceux d'origine maternelle d'autre part, constituent deux plaques métaphasiques distinctes sur le même fuseau, ou même sur deux fuseaux séparés. Dans le premier cas, le zygote comprend un noyau typique avant sa première division. Au contraire, dans le second, ce n'est que dans les deux premiers noyaux de l'embryon que la caryogamie est vraiment réalisée.

■ L'autre noyau spermatique fusionne avec les deux noyaux centraux bien individualisés, ou déjà unis avant la fécondation. Le **zygote accessoire** ainsi constitué est à l'origine d'un tissu de réserve propre aux Angiospermes, l'*albumen*[1]. Si le zygote principal est toujours à $2\,n = 2\,x$ pour une espèce diploïde, il n'en est pas de même pour le zygote accessoire. En effet, la diversité des sacs embryonnaires nous a montré que les noyaux centraux ne sont pas forcément à n chromosomes et au nombre de deux, d'où un niveau de ploïdie différent d'une espèce à l'autre pour l'œuf-albumen. Par exemple, *pour une espèce diploïde,* celui-ci est à $2\,x$ (Onagracées), ou à $3\,x$ (Polygonacées)[2], ou même à $5\,x$ chez les Lilioïdées (Liliacées), etc.

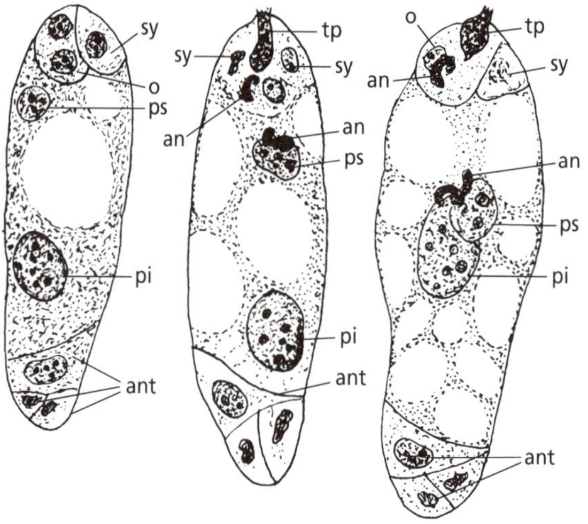

Figure 9-22. Double fécondation chez le *Lilium martagon* (Liliacées).

De gauche à droite, le sac embryonnaire avant la fécondation, libération des deux gamètes mâles dans le sac, union d'un gamète avec l'oosphère et de l'autre avec les noyaux centraux. Il faut rappeler que, chez cette espèce diploïde, l'un de ces noyaux est à x et l'autre à $3\,x$ chromosomes.

sy, synergide; *o,* oosphère; *ps,* noyau polaire supérieur; *pi,* noyau polaire inférieur; *ant,* antipodes; *tp,* tube polinique; *an* et *an',* les deux noyaux gamétiques mâles (*in* Crété, 1962, d'après L. Guignard).

1. Signalons que les auteurs anglo-saxons utilisent le mot *endosperme* à la place d'albumen, ce qui prête à confusion puisque l'endosperme des Préspermaphytes, des Gymnospermes et des Chlamydospermes est un prothalle femelle, donc toujours à n chromosomes, alors que l'albumen des Angiospermes, dérivé d'une caryogamie, n'est jamais à n chromosomes et que son niveau de ploïdie peut être différent suivant les espèces.

2. Ce qui n'est d'ailleurs pas le cas de l'œuf-albumen du *Polygonum divaricatum,* espèce sur laquelle Strasburger a mis en évidence, pour le première fois, l'existence de sacs embryonnaires octonucléés. En effet, cette espèce est polyploïde, comme beaucoup de Polygonacées.

La caryogamie qui conduit au zygote accessoire commence plus tardivement que celle d'où résulte le zygote principal, mais elle est plus rapide. Aussi la formation du zygote accessoire s'achève-t-elle avant celle du zygote principal.

Il faut remarquer que si la double fécondation n'était pas connue sur le plan cytologique, on pourrait tout de même en apporter une preuve indirecte. Si l'on croise une variété de Maïs à grains blancs (parent femelle) avec une variété à grains bleutés, cette couleur étant en relation avec la présence d'un pigment dans la couche externe de l'albumen, on obtient en F_1 des grains bleutés. Le pollen a donc transmis un gène dominant responsable de la coloration particulière de l'albumen. Bien que l'œuf accessoire n'engendre pas un embryon typique, l'albumen est l'équivalent d'un hybride de première génération pour lequel le caractère bleuté est dominant.

■ La double fécondation est amorcée par les Gymnospermes et les Chlamydospermes, mais elle ne conduit pas à la mise en place d'un albumen. On a observé, en effet, chez l'*Abies balsamea*[1] (Pinacées), l'union de l'un des deux noyaux mâles avec le noyau de la cellule du canal du ventre de l'archégone[2]. De même, chez l'*Ephedra nevadensis* et l'*E. trifurca*, il a été montré que la décharge des deux gamètes mâles conduit à une nouvelle fécondation concernant l'oosphère et la cellule du canal du ventre de l'archégone. A partir du second zygote, une prolifération de noyaux-fils, sans cloisonnements cellulaires, met en place une organisation cénocytique qui rappelle le début du développement de l'œuf accessoire de certaines Angiospermes (voir p. 179), mais cette organisation dégénère sans constituer un albumen. Inversement, chez certaines formes de l'*Anemone nemorosa* (Renonculacées) et chez la plupart des Orchidacées, le second noyau mâle, bien qu'ayant pénétré dans la cellule centrale du sac embryonnaire, dégénère, d'où des exceptions à la double fécondation. *« Si le processus de la double fécondation semble bien s'acquérir évolutivement, il se perd de la même manière chez certaines des plus évoluées des Angiospermes que sont les Orchidacées monandres. »* (Favre-Duchartre)[3]

■ Il arrive que les autres cellules du sac embryonnaire soient fécondées à la place de l'oosphère : une synergide chez les *Lilium, Trillium* et *Allium* (Liliacées), ou, plus rarement, une antipode. En fait, cette indifférence fonctionnelle des éléments du gamétophyte femelle existe déjà chez les Gnétales et les Welwitschiales (Chlamydospermes).

Le cytoplasme paternel participe-t-il à la fécondation ?

Dans le tube pollinique, les gamètes mâles sont organisés comme des cellules animales (noyau, cytoplasme et plasmalemme). Il semblerait qu'il en soit encore

---

1. *Abies balsamea* fournit le baume du Canada, térébenthine employée en micrographie.
2. Parmi les Préspermaphytes, les Gymnospermes (Taxodiacées et Cupressacées, en particulier) et les Chlamydospermes (Gnétacées), il arrive que les deux noyaux mâles soient fécondants, mais à l'égard d'oosphères appartenant à des archégones différents d'un même endosperme. Si l'on parle encore, dans ce cas, de « double fécondation », ce phénomène n'a rien de commun avec la double fécondation des Angiospermes. Il s'agit seulement de deux fécondations simples.
3. Les Orchidacées monandres sont caractérisées par le fait que l'étamine impaire (antérieure) du cycle externe et les lobes stigmatiques pairs sont seuls fertiles, l'impair formant le rostellum (Ophrydées, Néottiées et Liparidées).

de même quand ils transitent par une synergide. Au contraire, dans l'oosphère et dans la cellule centrale du sac embryonnaire, seuls leurs noyaux sont visibles. Dans quelle mesure du cytoplasme d'origine paternelle contribuerait-il à la réalisation des deux zygotes ? Si les observations cytologiques soulèvent des controverses, on peut, tout de même, tenter de répondre indirectement à la question. L'analyse de la descendance issue de croisements artificiels entre plantes normalement vertes et plantes albinos, dont les plastes sont incapables d'élaborer de la chlorophylle, montre des différences d'une espèce à l'autre. Pour certaines (*Mirabilis jalapa*/Nyctaginacées), le cytoplasme mâle ne participe pas à la fécondation mais, pour d'autres, il se mélange au cytoplasme femelle (*Pelargonium zonale*/Géraniacées). Il est nécessaire que des recherches soient poursuivies dans ce domaine, car le rôle éventuel du cytoplasme d'origine paternelle, au cours de la fécondation, est encore très mal connu chez les Angiospermes. En revanchc, les Gymnospermes ont fourni des résultats très intéressants. Il a été montré que, dans les cinq familles étudiées, il y a transmission paternelle des plastes et que, dans deux d'entre elles, il en est de même pour les mitochondries (tableau 9-2).

Tableau 9-2. *Origine des organites du cytoplasme embryonnaire chez des Gymnospermes* (CHESNOY, *in* FAVRE-DUCHARTRE, 1987 et *in* GALTIER, 1987).

	Gamète mâle		**Gamète femelle**	
	Mitochondries	*Plastes*	*Mitochondries*	*Plastes*
Pinacées	X	XX	X	
Taxus	X	XX	X	
Cupressacées	XX	XX		
Taxodiacées	XX	XX		
Cephalotaxus	XX	XX		

6. EMBRYOGENÈSE RAPPORTS SPOROPHYTE-GAMÉTOPHYTE

L'oosphère fécondée étant portée par lc gamétophyte, le zygote principal se développe sur celui-ci. L'embryon est donc parasite, mais le nouvel individu qui en résulte n'est pas forcément en relation avec le gamétophyte qui le précède. Des Bryophytes aux Spermaphytes, on observe, en effet, des rapports de plus en plus courts du sporophyte avec le gamétophyte qui lui a donné naissance.

Bryophytes

La première division du zygote est transversale chez les Mousses et les Hépatiques, verticale pour les Anthocérotes.

L'embryon des Bryales, qui effectue tout son développement aux dépens du gamétophyte dont il ne se détache pas, se greffe de plus en plus étroitement, grâce à un suçoir, sur la tige feuillée qui portait l'archégone (fig. 9-23).

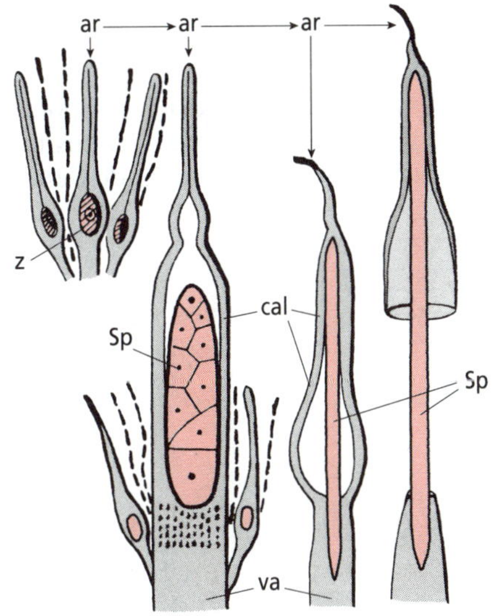

Figure 9-23. Développement du sporogone dans l'archégone des Bryales, après fécondation.

De gauche à droite, entre des paraphyses, trois archégones fécondés *(ar)* contenant chacun un zygote *(Z)*, avortement de tous ces archégones, sauf un *(ar)*, qui s'accroît en même temps que le zygote produit un jeune sporogone *(Sp)*, allongement du sporogone jusqu'à rupture de l'archégone séparant la calyptra *(cal)* ou coiffe de la vaginule *(va)* (*in* CHADEFAUD, 1960).

La croissance active de l'embryon fusiforme est accompagnée par une reprise de celle du gamétophyte se manifestant au niveau du ventre de l'archégone qui s'allonge, formant une *coiffe* ou *calyptra,* ainsi qu'à celui du sommet de la tige feuillée entourant le suçoir embryonnaire d'une *vaginule.*

L'embryon se différencie progressivement. Sa partie moyenne donne une *soie* grêle dont la croissance en longueur a pour conséquence la déchirure du ventre de l'archégone. Le sommet de la soie emporte ainsi la coiffe, reste d'archégone constitué de cellules à *n* chromosomes.

Plus tard, le sommet de la soie se renfle en une jeune capsule qui s'allonge d'abord par le fonctionnement d'un méristème basal, puis s'accroît en diamètre, avant de mettre en place les cellules-mères de spores.

Ptéridophytes

■ L'embryogenèse des Cryptogames vasculaires est caractérisée par :

– l'orientation de la première division de l'œuf : *transversale,* sauf chez les Osmondales et les Leptosporangiées, où elle est *oblique* ou *longitudinale* ;

– la disposition de l'embryon : le sommet du futur axe est du côté du col de l'archégone (embryon *exoscopique* des Psilotales, *Equisetum* et *Isoetes*), du côté opposé (embryon *endoscopique* des Lycopodiales et Marattiales), ou en position intermédiaire (Osmondales et Filicinées leptosporangiées) ;

– la présence d'un suspenseur chez certains groupes.

■ **Suspenseur et embryon.** Dès la première division (transversale) de l'œuf des Lycopodiales, des Sélaginellales et de certaines Marattiales, la cellule isolée vers le col de l'archégone ne participera plus à l'embryogenèse proprement dite ; en se divisant plus ou moins, elle est à l'origine du suspenseur. Au contraire, c'est la cellule profonde qui est embryogène (embryon toujours endoscopique). Au cours de ses premières divisions, elle forme une cellule ou un étage cellulaire situés contre le suspenseur, en position hypobasale, et une cellule ou un étage cellulaire au pôle opposé au suspenseur, en position épibasale. Chacun des territoires ainsi délimités a sa destinée au cours de l'embryogenèse (fig. 9-24).

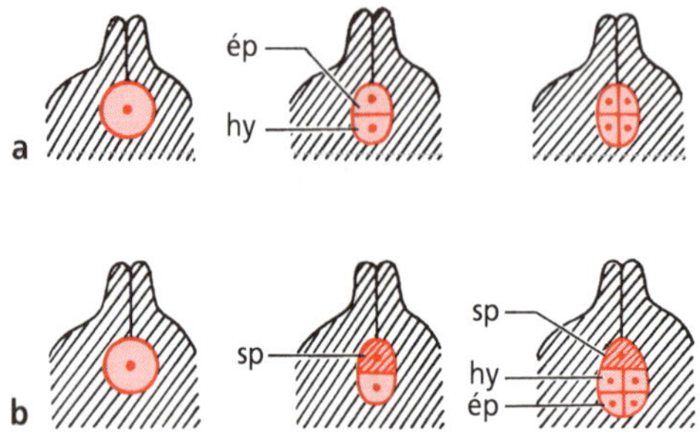

Figure 9-24. Premiers cloisonnements de l'embryon des Ptéridophytes.
a, chez les espèces sans suspenseur ; **b**, chez les espèces avec suspenseur (*sp*, suspenseur, *ep*, cellule épibasale ; *hy*, cellule hypobasale) (*in* EMBERGER, 1960).

Le suspenseur se rencontrant plus spécialement parmi les groupes anciens (fig. 9-25), il peut être considéré comme un organe vestigial qui rappellerait l'origine lointaine des Ptéridophytes à partir des Algues[1]. Dans les groupes où il existe, sa présence n'est pas constante d'un genre ou d'une espèce à l'autre, ce qui confirmerait le caractère archaïque de cet appareil.

Chez les Ptéridophytes dépourvus de suspenseur, la première division du zygote donne directement une cellule épibasale et une cellule hypobasale et les embryons sont généralement exoscopiques (sauf dans le genre *Isoetes*/Lycopodinées).

■ **Origine des organes.** L'axe et la première feuille dérivent toujours de la partie épibasale. La première racine, quand elle existe[2], est d'origine épibasale (beaucoup de Lycopodes, *Isoetes*), ou d'origine hypobasale (*Equisetum,* Fougères leptosporangiées). Latérale, généralement endogène, elle meurt rapidement et est relayée par des racines adventives se formant sur le rhizome.

Quant au *pied,* il est toujours hypobasal.

■ **Rapports de l'embryon et du gamétophyte.** D'une manière générale, l'embryon, puis la jeune plantule, au moins pendant un certain temps, sont fixés au prothalle par le pied qui assure leur nutrition au détriment du gamétophyte. Comme chez les Bryophytes, le nouveau sporophyte est chlorophyllien, mais son parasitisme n'est ici que passager, car la plante feuillée, après avoir épuisé le gamétophyte, mène une vie autonome.

---

1. Il est pourtant absent dans le genre *Tmesipteris* (Psilotales).
2. La racine manque dès l'embryon chez les Psilotales et dans le genre *Salvinia* (Hydroptéridales).

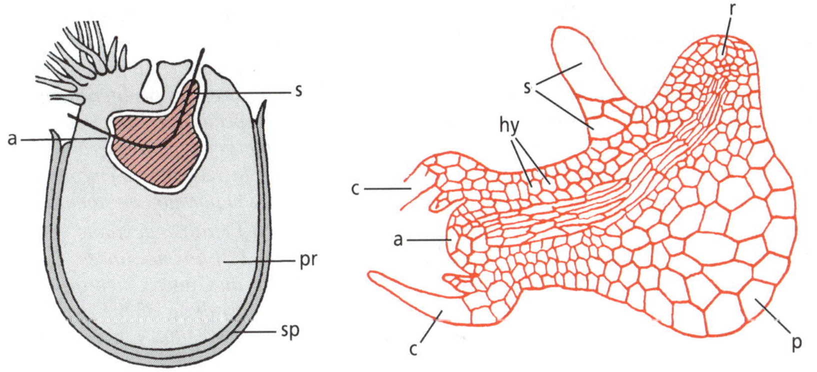

Figure 9-25. Embryon de *Selaginella martensii* (Lycopodinées).
A gauche, embryon courbe au sein du prothalle femelle inclus dans la mégaspore (*a*, sommet de l'axe; *s*, suspenseur; *pr*, prothalle; *sp*, paroi de la mégaspore). A droite, détail de l'embryon (*s*, suspenseur; *r*, racine; *p*, pied; *c*, cotylédons = feuilles; *a*, sommet de l'axe; *hy*, hypocotyle) (*in* EMBERGER, 1960, d'après BRUCHMANN).

La durée des relations entre les deux générations est variable d'un groupe à l'autre. Chez les Lycopodiacées, dont le prothalle est un mycothalle pérenne (voir T. I, chap. 7), l'embryogenèse est lente. Il faut plusieurs années au jeune sporophyte pour atteindre la surface du sol. C'est un indice de sénilité que l'on retrouve aussi chez des Filicinées eusporangiées comme les Ophioglossales. En revanche, l'embryogenèse des Filicinées leptosporangiées est plus rapide. Dès que la première feuille est fonctionnelle, le prothalle ne joue plus aucun rôle dans la nutrition de la jeune plantule et ne tarde pas à mourir.

Quelle que soit la durée des rapports trophiques entre le gamétophyte et le jeune sporophyte, on n'observe jamais de période d'arrêt dans le développement de l'embryon des Bryophytes et des Ptéridophytes. En effet, si l'embryogenèse débute immédiatement après la fécondation, elle se poursuit jusqu'à la réalisation du sporophyte, sporogone des premiers, petite plante dont l'appareil végétatif est celui du végétal adulte pour les seconds. Dans ce dernier cas, le passage de la vie parasitaire à la vie autonome est délicat si les conditions extérieures deviennent défavorables, car la nouvelle plante, ne disposant pas encore de réserves importantes, n'est pas susceptible de supporter l'attente de conditions meilleures, d'où l'élimination de nombreux sporophytes nouveaux.

Préspermaphytes

Les deux premiers noyaux à 2 *n* résultant de la mitose du noyau zygotique se divisent, puis c'est le tour des quatre noyaux-fils libres, etc.

« Chez le Ginkyo, *les* 128 *(c'est-à-dire* 2^7*) noyaux restent libres et le proembryon persiste même une douzaine de jours à ce stade. Ce n'est qu'à l'issue du huitième ensemble des mitoses affectant chacun de ces* 128 *noyaux qu'une paroi cellulaire apparaît entre chacun des* 256 *noyaux*

frères. L'isolement de chacun d'eux en une cellule polyédrique s'achève et toute la cavité archégoniale est ainsi remplie par un proembryon formé de 256 *cellules apparemment semblables, évoquant le stade morula de l'embryogenèse animale. Ultérieurement, les cellules proembryonnaires de la région voisine du col s'agrandissent surtout dans la direction de l'axe de symétrie de la cavité archégoniale et leur ensemble constitue un "pseudo-suspenseur". Au pôle proembryonnaire opposé au col et au foyer de ce jeune sporophyte, au contraire, des proliférations mettent progressivement en place deux méristèmes primaires : il s'agit respectivement des deux ébauches de* cotylédons *(ou premières feuilles) encadrant le méristème superficiel qui formera la* gemmule *(ou bourgeon apical qui produira la tige et les feuilles) et de la* radicule. *L'embryon achevé mesure environ* 1 *cm comportant deux cotylédons bien développés et porteurs de stomates.*

Chez les Cycadacées, le développement proembryonnaire à l'état cénocytique se poursuit généralement plus longtemps, allant jusqu'à former 1204 *(ou* 2^{10}*) noyaux libres. Cependant ceux-ci, au lieu d'être uniformément répartis comme dans le cas du* Ginkyo, *sont groupés avec une plus forte densité dans la portion profonde (opposée au col) de la cavité archégoniale. Seuls ceux des noyaux se trouvant dans cette région seront isolés en cellules, le reste du protoplasme non cellularisé dégénérant ultérieurement. La prolifération et l'étirement des cellules les moins éloignées du col engendrent un suspenseur replié sur lui-même et atteignant* 4 *cm de long à l'état déployé. L'embryon proprement dit est volumineux, comme celui du* Ginkyo *et pourvu de deux cotylédons sauf dans les genres* Ceratozamia *où il est monocotylé et* Encephalartos *où l'on compte trois cotylédons.* » (Favre-Duchartre) (fig. 9-26)

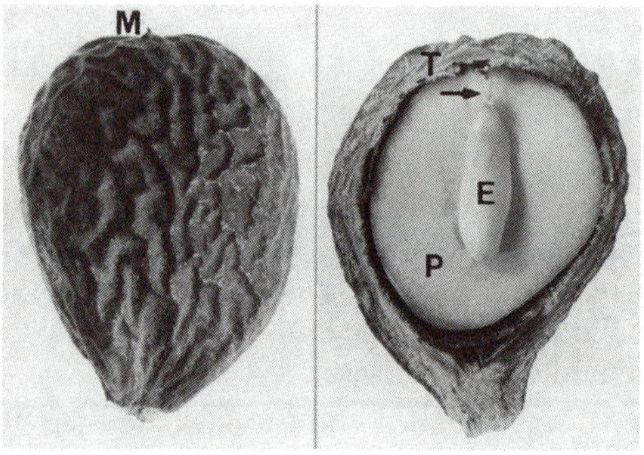

Figure 9-26. Ovule fécondé de *Cycas revoluta* (Préspermaphytes). A gauche, vue externe (*M*, micropyle); à droite, coupe longitudinale (*T*, tégument tripartite; *E*, embryon; *P*, prothalle; la flèche indique le suspenseur) (cliché Couderc).

Spermaphytes

Gymnospermes

Nous envisagerons ici l'embryogenèse des Pinacées (fig. 9-27). Les quatre noyaux du proembryon cénocytique des Pins migrent au pôle inférieur du zygote, dans la zone la plus éloignée du col de l'archégone. Ils se divisent et des cloisons isolent un étage de quatre cellules. Le phénomène se poursuivant, on aboutit à un proembryon cellulaire constitué de quatre étages de quatre cellules, chacun se répartissant ainsi de haut en bas :

– un étage de cellules ouvertes sur le cytoplasme en voie de dégénérescence de l'ancienne oosphère ;

– l'étage de la rosette dont les cellules peuvent être embryogènes ;

– celui du suspenseur primaire ;

– l'étage apical constitué de quatre cellules embryonnaires.

En s'allongeant, les cellules du suspenseur primaire repoussent les cellules embryonnaires dans le prothalle femelle. Chacune de celles-ci se divise. Les quatre suspenseurs secondaires formés se disjoignent. Il en résulte quatre embryons *(polyembryonie par clivage)* dont trois dégénèrent. L'unique embryon devient une plantule avec radicule, tigelle et cotylédons (jusqu'à 18).

En outre, l'endosperme comprenant plusieurs archégones, donc plusieurs oosphères, chaque ovule fécondé contient fréquemment plusieurs embryons *(polyembryonie vraie),* mais un seul parvient à terme et la graine est monoembryonée.

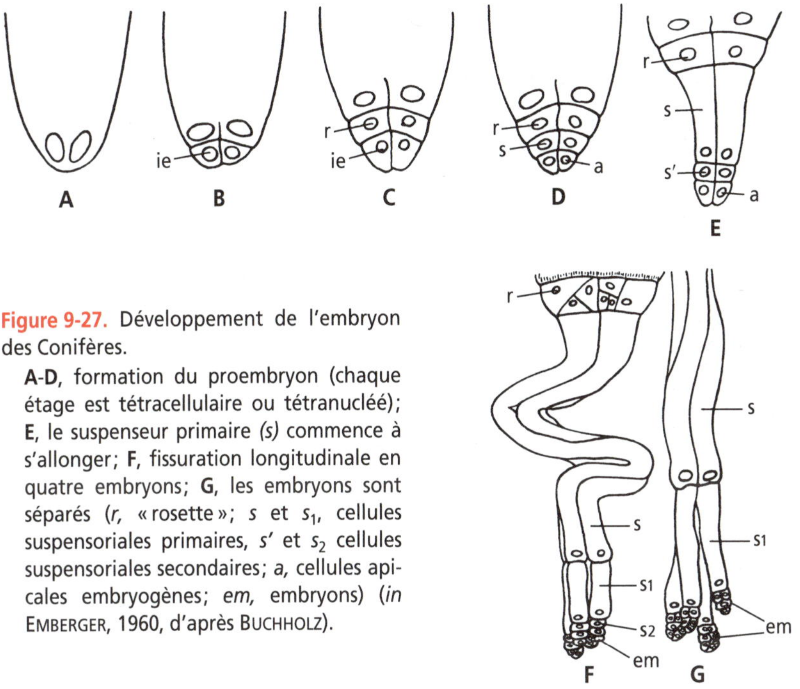

Figure 9-27. Développement de l'embryon des Conifères.

A-D, formation du proembryon (chaque étage est tétracellulaire ou tétranucléé); **E**, le suspenseur primaire *(s)* commence à s'allonger; **F**, fissuration longitudinale en quatre embryons; **G**, les embryons sont séparés (*r*, « rosette »; *s* et s_1, cellules suspensoriales primaires, *s'* et s_2 cellules suspensoriales secondaires; *a*, cellules apicales embryogènes; *em*, embryons) (*in* EMBERGER, 1960, d'après BUCHHOLZ).

Angiospermes

■ **Embryon-plantule.** Contrairement aux Gymnospermes et aux Chlamydospermes, les Angiospermes ne présentent pas de phase cénocytique au début de leur embryogenèse. L'œuf se cloisonne dès sa première mitose et la paroi formée est transversale (perpendiculaire au grand axe du sac embryonnaire, sauf chez les Pipéracées où elle est longitudinale). Les deux cellules-filles sont inégales, la cellule basale située vers le micropyle est de taille supérieure à la cellule apicale. Les cloisonnements ultérieurs se déroulent suivant des règles précises dont les grandes lignes ont été dégagées dans diverses familles par Souèges et son école.

L'aboutissement de cette embryogenèse est un embryon constitué d'une radicule, d'un axe hypocotylé surmonté par la gemmule (premier bourgeon) et d'un cotylédon (Monocotylédones, T. I, chap. 4), ou de deux (Dicotylédones). Quant au suspenseur, il dégénère.

Ne pouvant retenir ici tous les types d'organisation des premiers stades de l'embryogenèse, nous ne considérons, avec quelques détails, que le cas bien connu de la Capselle bourse à pasteur (*Capsella bursa-pastoris*/Crucifères) (fig. 9-28). La cellule apicale, qui est à l'origine de la plus grande partie de l'embryon, se segmente longitudinalement (perpendiculairement à la première cloison) en quatre cellules. Celles-ci se divisant à leur tour transversalement, une masse sphérique octocellulaire est constituée. A la suite de nouveaux cloisonnements, un embryon globuleux, ensemble de cellules méristématiques, est formé. La grosse cellule basale allongée se segmente transversalement à son extrémité voisine de l'apicale. Il en résulte une file cellulaire unisériée qui est à l'origine du suspenseur et d'une partie de la radicule.

Plus tard, l'embryon se différencie[1]; de globuleux, il devient cordiforme. Le méristème radiculaire, l'ébauche du point végétatif de la tige et, entre les deux, l'axe hypocotylé de la future plantule sont mis en place. Deux primordiums cotylédonaires apparaissent.

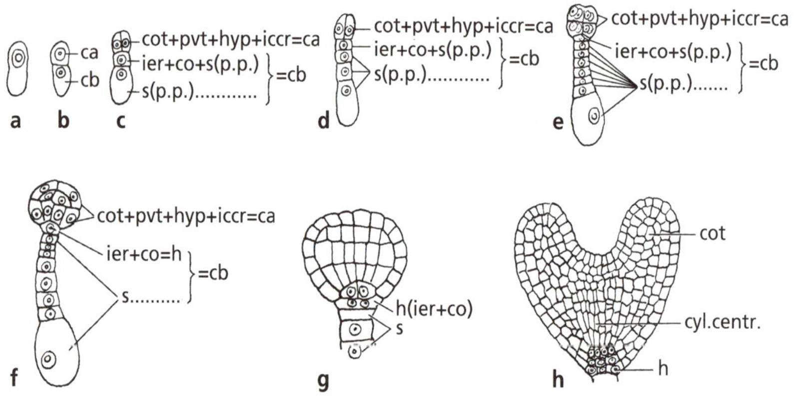

Figure 9-28. Principaux stades de l'embryogenèse du type Crucifères.
ca, cellule apicale de l'embryon; *cb,* cellule basale de l'embryon; *cot,* cotylédon; *co,* coiffe; *pvt,* point végétatif de la tige; *hyp,* hypocotyle; *iccr,* initiale du cylindre central de la racine; *ier,* initiale de l'écorce de la racine; *s,* suspenseur; *h,* hypophyse, cellule extrême du suspenseur en contact avec le corps embryonnaire (*p.p., pro parte* = partiellement) (*in* EMBERGER, 1960, d'après SOUÈGES).

1. Dans certaines familles (Balanophoracées, Rafflésiacées, Hydnoracées, Orobanchacées, Orchidacées), l'embryon reste paucicellulaire et indifférencié. Ce caractère est associé à un mode de vie particulier de l'adulte (saprophytisme, parasitisme ou symbiose).

Ensuite, l'embryon différencié grandit plus rapidement que le suspenseur; tous les organes mis en place précédemment subissent une croissance qui conduit à l'édification de la plantule. L'ovule de la Capselle étant campylotrope, l'embryon s'incurve. Il en résulte une plantule courbée.

Le suspenseur, dont le rôle est fugace, repousse l'embryon dans la profondeur du nucelle et de l'albumen. Il y prélève des métabolites qu'il transfère à cet embryon.

■ **Embryon-albumen**[1]. Il diffère du précédent par son développement et son organisation.

D'après leur mode de formation, on distingue plusieurs types d'albumens.

– Des albumens de *type nucléaire,* ainsi nommés car le début de leur développement se fait à l'état cénocytique. Les premiers noyaux-fils libres sont disposés autour d'une grande vacuole occupant le centre du sac embryonnaire (fig. 9-29). Tandis que la croissance de l'albumen se poursuit généralement, des cloisons isolent d'abord les noyaux périphériques, puis les noyaux centraux issus des précédents par mitoses. La structure cellulaire se généralise ainsi à tout l'albumen.

– Des albumens de *type cellulaire* atteignent d'emblée et conservent cette structure.

– Des albumens *mixtes*[2] : après la double fécondation, l'œuf-albumen se divise et les deux noyaux-fils sont séparés par une cloison partageant le sac embryonnaire en deux compartiments. Le supérieur contient l'œuf principal et l'un de ces noyaux, l'inférieur l'autre noyau et les antipodes (fig. 9-29). Ce

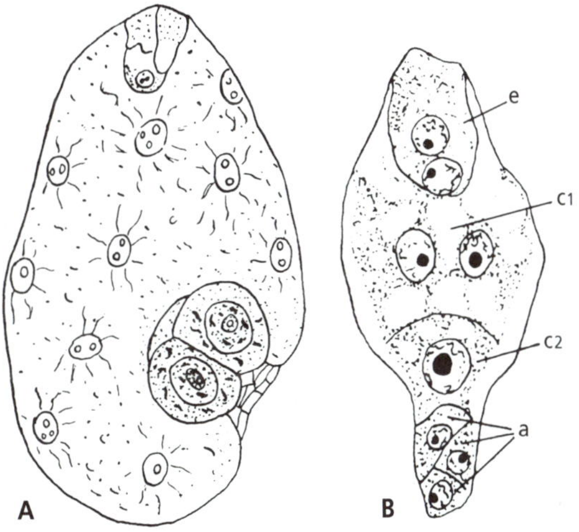

Figure 9-29. Albumens.
A, albumen de type nucléaire, vu de face; **B,** sac embryonnaire de *Butomus* (Butomacées) après fécondation et conduisant à un albumen de type hélobial (*e*, embryon bicellulaire; *a*, antipodes; C_1, cellule donnant l'albumen nucléaire; C_2, cellule ne se divisant plus, ou seulement un petit nombre de fois) (OZENDA, in CHAMPAGNAT et coll., 1969 et *in* EMBERGER, 1960).

1. Rappelons qu'un des deux gamètes mâles des Orchidacées dégénère. La fécondation est alors simple et il ne se forme pas d'albumen.
2. Encore qualifiés de type hélobial, car ils sont très répandus dans le phylum des Hélobiées (Monocotylédones comprenant les Alismatales et les Potamogétonales).

second noyau ne se divise plus ou seulement un petit nombre de fois, les noyaux-fils dégénérant d'ailleurs. Au contraire, le noyau-albumen du compartiment supérieur se multiplie activement. Un albumen nucléaire est constitué en même temps que se poursuit le développement de l'embryon-plantule.

Bien que le niveau de ploïdie de l'œuf-albumen diffère suivant le type de sac embryonnaire dont il dérive, dès ses premières divisions son nombre chromosomique est abaissé à des valeurs comprises entre n et $2\ n$.

Quel que soit le type auquel il appartient, l'albumen est toujours un corps multicellulaire au sein duquel ne se différencient ni radicule, ni gemmule, ni cotylédons. Son développement exige des matières nutritives fournies par le nucelle qui s'épuise. Le parasitisme de l'albumen aux dépens du sporophyte précédent se matérialise parfois par le développement de véritables suçoirs atteignant la région chalazienne de l'ovule, en particulier pour des espèces elles-mêmes parasites (Rhinanthes/Scrophulariacées).

7. CONCLUSION

Les Gymnospermes ont révélé une très grande originalité quant à l'origine des organites du cytoplasme embryonnaire. « Le remarquable comportement des organites du gamète mâle des Gymnospermes au cours de la fécondation est exceptionnel dans le Monde vivant. Mises à part les Algues isogames dont certaines seulement conservent dans leurs zygotes les apports cytoplasmiques des deux gamètes, le cytoplasme du gamète mâle est réduit et ne tient qu'un rôle mineur ou nul dans la constitution du cytoplasme de la génération suivante. » *(Chesnoy)*

*Des différences existent entre les grands groupes de Cormophytes quant à la période de segmentation des zygotes d'une part et à l'avenir immédiat ou non des embryons-plantules d'autre part. C'est ainsi que l'œuf issu de la fécondation de l'oosphère se segmente immédiatement après la gamie chez les Bryophytes, les Ptéridophytes et la majorité des Gymnospermes (il en est de même de l'œuf-albumen des Angiospermes). Au contraire, les zygotes de Chlamydospermes (*Gnetum *et* Welwitschia*) et les zygotes-plantules angiospermiens restent au repos pendant un temps variant de quelques heures* (Crepis) *à quelques jours (la plupart des espèces) et même à quelques mois* (Colchicum). *D'autre part, l'embryon des Bryophytes et des Ptéridophytes se développe, sans prendre de repos, en une nouvelle génération sporophytique, tandis que, pour les Préspermaphytes et les Spermaphytes, l'évolution de l'embryon-plantule, une fois constitué, est suspendue jusqu'à la germination de la prégraine ou de la graine.*

D'une manière générale, en assurant un perpétuel remaniement du génotype, la reproduction sexuée crée des génotypes différents, d'où une riche variabilité des espèces. En triant les génotypes qui se révèlent adaptés à des milieux nouveaux, la sélection naturelle sera novatrice. Elle est, au contraire, conservatrice dans le cas de la multiplication végétative qui maintient le génotype de l'individu (voir T. I, chap. 9).

10
DISSÉMINATION DE L'ESPÈCE CYCLES DE DÉVELOPPEMENT

- **Avantages de la dissémination par la graine**
- **Graines**
- **Fruits**
- **Diaspores et leur dissémination**
- **Germination**
- **Cycles de développement**

Suivant les groupes, la dissémination de l'espèce se fait par les méiospores *ou par les* graines. *Là où germe une méiospore de Bryophytes se développe un nouvel individu constitué d'un protonéma et de tiges feuillées ou d'un thalle. Avec les Ptéridophytes, une méiospore est directement à l'origine d'un prothalle, et indirectement d'une plante nouvelle. Au contraire, chez les Spermaphytes, la propagation de l'espèce est réalisée grâce à la plantule enfermée dans la graine. Dans les deux cas, il existe un certain gaspillage, toutes les spores et les graines ne germant pas ou ne menant pas leur germination à bien. Ceci conduit à s'interroger sur les chances relatives des unes et des autres dans la dissémination de l'espèce.*

1. AVANTAGES DE LA DISSÉMINATION PAR LA GRAINE

Le tableau 10-1 résumant la constitution de la méiospore et de la graine montre que l'embryon né de l'œuf des Spermaphytes trouve un important « héritage » de la plante qui l'a produit. La jeune plante feuillée issue de la germination bénéficie donc de bonnes conditions pour commencer une vie autonome. En revanche, le jeune protonéma ne dispose que du très modeste apport de la méiospore. Il en est de même pour le prothalle des Ptéridophytes.

D'autre part, la germination de la graine ne s'accomplit que si les conditions extérieures sont propices à la reprise d'activité de la plantule. Au contraire, l'embryon des Bryophytes et des Ptéridophytes ne marque aucune période de repos dans son développement, qu'il doit donc poursuivre en parasite du gamétophyte qui le précède, plante feuillée dans le premier cas, prothalle dans le second. Si les conditions du moment sont défavorables au gamétophyte, elles se répercutent sur le jeune sporophyte.

L'apparition de la graine, tant par la constitution de cette dernière que par son comportement, a conféré une suprématie certaine aux Spermaphytes, groupe qui, bien qu'apparu le dernier à la surface du globe, a bénéficié ainsi d'un énorme avantage sur les représentants de la flore auxquels les premières plantes à graines se sont trouvées confrontées et qu'elles ont supplantés rapidement.

Tableau 10.1. *Comparaison des caractères de la méiospore et de la graine.*

MÉIOSPORE	*Cellule* unique	*Peu* de réserves	Paroi squelettique *mince*
GRAINE	*Plantule* différenciée avec : – radicule – gemmule – tissus conducteurs	Réserves *importantes :* – endosperme – ou albumen – ou cotylédons – avec ou sans périsperme	Téguments pluricellulaires, *épais* + ceux du fruit dans certains cas (fruits indéhiscents)

2. GRAINES[1]

Il y a lieu de distinguer le cas des Préspermaphytes de celui des Spermaphytes.

Prégraines et graines

Pendant longtemps, les Préspermaphytes ont été considérés comme des Gymnospermes. C'est à Emberger que l'on doit d'avoir précisé leur véritable nature.

« La graine est un organe qui s'ébauche et se développe à partir d'un ovule fécondé et ***consécutivement à cette fécondation.*** *Ces transformations qui suivent la fécondation comportent toujours (sauf dans des cas très spéciaux chez les parasites ou saprophytes) la mise en réserve de matériaux fournis par la plante-mère et la différenciation d'un tégument. Pendant toute la durée de ces phénomènes, il existe une continuité histologique et physiologique entre la plante-mère et son produit.*

Chez les Préphanérogames, le cadre dans lequel se développe l'embryon est immuablement fixé ***dès avant la fécondation*** *; le tégument est formé, les réserves sont accumulées, et la fécondation ne modifie en rien cette architecture. Rien ne permet de distinguer par une simple inspection* extérieure *un ovule vierge de* Cycas, Ginkyo, *etc., d'un ovule fécondé, même lorsqu'il possède un embryon. Les deux sont* identiques en tout *(forme, couleur, dimension, structure de la paroi, etc.). Au contraire, un ovule de Phanérogames, aussitôt après la fécondation, change, se transforme. Ces différences sont d'une rare netteté. Même si la fécondation de l'ovule de Préphanérogames intervient encore sur la plante-*

1. Les méiospores ont été considérées au chapitre 7.

mère, il n'y a plus de relations effectives entre la plante-mère et l'ovule fécondé; celui-ci en est déjà physiologiquement séparé. » (Emberger)[1]

La distinction établie par cet auteur entre Préspermaphytes et Spermaphytes peut être précisée par la comparaison que Mangenot fait avec les Vertébrés. *« Le progrès organique réalisé par les Spermaphytes est très comparable à celui auquel les Mammifères sont parvenus. Dans l'œuf amniote des Reptiles et des Oiseaux (Vertébrés* ovipares*), qui se développe hors de l'organisme maternel, celui-ci a mis en réserve,* ***avant la fécondation,*** *tous les matériaux nourriciers nécessaires au développement d'un embryon; si l'œuf n'est pas fécondé, ou s'il est détruit par un accident quelconque, les réserves sont perdues. Le prothalle des Préspermaphytes, dans lequel d'importantes réserves sont accumulées, puis qui perd,* ***avant la fécondation,*** *toutes ses relations avec la plante-mère, est exactement comparable à un œuf amniote d'ovipare. Tout au contraire, l'œuf des Mammifères n'accumule pas de réserves avant la fécondation; il ne se développe,* ***en parasite de la mère,*** *que s'il a été préalablement fécondé. Non seulement les pertes énergétiques résultant d'une mise en réserve inutile sont évitées; mais encore, le jeune organisme se développe, non dans le milieu extérieur, mais efficacement protégé à l'intérieur de la mère. Les Spermaphytes aussi, comparables à des vivipares, évitent les éventuelles dépenses de stockage et forment leur embryon dans un organe clos de la plante-mère. »*

De l'ovule à la graine

Le passage de l'ovule à la graine se traduit par une croissance importante en rapport avec le développement de l'embryon, de l'albumen et la mise en place de réserves, ainsi que par des modifications de ses différentes parties.

Téguments de la graine

La transformation de l'unique tégument ovulaire (ou des deux) en tégument de la graine se caractérise principalement par une *sclérification* des parois de ses cellules, tandis que celles-ci se vident de leur contenu. Ces modifications particulièrement sensibles pour le tégument externe *(testa)* (fig. 10-1), ou le tégument unique, assurent une protection mécanique. Quant au tégument interne *(tegmen),* il est toujours réduit à une fine pellicule. En outre, il arrive que la testa se couvre de tubercules, côtes, pointes, crochets et poils (Saules et Peupliers/Salicacées; Épilobes/Onagracées; Cotonniers/Malvacées), ou porte une aile (Pins) jouant un rôle dans la dissémination des graines (voir p. 202).

Parfois, la graine est munie d'une prolifération tégumentaire particulière : *arille* dans la région du hile, *arillode* dans la zone micropylaire (caroncule du Ricin, fig. 10-4). L'arillode du Fusain (Célastracées) est si développé qu'il entoure la graine, jouant le rôle d'un troisième tégument (fig. 10-15).

---

1. Les Préspermaphytes ne se distinguent pas seulement des Spermaphytes par leur prégraine, mais également par d'autres caractères, aussi bien de l'appareil végétatif que de l'appareil reproducteur (voir p. 225).

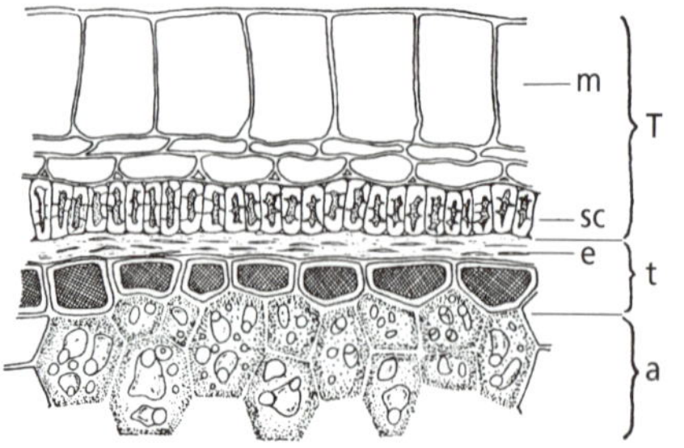

Figure 10-1. Téguments de la graine de Lin (Linacées).

T, testa comprenant des cellules mucilagineuses *(m)*, deux assises de cellules aplaties et une assise scléreuse *(sc)*; *t*, tegmen constitué de cellules écrasées *(e)* et d'une couche vivante; *a*, périphérie de l'albumen (OZENDA, *in* CHAMPAGNAT et coll., 1969).

Destruction ou prolifération du nucelle

D'une manière assez générale, le nucelle est digéré très tôt au profit de l'albumen. Pourtant, il subsiste chez certaines familles, prolifère même et s'enrichit en réserves, donnant alors le *périsperme*.

Accumulation de réserves

Situées, suivant les cas, au niveau de l'albumen, des cotylédons ou du périsperme, et de nature variée, les réserves de la graine comprennent essentiellement des lipides, des glucides et des protides. Exceptionnellement, chez les Orchidacées, par exemple, les graines minuscules, réduites à un tégument mince et transparent, à un embryon paucicellulaire et indifférencié, en sont dépourvues (voir fig. 10-17).

■ Les **lipides,** sous forme de gouttelettes cytoplasmiques, constituent la forme de réserve la plus commune. Sur 216 familles considérées, il en a été recensé 65 % aux réserves uniquement lipidiques, pour 7 % aux réserves strictement glucidiques et 24 % possédant à la fois, huile et amidon. C'est dire que les graines des espèces cultivées comme oléagineuses ne sont pas les seules à accumuler des matières grasses au niveau de leurs graines.

Les acides gras des huiles sont principalement les acides oléique et palmitique (Amande, Olive à la fois par sa graine et son fruit), ceux des graisses végétales, les acides stéarique et palmitique, comme dans le beurre de Cacao qui forme 50 % de la graine du *Theobroma cacao* (Sterculiacées).

■ Les **glucides** sont, par importance décroissante :

1. L'*amidon* des plastes (albumen des Graminées dans lequel il est associé à un protide, le gluten). La taille et la forme des grains d'amidon étant spécifiques, leurs caractères morphologiques sont utilisés par le Service des fraudes pour vérifier la composition des farines alimentaires.

2. Les *hémicelluloses* des parois cellulaires (fig. 10-2) : le « noyau » de la datte (voir fig. 10-21) est, en réalité, une graine constituée, pour sa presque totalité, d'un albumen « corné » ; l'« ivoire végétal » ou « corozo », utilisé dans la fabrication de boutons et de divers objets, est fourni par l'albumen d'un Palmier *(Phytelephas).*

3. Des *sucres solubles,* comme le saccharose (Amande).

4. Des *hétérosides* (amygdaline des Amandes amères), conférant aux graines des propriétés biochimiques particulières ou une certaine toxicité.

■ Les **protides** sont essentiellement représentés, en particulier chez les Légumineuses et le Ricin, par des grains d'aleurone, formes de déshydratation des vacuoles, dont la taille et la

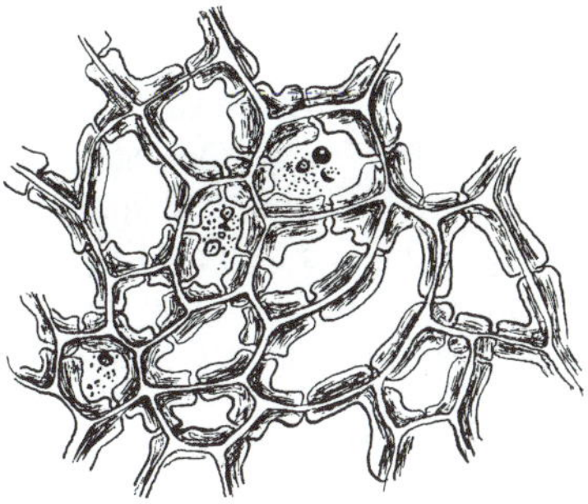

Figure 10-2. Cellules à paroi épaisse de nature hémicellulosique dans l'albumen corné de la Noix vomique, *Strychnos nux vomica* (Loganiacées) (OZENDA, *in* CHAMPAGNAT et coll., 1969).

constitution sont spécifiques, mais qui comportent, au moins, de la prolamine et un ester phosphorique d'inositol.

Le gluten des Graminées est un mélange de gliadine et de gluténine.

■ Des **enzymes** assurent l'hydrolyse de ces réserves au moment de la germination : amylases des Graminées, lipases du Ricin, protéases des Légumineuses.

Graine à maturité

Toute graine est constituée d'une *amande* entourée d'un ou de deux *téguments.* Chez les Gymnospermes, cette amande est toujours composée de l'embryon et de l'endosperme, le prothalle femelle s'étant gorgé de réserves après la fécondation (fig. 10-3). Celle des Angiospermes est, au contraire, très variée :

– *simple,* si elle ne comprend que l'*embryon*;
– *double,* quand l'embryon est accompagné de l'*albumen*;
– *triple,* quand, aux deux éléments précédents, s'ajoute un périsperme.

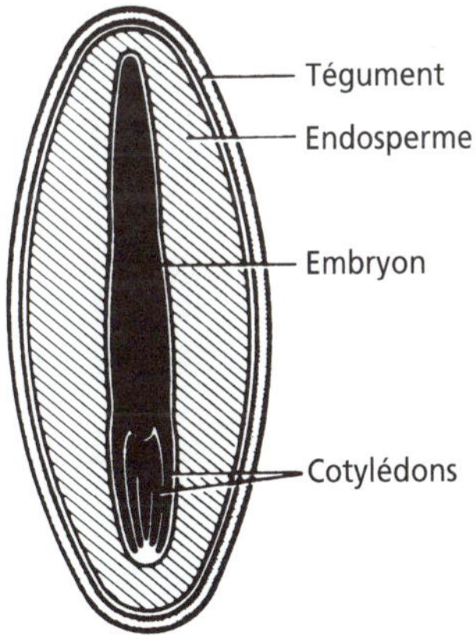

Figure 10-3. Graine de Pin (Conifères) (*in* MANGENOT, 1973).

Différents types de graines des Angiospermes (fig. 10-4)

Suivant la nature de l'amande, on distingue trois catégories principales de graines.

■ Les graines **exalbuminées**. Bien que dépourvues d'albumen quand la transformation de l'ovule en graine est terminée, la double fécondation a conduit à la mise en place d'un albumen, mais sa croissance étant beaucoup plus lente que celle de l'embryon, ce dernier l'écrase et le digère, tandis que les cotylédons de la plantule emmagasinent les réserves et constituent la presque totalité de l'amande (Rosacées, Légumineuses, Composées, etc.).

■ Les graines **albuminées**. Cette fois, au contraire, l'albumen se développant beaucoup plus vite que l'embryon et se chargeant de réserves, le second est de petite taille et ne représente qu'une faible partie de l'amande (Magnoliacées, Ombellifères, Palmiers, etc.).

■ Les graines **à périsperme**. Alors que le nucelle disparaît rapidement dans les cas précédents, il n'est pas éliminé ici et s'hypertrophie même en accumulant une plus ou moins grande partie des réserves de la graine. Suivant l'importance du périsperme ainsi constitué, l'albumen est peu développé et même éliminé (Pipéracées, Saururacées, la plupart des familles de l'Ordre des Centrospermales, celles des Scitaminales, etc.).

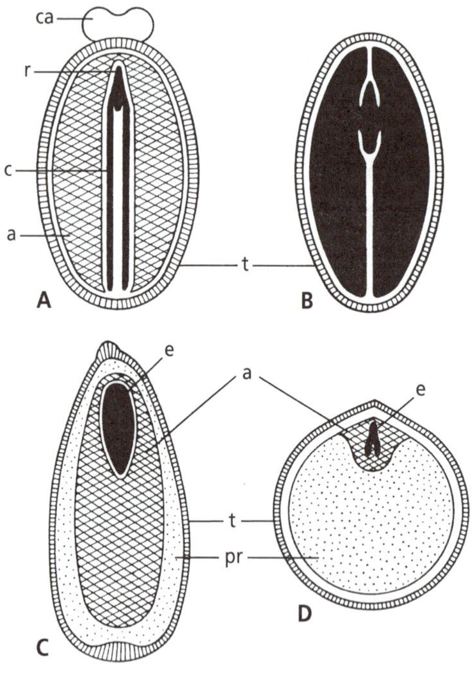

Figure 10-4. Graines d'Angiospermes.

A, graine albuminée du Ricin (Euphorbiacées) (*ca*, caroncule = arillode micropylaire; *r*, radicule; *c*, cotylédons; *a*, albumen); **B**, graine exalbuminée de Légumineuses; **C** et **D**, graines à périsperme *(pr)* d'*Acorus calamus* (Aracées) et de Poivrier (*Piper nigrum*/Pipéracées) (*e*, embryon; *a*, albumen; *t*, tégument). Dans ces quatre schémas, l'embryon est figuré en noir, l'albumen par des hachures croisées et le périsperme par un pointillé (*in* Mangenot, 1973).

Vie ralentie des graines

Les graines d'une espèce parviennent à maturité quand elles deviennent capables de germer dans un délai moyen caractéristique de cette espèce. Cette maturité est atteinte parfois très tôt, par exemple quand la germination de la graine débute alors que celle-ci se trouve encore à l'intérieur du fruit (viviparie des Palétuviers, Rhizophoracées qui disséminent des plantules de plusieurs dizaines de centimètres) (fig. 10-5) ou, au contraire, très tardivement comme pour le Charme (*Carpinus betulus*/Bétulacées), puisque deux hivers consécutifs sont nécessaires avant la germination. On dit alors que les graines sont en dormance (voir Heller et coll., *Abrégé de physiologie végétale,* T. II, chap. 11).

Les graines mûres contiennent très peu d'eau, moins de 10 % en général. Une telle déshydratation a pour conséquence un ralentissement très poussé de toutes les fonctions physiologiques. Ce passage à l'état de vie ralentie leur procure un avantage certain, celui d'être indifférentes à des conditions extérieures difficiles. La résistance des graines aux températures extrêmes, par exemple, est d'autant plus grande que leur dessiccation est plus poussée. C'est ainsi que des graines soumises à une dessiccation artificielle ont résisté à une température de – 190 °C, alors qu'elles sont tuées à – 20 °C si elles sont imbibées d'eau. Ce phénomène général concerne également les méiospores et les grains de pollen, mais à un degré moindre, la paroi sporale et le sporoderme pollinique étant relativement moins épais que les téguments des graines.

La période de temps pendant laquelle toute graine supporte l'état de vie ralentie, sans perdre son pouvoir germinatif, dépend de plusieurs facteurs :

– l'imperméabilité tégumentaire ;

– la déshydratation des parties vivantes ;

– la nature des réserves, celles de nature lipidique étant les plus labiles.

Cette longévité s'inscrit dans une fourchette de temps particulièrement large d'une espèce à l'autre, les deux extrêmes étant occupés par le Cacaoyer (Sterculiacées) et les Caféiers (Rubiacées), dont les graines demandent à trouver immédiatement les conditions nécessaires à leur germination, et le Lotus d'Asie (*Nelumbo nucifera*/Nymphéacées) pour qui la longévité des graines atteindrait dix siècles.

Figure 10-5. Viviparie de *Rhizophora* (Rhizophoracées).

c, capsule d'où sort une plantule *(g)*. Les plantules tombées à l'eau s'implantent dans la vase (*in* GUINOCHET, 1965).

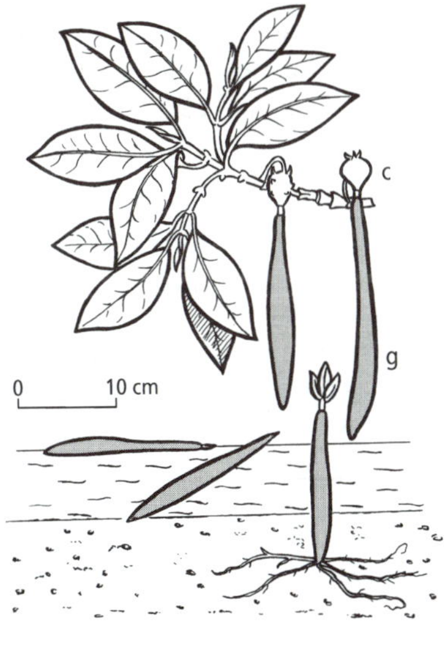

3. FRUITS

La fécondation a pour conséquence la transformation des ovules en graines, mais aussi la croissance des carpelles, en particulier dans la région ovarienne du pistil des Angiospermes, celle-ci devenant un fruit. Si la définition de la graine est claire, celle du fruit l'est moins, car les carpelles ne sont pas toujours les seuls organes floraux à croître après la fécondation.

Aussi oppose-t-on aux vrais fruits d'origine carpellaire, des *pseudo-fruits* chez lesquels des parties accessoires se joignent aux carpelles.

Du pistil au fruit

Développement du fruit

Si le développement du fruit est généralement en rapport direct avec la fécondation, la seule pénétration du tube pollinique dans le tissu conducteur stylaire (p. 159) peut suffire à déclencher la croissance du pistil, même s'il s'agit d'allopollen. Mais c'est principalement la transformation des ovules en graines qui influe sur la croissance du fruit. Pourtant, dans les cas de **parthénocarpie** (du grec *parthenos* = vierge et *karpos* = fruit), l'élément mâle n'est pas nécessaire. Le fruit, se développant alors sans pollinisation ni fécondation, ne contient pas de graines (diverses variétés de fruits sans pépins — Poires, Pommes, Raisins, Oranges, Bananes, etc.).

La formation du fruit est successivement sous la dépendance de différentes hormones :

– de la plante-mère;

– puis du pollen : après la pollinisation, les styles sont très riches en auxine; des précurseurs hormonaux des tissus stylaires seraient rendus actifs par action enzymatique du pollen;

– et enfin des jeunes graines : gibbérellines de l'embryon, kinines d'origine mal connue, auxine de l'albumen (voir Heller et coll., *Abrégé de physiologie végétale,* T. II, chap. 8, 9 et 15).

Maturation

Chlorophyllien, le jeune fruit réalise la photosynthèse, mais il reçoit, en outre, des éléments nutritifs apportés par les sèves brute et élaborée et contribuant à sa croissance rapide.

Au cours de la maturation, la disparition de la chlorophylle est accompagnée de phénomènes divers suivant que le fruit devient charnu ou sec. Dans le premier cas, le fruit vert se charge principalement d'acides organiques (a. citrique des agrumes, a. tartrique du Raisin, a. malique de la Pomme) ou d'amidon (Banane) qui disparaissent partiellement ensuite, tandis que la teneur en glucose et en saccharose croît et que des pigments donnent au fruit mûr sa couleur caractéristique (souvent des anthocyanes). A la fin de la maturation, de l'alcool et des acides volatils procurent au fruit son parfum. Quant à la maturation des fruits secs, elle s'accompagne de la sclérification des parois cellulaires et d'une dessiccation générale.

Divers types de fruits des Angiospermes

La diversité des fruits est très grande, ceci en rapport avec le fait que le gynécée est la partie de la fleur la plus polymorphe (p. 32).

Si le fruit typique est un fruit **simple** dérivé de l'ovaire unique d'une fleur, il existe aussi des fruits *multiples* formés à partir de nombreux carpelles libres d'une même fleur (gynécées dialycarpes, p. 32). Enfin, on connaît aussi des fruits **composés** (ou infrutescences) associant les fruits dérivés des fleurs d'une inflorescence.

La paroi du fruit ou *péricarpe* est constituée, de l'extérieur vers l'intérieur, de l'*épicarpe,* du *mésocarpe* et de l'*endocarpe* issus respectivement, en principe, de l'épiderme externe, du parenchyme et de l'épiderme interne des carpelles. Le développement relatif et la consistance de ces trois parties opposent les fruits **charnus** aux fruits **secs**.

Enfin, certains fruits secs sont **indéhiscents**. Restant fermés à maturité, ils ne libèrent pas leurs graines. D'autres, au contraire, s'ouvrent, laissant échapper les graines qu'ils contiennent. Comme pour la déhiscence des sporanges et des étamines, il s'agit encore d'un phénomène purement mécanique, indépendant de l'état de vie de la plante, et provoqué par la dessiccation des parois des cellules constituant le péricarpe. En effet, les mouvements d'ouverture à la sécheresse (et de fermeture à l'humidité) sont dus aux variations de l'imbibition des parois de cellules et de fibres disposées en couches antagonistes, car orientées à angle droit. La position des fentes de déhiscence est constante pour une espèce donnée et en rapport avec l'anatomie carpellaire et la placentation.

Fruits simples

■ Fruits **secs**

- **Indéhiscents** (ou fruits *akénoïdes),* en principe monospermes (fig. 10-6).

+ *Akène,* au péricarpe membraneux, plus ou moins sclérifié (Composées).

+ *Caryopse,* au péricarpe intimement uni à la graine (Graminées).

+ *Samare,* akène ailé : Ormes/UImacées, Frênes/Oléacées (fig. 10-19), Érables/Acéracées (fig. 10-6).

+ *Nucule,* akène dont le péricarpe est fibreux ou ligneux (glands des Chênes/Fagacées, noisettes des Noisetiers/Bétulacées).

+ *Schizocarpes* (du grec *schizô* = j'écarte et *karpos* = fruit), provenant d'ovaires à carpelles soudés dont chaque loge se transforme en un akène qui, à maturité, se sépare de ses voisins (diakènes des Ombellifères, fig. 10-6 ; tétrakènes des Labiées et des Boraginacées, fig. 10-16 ; polyakènes des Malvacées). Chacun des fruits élémentaires est un méricarpe (du grec *méris* = portion et *karpos* = fruit).

- **Déhiscents** (ou fruits *capsuloïdes*), en principe polyspermes (fig. 10-7).

+ Fruits *monocarpiques* issus d'un seul carpelle et se reconnaissant à leur déhiscence.

– *Follicule :* une fente de déhiscence suturale correspondant à la ligne de soudure des bords carpellaires (p. 32).

– *Gousse ou légume :* deux fentes de déhiscence, l'une suturale, l'autre suivant la nervure dorsale du carpelle (Légumineuses).

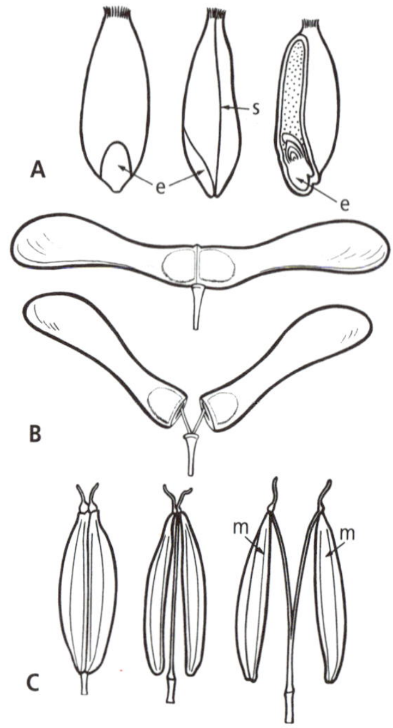

Figure 10-6. Fruits secs indéhiscents.
A, caryopse de Blé (Graminées), de gauche à droite, vu de dos, en vue presque ventrale et en coupe longitudinale (*s*, sillon; *e*, embryon, voir T. I, chap. 4); **B**, disamare d'Érable (Acéracées); **C**, diakène de *Myrrhis odorata* (Ombellifères) (*m*, méricarpe) (*in* GUINOCHET, 1965, d'après EMBERGER et TROLL).

+ Fruits *gamocarpiques issus* d'un gynécée gamocarpe (p. 32).
– Capsules à déhiscence longitudinale *suturale* :
1. Ovaires pluriloculaires à placentation axile, capsules *septicides*[1] : les parois radiales des loges (ou septums) se délaminent, puis chaque carpelle s'ouvre comme un follicule. Autant de valves que de carpelles (une valve = un carpelle) (Digitales, Tabac/Solanacées).
2. Ovaires uniloculaires à placentation pariétale (Résédacées, Gentianacées).

– Capsules à déhiscence longitudinale *dorsale* :
1. Ovaires pluriloculaires à placentation axile, capsules *loculicides*[2] : encore autant de valves que de carpelles, mais les valves sont mixtes (chacune est constituée de la moitié de deux carpelles voisins) et entraînent une cloison et un fragment de la colonne axile délaminée. Type de capsule le plus répandu.
2. Ovaires uniloculaires à placentation pariétale (Violacées, Cistacées).

– Capsules à déhiscence longitudinale *paraplacentaire* :
1. Ovaires pluriloculaires à placentation axile : les cloisons délimitant les loges sont rompues (capsules *septifrages*)[3]. Ce mode de déhiscence est obligatoirement associé à un autre (septicide ou loculicide). Chez les Euphorbiacées, par exemple, la déhiscence est, à la fois, septifrage, septicide et loculicide.
2. Ovaires uniloculaires à placentation pariétale (Orchidacées). La *silique* des Crucifères, du fait de sa « fausse cloison » est un cas particulier de capsule à placentation pariétale et à déhiscence paraplacentaire (deux valves stériles) (fig. 3-25).

---

1. Septicide, du latin *septum* = cloison et *caedere* = fendre, couper.
2. Loculicide, du latin *loculus* = loge et *caedere.*
3. Septifrage, du latin *septum* et *frangere* = briser, rompre.

Déhiscence	Ovaire simple	Ovaire composé ⟶ CAPSULE
Ventrale (ou suturale)	 FOLLICULE	 Dans le cas d'un ovaire pluriloculaire, l'ouverture ventrale des carpelles doit être accompagnée d'une délamination des septums, d'où le nom de capsule septicide
Dorsale	 GOUSSE L'ouverture dorsale est **toujours** associée à une ouverture ventrale	 Loculicide
Paraplacentaire		 Dans le cas d'un ovaire pluriloculaire, la déhisc. est dite septifrage : elle est obligatoirement complétée par d'autres types de déhiscence : loculicide, etc. Dans le cas d'un ov. uniloculaire et à 2 carpelles ⟶ SILIQUE
Particulière		 Ex : déhiscence transversale (ovaire uni- ou pluriloculaire) ⟶ PYXIDE

Figure 10-7. Fruits secs déhiscents (d'après J.-L. GUIGNARD, 1989).

– Capsules à déhiscence *denticide* : les valves sont réduites à des dents situées au sommet de la capsule (Caryophyllacées).

– Capsules à déhiscence *transversale* : *pyxides* des Plantaginacées.

– Capsules à déhiscence *poricide* des Pavots (Papavéracées).

■ Fruits **charnus** (fig. 10-8)

• **Baies,** fruits à *pépins* (= graines) dont le péricarpe est charnu dans toute son épaisseur.

+ Baies *monospermes,* les moins nombreuses (Pipéracées, certains Palmiers)[1].

1. La datte du Palmier-Dattier est monosperme par avortement de deux ovules sur trois d'un ovaire triloculaire.

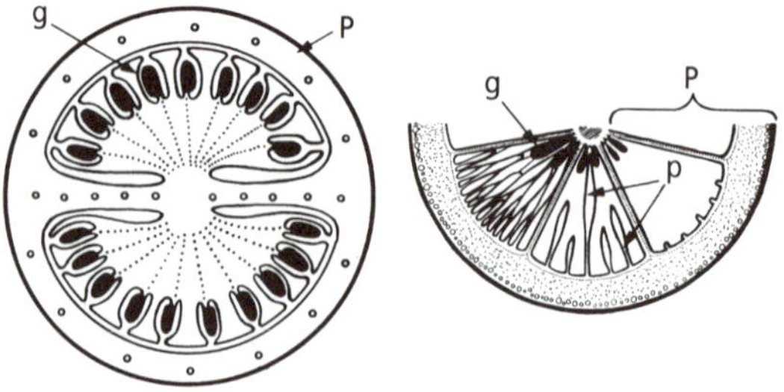

Figure 10-8. Fruits charnus.
A gauche, coupe transversale dans une tomate (*P*, péricarpe; *g*, graines). A droite, demi-coupe transversale dans une orange (*P*, péricarpe; *g*, graines; *p*, poils charnus) (*in* GUINOCHET, 1965, d'après TROLL).

+ Baies *polyspermes* (Groseille, Raisin, Tomate).

Les fruits de certaines Rutacées, les Aurantioïdées (Orange, Citron) sont des baies particulières développées à partir d'un ovaire à cinq loges ou plus, chacune étant pluriovulée. L'épicarpe jaune est riche en poches à essence, le mésocarpe blanc est spongieux et l'endocarpe membraneux constitue les cloisons limitant les quartiers. Chacun d'entre eux est une cavité remplie de poils charnus comestibles.

• **Drupes,** fruits à noyaux, chaque noyau comprenant un endocarpe scléreux ou cartilagineux enfermant la graine.

+ Drupes *monospermes* dérivant d'ovaires uniloculaires (uni- ou pluriovulés) dont un seul ovule évolue en graine (Cerise, Prune, Pêche, Abricot/Rosacées)[1].

+ Drupes *polyspermes :* le fruit des Caféiers (Rubiacées) est une drupe à deux noyaux, chacun contenant une graine à albumen corné, le grain de café.

Fruits multiples (fig. 10-9)

Dans la famille des Renonculacées, on rencontre souvent des akènes multiples (Renoncules, Clématites, Anémones) ainsi que des follicules multiples (Hellébores, p. 32).

La « mûre » et la framboise, fruits de Ronces (*Rubus*/Rosacées) comprennent plusieurs petites drupes (drupéoles).

Pseudo-fruits

Les Rosacées en fournissent plusieurs exemples. Dans une fraise, la partie charnue comestible est la zone du réceptacle floral située au-dessus de la corolle (fleur hypogyne, p. 37). En se développant, elle sépare les akènes (« pépins ») primitivement rapprochés dans la fleur jeune.

Le fruit des Rosiers (ou cynorrhodon) est encore un réceptacle charnu et rouge, mais ici en forme de coupe (fleur épigyne, p. 37), au fond de laquelle se trouvent de multiples akènes.

---

1. L'olive, fruit de l'Olivier (Oléacées) est une drupe monosperme par avortement d'une loge ovarienne et d'un ovule de la loge restante. La convergence morphologique avec la baie monosperme du Palmier-Dattier est flagrante.

Figure 10-9. Convergences hétéroplastiques entre une framboise, à gauche, et une mûre de Mûrier, à droite (explications dans le texte) (*in* GUINOCHET, 1965).

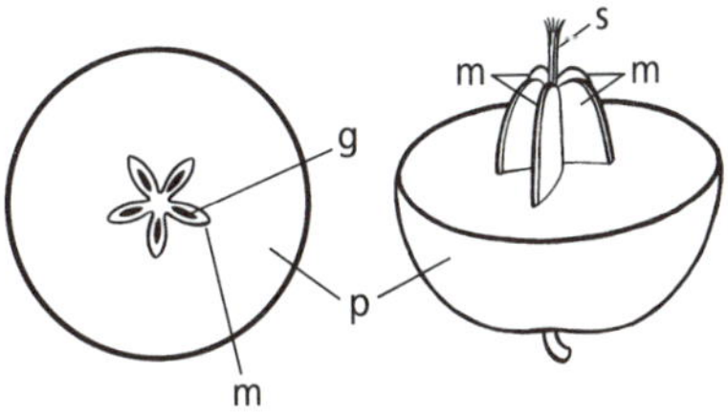

Figure 10-10. Coupe transversale (à gauche) et dissection (à droite) d'une pomme. *m*, endocarpe cartilagineux; *p*, partie charnue comestible; *g*, graines; *s*, reste des styles (explications dans le texte) (*in* GUINOCHET, 1965).

Pommes et poires sont des drupes particulières dérivant d'un ovaire infère à cinq loges (fig. 10-10). Selon l'interprétation que les auteurs donnent de cet ovaire infère, la partie comestible charnue est, pour les uns, en partie d'origine réceptaculaire et en partie d'origine carpellaire, la paroi des loges représentant alors l'endocarpe. Pour d'autres, le mésocarpe charnu est uniquement d'origine réceptaculaire, l'endocarpe correspondant alors à l'ensemble des carpelles. Celui-ci, bien qu'entourant les pépins, ne constitue pas un noyau typique comme dans les drupes ordinaires.

Les inflorescences des Figuiers (Moracées) sont constituées d'un réceptacle à l'intérieur duquel sont disposées les fleurs. Dans une figue, c'est ce réceptacle charnu qui est comestible, les « pépins » étant, en réalité, des akènes. Cet exemple établit la transition entre les pseudo-fruits et les fruits composés, puisque chaque figue est une inflorescence transformée dont les fruits sont libres entre eux, ce qui n'est pas le cas des fruits composés.

Fruits composés

L'inflorescence femelle des Mûriers (Moracées) est un chaton de fleurs dont chaque gynécée donne un akène enveloppé par le calice accrescent (p. 25) et charnu. En outre, les fausses drupes ainsi formées sont cohérentes réalisant une infrutescence tout à fait analogue au fruit multiple des *Rubus* (fig. 10-9).

Le fruit de l'*Ananas sativus* (Broméliacées) est un ensemble coalescent de baies, de bractées et de l'axe de l'épi, tous ces éléments étant charnus (fig. 10-11).

Ces deux exemples, après celui de la Figue, montrent que la séparation entre pseudo-fruits et fruits composés est assez artificielle, comme toute classification des fruits d'ailleurs.

« Fruits » des Gymnospermes (fig. 10-12)

Les ovules des Gymnospermes étant nus du fait de l'absence d'ovaire, il n'existe théoriquement pas de fruit véritable dans ce groupe, mais seulement des graines. Pourtant, la gymnospermie étant plus ou moins compensée de différentes

Figure 10-11. Ananas, fruit de l'*Ananas sativus* (Broméliacées) (explications dans le texte) (*in* GUINOCHET, 1965, d'après EMBERGER).

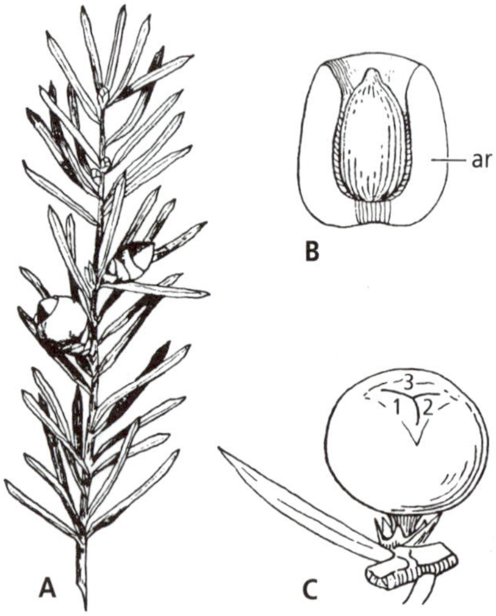

Figure 10-12. Exemples de gymnospermie compensée.
A, rameau d'If porteur de « fruits »; **B**, coupe longitudinale d'un de ces « fruits » (*ar*, arille); **C**, « baie » de Genièvre dérivée d'un cône constitué de trois ovules et de trois feuilles ovulifères devenues coalescentes et entourant totalement les graines (*in* EMBERGER, 1960, d'après PILGER, METRO et SAUVAGE).

façons, on est conduit à parler de « fruits », mais il ne faut pas oublier qu'ils ne sont pas de même nature que ceux des Angiospermes.

Nous nous limitons volontairement à quelques exemples empruntés aux Gymnospermes, mais les Chamydospermes auraient pu en fournir de comparables.

■ **Pinacées.** Après la fécondation survenue la deuxième année de l'existence des cônes femelles de Pins, les écailles et les bractées accrescentes se lignifient, tandis que les ovules se transforment en graines. Il en résulte un « fruit » constitué par les écailles qui, serrées les unes contre les autres, assurent, bien qu'elles ne soient pas soudées entre elles, la protection des jeunes graines. Quand celles-ci parviennent à maturité, les écailles s'écartent et les graines sont libérées.

■ **Genévriers** (Cupressacées). Chez les *Juniperus,* les feuilles ovulifères des cônes femelles deviennent charnues, *concrescentes* et complètement enveloppantes. On est alors en présence d'une « baie » polysperme dans laquelle les bractées jouent le rôle de carpelles.

■ **Taxacées.** Un « arille » charnu et rougeâtre englobe presque totalement la graine de l'If *(Taxus baccata).* Cette formation, dérivée de la feuille la plus proche de l'ovule et opposée à lui, peut être considérée comme un deuxième tégument ovulaire. Dans le genre *Torreya,* la graine disparaît totalement à l'intérieur de l'arille. Une « baie » monosperme est ainsi réalisée.

Convergences morphologiques entre fruits et graines

Les exemples de gymnospermie compensée ont révélé des ressemblances flagrantes entre Gymnospermes et Angiospermes, mais on est seulement en présence d'analogies, car les fruits des unes et des autres, pour être de même forme et de même constitution apparente, n'en sont pas moins de nature différente (convergences hétéroplastiques).

Une série de quatre exemples permettra de préciser la notion de convergence hétéroplastique. Si l'on compare l'ovule des Préspermaphytes (fig. 6-18) à la drupe des Angiospermes, on remarque des similitudes de forme et même de couleur, mais aussi des similitudes structurales. De l'extérieur vers l'intérieur, on distingue respectivement :

– une sarcotesta ou un mésocarpe succulents ;

– une sclérotesta ou un endocarpe ligneux ;

– une amande chargée de réserves représentée par l'endosperme de l'une ou l'embryon de l'autre.

On peut étendre la comparaison à la graine mûre du *Cephalotaxus drupacea* (Taxales/Céphalotaxacées) dont le nom spécifique suggère que la graine de cette Gymnosperme rappelle encore une drupe (sarcotesta charnue, sclérotesta lignifiée, amande = gros endosperme + embryon), ainsi qu'à la graine d'une Angiosperme le *Magnolia* (Magnoliacées), comprenant encore une sarcotesta, une sclérotesta et une amande (albumen + embryon). Ce caractère archaïque s'ajoute à d'autres qui font des Magnoliacées une famille primitive.

De telles convergences rendent quelquefois délicate la détermination de la nature d'un organe. Un marron et une châtaigne sont souvent confondus, et pourtant le premier est une graine et la seconde un fruit akénoïde. D'une manière générale, une étude morphologique fine doit permettre de conclure valablement. Si l'on est en présence d'un fruit, il est possible de retrouver des restes de pièces florales, de style ou de stigmate (fig. 10-19). Au contraire, une graine en sera dépourvue, mais le hile ou le raphé de l'ovule correspondant peuvent être encore visibles.

4. DIASPORES ET LEUR DISSÉMINATION

Conséquence de la reproduction sexuée, la propagation des Bryophytes et des Ptéridophytes est assurée par les *méiospores,* celle des Spermaphytes par les *graines,* soit directement quand elles sont libérées, soit indirectement quand elles restent à l'intérieur du fruit. Mais la dissémination naturelle des Spermaphytes se fait aussi grâce à :

– des *fragments de fruits* : la gousse des Légumineuses, fréquemment étranglée entre chaque graine (gousse lomentacée), se casse transversalement à maturité en articles déhiscents ou indéhiscents (*Onobrychis, Hippocrepis*/Papilionacées) ;

– des *fruits groupés,* comme l'étaient les fleurs correspondantes en une inflorescence (Tilleul/Tiliacées, Bardane/Composées) (voir p. 200) ;

– des *plantes complètes.* Un exemple typique est celui de la Rose de Jéricho (*Anastatica hierochuntica*/Crucifères) (fig. 10-13). Son cadavre entraîné par le vent est roulé en boule sur de longues distances. Les mouvements hygroscopiques de ses branches (déploiement pendant les brèves périodes d'humidité), facilitent la chute de ses graines (voir T. I, chap. 12).

Devant la diversité de toutes ces unités de dispersion, il leur a été donné le nom général de **diaspore** (du grec *diaspeirô* = répandre), terme qui englobe aussi les diaspores végétatives (propagules, bulbilles, bourgeons divers, etc., voir T. I, chap. 9).

Figure 10-13. Même individu mort de Rose de Jéricho (Crucifères) en atmosphère humide (à gauche) et en atmosphère sèche (à droite) (cliché Couderc).

Rythmes de production des diaspores de Spermaphytes

Il existe deux grandes catégories de Spermaphytes suivant que, pendant leur existence, ces plantes :

– fleurissent et fructifient une seule fois. Ce sont les **hapaxanthes** (du grec *hapax* = une fois) ou **monocarpiques** ;

– présentent plusieurs floraisons et fructifications, ce qui leur donne un avantage certain sur les précédentes. Ce sont les **pollacanthes** (du grec *pollakis* = souvent) ou **polycarpiques**.

Hapaxanthes

Elles comprennent :

– les plantes **annuelles** qui passent à l'état de graines une partie importante de l'année et sont alors soustraites aux mauvaises conditions extérieures (thérophytes, voir T. I, chap. 12) ;

– les plantes **vivaces à une seule floraison** qui subissent l'influence de plusieurs cycles saisonniers. Les unes sont *bisannuelles,* telles la Carotte (Ombellifères) et la Betterave (Chénopodiacées). A l'état végétatif la première année, pendant laquelle des réserves sont constituées, elles fleurissent et fructifient la seconde année, avant de disparaître. D'autres sont qualifiées de *pluriannuelles.* Après un certain nombre d'années (de 10 à 50) passées sous forme de rosettes de feuilles charnues renouvelées régulièrement, l'Agave (*Agave americana*/Amaryllidacées) fleurit, fructifie et meurt en quelques semaines. De même, les Bambous (Graminées) ne parviennent à fleurs qu'au bout d'une trentaine d'années, pendant lesquelles leur rhizome s'accroît, se ramifie, donnant des chaumes de plus en plus nombreux. Chaque individu peut alors couvrir de grandes surfaces. Quand la floraison survient, elle intéresse tous ces chaumes, puis l'individu disparaît.

Pollacanthes

Ces plantes **vivaces à floraisons multiples** sont caractérisées par le fonctionnement simultané et coordonné de bourgeons responsables, les uns du développement de l'appareil végétatif, les autres de celui de l'appareil reproducteur. Elles sont représentées par différentes formes biologiques : phanérophytes, chaméphytes, hémicryptophytes et cryptophytes (voir T. I, chap. 12).

Leur maturité sexuelle est atteinte en quelques années pour les herbes dont la longévité est relativement courte, mais, pour les arbres qui vivent toujours beaucoup plus longtemps, elle demande plusieurs décennies (40 ans pour les Chênes européens).

Facteurs et agents de la dissémination des diaspores

Comme celle des méiospores et des grains de pollen, la dissémination des diaspores dépend de divers facteurs physiques (pesanteur, vent, eau) ou (et) des animaux, principalement Oiseaux et Mammifères, secondairement Insectes, c'est-à-dire l'inverse de ce qui a été signalé pour le pollen[1].

Bien que les diaspores aient une taille supérieure à celle des méiospores et des grains de pollen, les facteurs physiques et les agents biologiques en jeu étant les mêmes, les adaptations des diaspores sont tout à fait comparables, dans leur principe, à celles décrites pour le pollen. Il y aura lieu, par exemple, de mettre en

1. Si la déhiscence des sporanges de Ptéridophytes se fait avec projection des méiospores (p. 13), on rencontre, parmi les Spermaphytes, des exemples analogues. La déhiscence de certains fruits secs s'accompagne d'un véritable lancement de leurs graines (gousse du Genêt à balais/Papilionacées, silique de la Cardamine hirsute/Crucifères, capsules de nombreuses Balsaminacées comme les *Impatiens,* le schizocarpe des Géraniacées, fig. 10-14). Chez le Sablier élastique (*Hura crepitans*/Euphorbiacées), le fruit éclate en 18 morceaux (18 carpelles) avec un telle violence que les graines de 1 cm d'épaisseur sont projetées jusqu'à 25 mètres. Il en est de même, mais plus rarement, pour des fruits charnus. Ainsi, en se séparant brusquement du pédoncule qui la porte, la baie de l'*Ecballium elaterium* lance ses graines avec un jet aqueux s'échappant par la zone d'attache fruit-pédoncule. Il est évident que le rayon de dissémination des diaspores par de tels mécanismes autonomes est toujours beaucoup plus faible que celui assuré par le vent, l'eau ou les animaux. On parle dans tous ces cas d'*autochorie.*

parallèle l'*anémochorie* (du grec *anemos* = vent et *choreô* = avancer ; en dispersant les diaspores, le vent fait « avancer » l'espèce) et l'anémophilie, l'*hydrochorie* et l'hydrophilie, la *zoochorie* et la zoïdophilie. De telles comparaisons peuvent être conduites plus loin car, pour les diaspores comme pour le pollen, la dispersion peut être le fait, à la fois, d'un ou de plusieurs facteurs physiques ou (et) de plusieurs agents biologiques.

En outre, l'Homme intervient activement en effectuant des semis pour les espèces qu'il cultive, la semence pouvant être une graine ou un fruit akénoïde (diakènes de Carotte, caryopses de Blé, Orge, Seigle, etc.)[1].

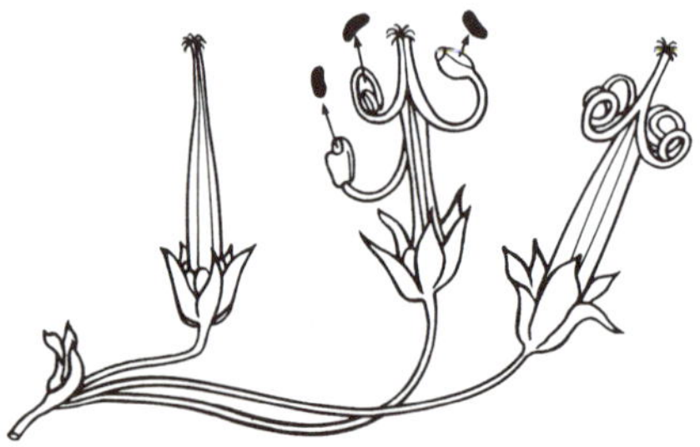

Figure 10-14. Projection des graines d'un *Geranium*.

Le fruit pentacarpellé comporte un long bec constitué par les cinq styles soudés. Lorsque le fruit parvient à maturité, sa déhiscence est particulière. Les styles se séparent brutalement et chacun, en s'enroulant sur lui-même, entraîne le carpelle correspondant dont la graine unique est projetée quand la lanière stylaire parvient en fin de course. Chaque fleur forme donc cinq méricarpes (*in* GUINOCHET, 1965, d'après MCLEAN et coll.).

Barochorie (du grec *baros* = poids)

Sans appareils particuliers de dispersion, par leur seul poids, des graines et des fruits tombent au pied de la plante-mère (marrons, châtaignes, glands, plantules de Palétuviers, fig. 10-5). Le record, dans ce domaine, est établi par un Palmier, le *Lodoicea maldavica,* dont les fruits produisent une à trois graines pesant chacune entre 10 et 20 kg !

Zoochorie (fig. 10-15 et 10-16)

C'est le principal mode de dissémination des diaspores, que l'animal joue un rôle actif (**endozoochorie,** la plus importante), ou un rôle passif (**exozoochorie**).

Dans les cas d'endozoochorie, la diaspore comprend toujours une partie succulente, alimentaire pour l'animal frugivore (péricarpe d'une baie, mésocarpe

1. Le terme de semence est étendu quelquefois aux plantes sauvages, et même aux tubercules de Pomme de terre qui, mis en terre, produisent de nouveaux pieds.

Figure 10-15. Fruit et graine *(g)* entourée d'un arillode *(a)* chez le Fusain (Célastracées).

Cet arillode succulent, de couleur orangée, est consommé par les Rouges-gorges et les Mésanges charbonnières qui assurent ainsi la dissémination des graines (endozoochorie) (cliché COUDERC).

d'une drupe, réceptacle de la Fraise, etc.), et dont les pépins, le noyau ou les akènes rejetés avec les excréments, germent facilement, leurs téguments étant souvent digérés en partie au cours du transit dans le tube digestif du consommateur (fig. 10-15).

Quant à l'exozoochorie, elle joue pour les diaspores sèches munies d'un système d'accrochage macro- ou microscopique permettant la fixation aux poils ou aux plumes du vecteur :

– bractées glutineuses, à l'extrémité recourbée, des capitules de la Bardane (Composées) ;

– style accrescent et crochu des akènes de Benoîte (Rosacées) ;

– épines microscopiques en harpons (glochidies) du tégument de l'akène de Cynoglosse (Boraginacées) ;

– pointes microscopiques du tégument de la graine de la Nielle des Blés (Caryophyllacées).

Plus simplement, les animaux emportent aussi des diaspores collées à leurs pattes par de la terre. A partir de la terre prélevée sur les pattes d'une seule Perdrix, Darwin obtint le développement de 82 plantules.

Les Fourmis méritent une place particulière ne relevant ni de l'endozoochorie, ni de l'exozoochorie véritables. Il est bien connu que ces Hyménoptères transportent, entre leurs mandibules, un très grand nombre de graines, en particulier celles pourvues d'arilles ou d'arillodes riches en huile qu'elles consomment. En Amazonie, elles habitent dans les arbres et montent dans leurs nids, terre et graines de certaines espèces. En germant, celles-ci consolident le nid et constituent de véritables jardins perchés que les Fourmis exploitent en se nourrissant des fruits charnus produits par leur culture.

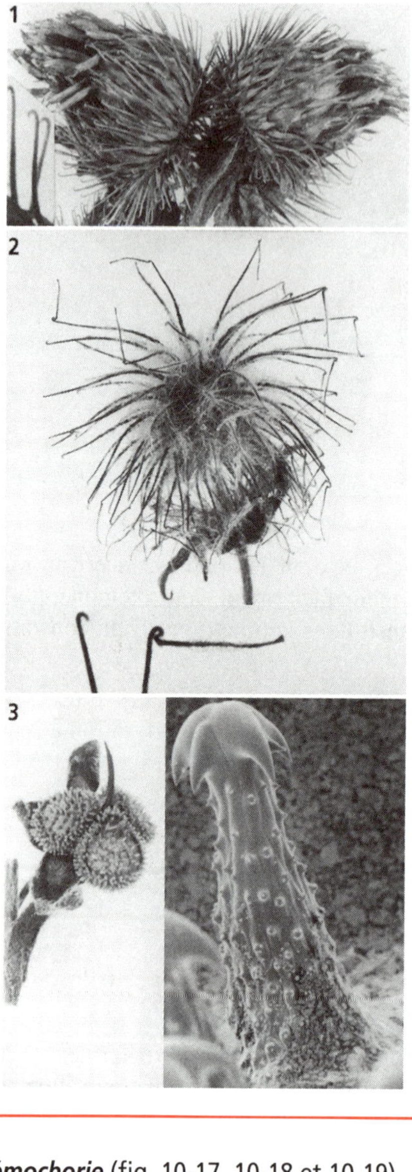

Figure 10-16. Diaspores disséminées par les animaux (exozoochorie).

1, capitules de Bardane (Composées) avec détails des crochets bractéaux; **2**, akènes multiples de Benoîte (Rosacées) et détails du style accrescent devenant crochu après chute de son extrémité; **3**, fruit de *Cynoglossum officinale* (Boraginacées), avec détail d'une glochidie. Ce fruit se dissocie à maturité en quatre akènes dont trois sont ici visibles (clichés COUDERC).

Anémochorie (fig. 10-17, 10-18 et 10-19)

Les diaspores transportées par le vent sont nombreuses, petites, légères[1] et souvent pourvues d'appendices qui, en augmentant leur surface sans modifier sensiblement leur poids, freinent leur chute. L'action du vent se trouve ainsi

1. Le record inverse de celui des *Lodoicea* est établi par les Orchidacées dont les graines sont pulvérulentes.

Figure 10-17. Exemples d'anémochorie.
1, déhiscence de la capsule des Épilobes (Onagracées) montrant l'alignement de graines porteuses de soies; **2**, graine de *Digitalis ambigua* (Scrophulariacées), avec détail des alvéoles microscopiques faisant prise au vent; **3**, graine ailée de la Grande Gentiane (*Gentiana lutea*/Gentianacées); **4**, graine d'Orchidée dont la région dilatée indique l'emplacement du petit embryon paucicellulaire (clichés COUDERC).

prolongée et le transport peut s'effectuer sur des distances d'autant plus longues qu'il se fait, en général, par étapes successives.

Les appendices sont de nature variée.

– *Soies* recouvrant tout ou partie de la surface de la graine (cellulosiques chez le Cotonnier, cutinisées chez les Saules, les Peupliers et les Épilobes), localisées à la base des akènes de Platanes (Platanacées).

– Soies simples ou plumeuses formant une *aigrette* apicale sur des akènes de Composées *(Carduus, Cirsium, Taraxacum).* Souvent (Pissenlit, Salsifis, etc.), le calice adhérent à l'ovaire (ovaire infère) présente à son sommet une couronne de soies *(pappus),* que l'allongement du bord supérieur du calice accrescent porte à l'extrémité d'un long pédicelle. Le parachute ainsi réalisé, ouvert par temps sec, fait prise au moindre souffle de vent. Mais, quand l'humidité survient, les soies se rabattent en position verticale dans le prolongement du pédicelle, le parachute se ferme, l'akène descend verticalement et peut s'enfoncer en partie dans la terre par son extrémité pointue. S'il tombe à plat sur le sol, les mouvements hygroscopiques des soies se poursuivant, l'akène rampe sur le substrat jusqu'au moment où il parvient à s'y ancrer grâce aux minuscules dents en harpon du tégument de ce fruit (fig. 10-18).

– *Fouet plumeux* provenant d'un style accrescent (Clématites et Anémones/Renonculacées).

Figure 10-18. Même akène de *Tragopogon* (Salsifis/Composées) en atmosphère sèche (à gauche) et en atmosphère humide (à droite) (explications dans le texte) (cliché COUDERC).

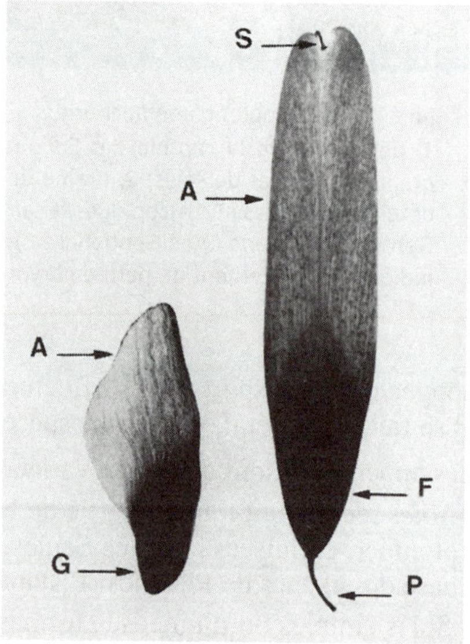

Figure 10-19. Convergences hétéroplastiques entre une graine de Mélèze (à gauche) et une samare de Frêne (à droite), diaspores anémochores.
A, aile; *G*, graine; *P*, fruit; *S*, reste de style; *P*, pédoncule floral (cliché COUDERC).

– *Ailes d'origine variée* : tégument de la graine des Pinacées, des *Catalpa* (Bignoniacées), tégument de fruits akénoïdes (samare de Frêne/Oléacées), calice accrescent de certaines Diptérocarpacées (fausses samares), préfeuilles (Charmes et Bouleaux/Bétulacées), bractée inflorescentielle (Tilleuls/Tiliacées)[1].

– *Ballonnets* : calice vésiculeux des *Anthyllis* (Papilionacées), gousse vésiculeuse du Baguenaudier (Papilionacées).

1. Quand les ailes sont très développées (disamares des Érables, fig. 10-6), elles tournent comme les pales d'un hélicoptère, freinant ainsi la chute de la diaspore.

Hydrochorie

Beaucoup de graines et fruits (fruit de Nymphéacées globuleux et spongieux par ses lacunes aérifères) de végétaux aquatiques flottent sur les eaux et sont entraînés par les courants.

Les distances parcourues à la surface des océans sont fonction de l'imperméabilité des parois de la graine ou du fruit et de la longévité de l'embryon. C'est ainsi que quelques espèces sont répandues sur tous les rivages tropicaux du globe.

Cas particulier de la géochorie

Les espèces géochores ne libèrent pas leurs graines, mais enterrent leurs fruits. Elles assurent ainsi leur maintien sur place, mais pas leur dispersion qui ne peut être le fait que d'animaux fouisseurs ou de l'Homme. C'est le cas de deux Papilionacées, l'Arachide *(Arachis hypogaea),* dont la gousse ligneuse indéhiscente est la cacahuète, et le *Trifolium subterraneum.*

5. GERMINATION

« La germination apparaît comme un stade critique de la plante nouvelle, créée par la fécondation; elle a commencé son développement, un peu comme chez les Animaux vivipares, dans les tissus maternels, servie par les fonctions de la plante-mère; elle doit, en utilisant la masse de réserves, c'est-à-dire l'espèce d'héritage qui lui est transmis, se fixer au sol et faire l'expérience de la vie autotrophe. » (Plantefol)

Conditions et étapes de la germination

■ Pour que la plantule de la graine mûre reprenne une vie active et croisse, il faut que :

– la graine ait conservé son pouvoir germinatif;

– d'éventuelles inhibitions (dormances d'origine tégumentaire ou embryonnaire) soient levées;

– les conditions extérieures soient propices, l'eau, la température, la composition de l'atmosphère et la lumière jouant un rôle de premier plan (voir Heller et coll., *Abrégé de physiologie végétale,* T. II, chap. 11).

■ La reprise de la croissance de la plantule est toujours précédée d'une absorption d'eau par imbibition des colloïdes hydrophiles de la graine. L'hydratation germinative a pour conséquence un gonflement de la graine suivi de la rupture de ses téguments. Quand celle-ci est prisonnière d'un fruit akénoïde ou d'un noyau, la paroi de l'un et de l'autre cède également sous la pression exercée par la graine. Il s'établit ensuite un gradient de croissance dans le temps, de la radicule à la gemmule, celle de l'axe hypocotylé étant nulle, réduite ou importante d'une espèce à l'autre, d'où des phénomènes morphologiques différents suivant les cas. Cette croissance se fait toujours aux dépens des réserves, les cotylédons digérant celles de l'albumen (graines albuminées), ou leurs propres réserves (graines exalbuminées).

Phénomènes morphologiques de la germination

Suivant la structure des graines et les modalités de la croissance en longueur de l'axe hypocotylé, on distingue différents types de germination commençant tous par la sortie de la radicule.

■ **Dicotylédones** (fig. 10-20). Si la germination est *hypogée* (Pois), la graine reste dans le sol, les cotylédons ne se dégagent pas du tégument, l'hypocotyle grandit fort peu, et seul l'épicotyle formé par la gemmule sort de la terre. En revanche, quand la germination est *épigée* (Haricot/graine exalbuminée et Ricin/graine albuminée), les cotylédons se dégagent progressivement, l'hypocotyle s'allonge fortement, soulevant au-dessus du sol les deux cotylédons qui verdissent et jouent le rôle de premières feuilles assimilatrices.

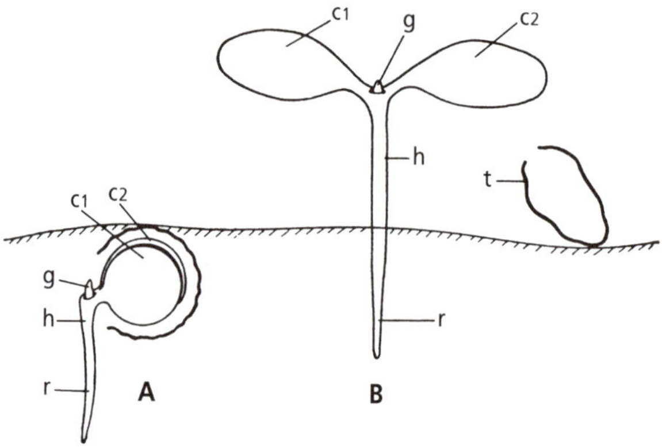

Figure 10-20. Germination des Dicotylédones.
A, quand elle débute, les cotylédons sont encore inclus dans la graine. Si la germination est hypogée, ils ne la quittent pas, l'hypocotyle s'allongeant très peu; seule, la jeune tige, mise en place par la gemmule, sort du sol; **B**, si la germination est épigée, les cotylédons se dégagent de la graine, l'hypocotyle croît et les porte au-dessus du sol. Ils constituent alors les premières feuilles assimilatrices de la jeune plante (C_1 et C_2) ou cotylédons (*g*, gemmule; *h*, hypocotyle; *r*, radicule; *t*, tégument de la graine) (*in* MANGENOT, 1973).

■ **Monocotylédones** (fig. 10-21). La germination est plus variée, bien que la plupart du temps hypogée. Celle des graines exalbuminées est très simple. Le cotylédon engaine la première feuille, celle-ci la deuxième, et ainsi de suite. Au contraire, dans certaines familles à graines albuminées, on assiste à des processus particuliers. Chez les Graminées (voir T. I, chap. 4), radicule et gemmule sont coiffées respectivement par la coléorhize et le coléoptile qui, après déchirure, livreront passage aux jeunes racines et à la première feuille. Pour le Palmier-Dattier, après la sortie de la radicule, le pétiole du cotylédon subit un très fort

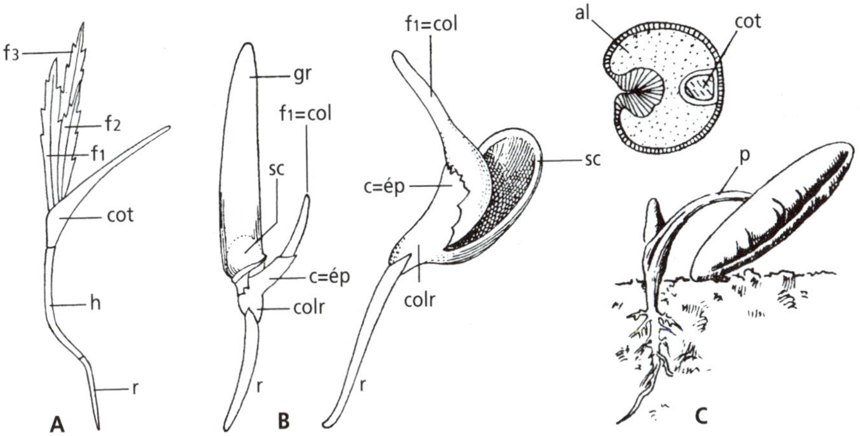

Figure 10-21. Germination des Monocotylédones.
A, *Najas major* (Najadacées) à graines exalbuminées (*r*, radicule; *h*, hypocotyle; *cot*, cotylédon; f_1, f_2, f_3 : feuilles apparaissant successivement après le cotylédon); **B**, *Stipa pennata* (Graminées) à graines albuminées : à gauche caryopse germant, à droite plantule dégagée du caryopse (*r*, radicule; *colr*, coléorhize; *c = ép*, gaine cotylédonaire = épiblaste; f_1 = *col*, 1re feuille = coléoptile; *sc*, scutellum ou suçoir cotylédonaire; *gr*, graine dans caryopse); **C**, Palmier-Dattier à graines albuminées : germination et coupe transversale d'un « noyau » de Datte (*p*, pétiole cotylédonaire; *cot*, cotylédon; *al*, albumen) (A et B, *in* EMBERGER, 1960, d'après VELENOWSKI; C, OZENDA, *in* GAUSSEN et coll., 1982).

allongement qui a pour conséquence l'enfoncement de la plantule en terre. Plus tard, les jeunes feuilles déchirent la gaine cotylédonaire et se libèrent.

■ **Graines aux embryons incomplets ou indifférenciés.** Les espèces holosaprophytes, hémi- ou holoparasites présentent souvent un embryon incomplet (Gui, voir T. I, chap. 10), ou même totalement indifférencié (Pyrolacées, Orobanchacées, Orchidacées). Dans le second cas, la plantule peut naître sans que l'embryon parvienne au stade habituel de différenciation complète. Chez les Pyrolacées (*Pyrola, Monotropa,* voir T. I, chap. 10), par exemple, la graine n'engendre pas une plante ordinaire avec racines, tiges et feuilles, mais seulement un corps filamenteux et ramifié à structure de racine. C'est à partir de cet organe racinaire vivant librement que se formeront, plus tard, les axes floraux.

Avec les Orchidacées, la germination est dépendante de phénomènes symbiotiques. En effet, Noël Bernard a montré que leurs graines ne peuvent germer naturellement qu'après infestation par un Basidiomycète du genre *Rhizoctonia* (mycorhizes endotrophes). Les cellules embryonnaires se divisent alors, et un tubercule souterrain est formé, c'est le *protocorme* avec ses rhizoïdes. A son extrémité supérieure, à l'aisselle d'une première feuille, se met en place un bourgeon à partir duquel apparaît la tige florifère portant à sa base des racines adventives (voir Gorenflot et Guern, *Organisation et biologie des Thallophytes,* Doin).

6. CYCLES DE DÉVELOPPEMENT (fig. 10-22)

Si les Bryophytes et les Ptéridophytes actuels sont caractérisés par un cycle digénétique hétéromorphe diplohaplophasique avec, en principe, superposition de l'alternance de générations et de l'alternance de phases nucléaires, la reproduction sexuée des Spermaphytes nous a montré qu'il en est de même pour eux puisque, d'un œuf à l'œuf suivant, se succèdent un sporophyte à 2 *n* et un gamétophyte à *n* morphologiquement dissemblables. Pourtant des différences existent entre ces trois groupes.

Comparaison entre Bryophytes, Ptéridophytes et Spermaphytes

■ La régression du gamétophyte observée des Bryophytes aux Ptéridophytes, celui-ci étant nettement dominant dans le temps et dans l'espace chez les premiers, alors que c'est, au contraire, le sporophyte qui est prépondérant chez les seconds, s'accentue encore de l'endosperme et du pollen des Gymnospermes au sac embryonnaire et au pollen des Spermaphytes. Cette involution gamétophytique est poussée si loin que, dans des cas particuliers, le gamétophyte femelle a disparu complètement. En effet, il arrive quelquefois que le sac embryonnaire de *Tulipa sylvestris* soit constitué uniquement par les quatre mégaspores, sans qu'aucune mitose ne survienne après la méiose, l'une d'entre elles jouant le rôle de gamète femelle (oosphère). Le cycle est alors devenu monogénétique et diplophasique, au moins dans la lignée femelle, comme chez certaines Algues (*Codium*/Chlorophycophytes/Chlorophycées), à la différence près que les quatre méiospores de *Tulipa* ne fonctionnent pas *normalement* comme des oosphères (p. 111).

■ La régression du gamétophyte s'accompagne d'une modification dans ses relations avec le sporophyte.

– Bryophytes : le sporophyte parasite totalement dans le temps le gamétophyte qui le précède.

– Ptéridophytes : un tel parasitisme existe encore, mais il ne se fait sentir que pendant une courte période.

– Spermaphytes : le gamétophyte n'a plus de vie libre sur le sol. Si l'endosperme a encore un rôle nutritif vis-à-vis du nouveau sporophyte, le sac embryonnaire n'assure pas, ou si peu, la nutrition du jeune embryon, celle-ci dépendant du nucelle (sporophyte précédent) et de l'albumen (avant ou pendant la germination).

■ Parallèlement à l'involution du gamétophyte, l'endoprothallie et la viviparité s'accentuent et conduisent à la réalisation de la graine.

■ Perdant progressivement son rôle nutritif, le gamétophyte ne conserve plus que son rôle sexuel chez les Angiospermes. Différents degrés sont décelables dans le développement de la sexualité.

– Les anthéridies et les archégones apparaissent côte à côte sur le gamétophyte non sexué des Bryophytes monoïques.

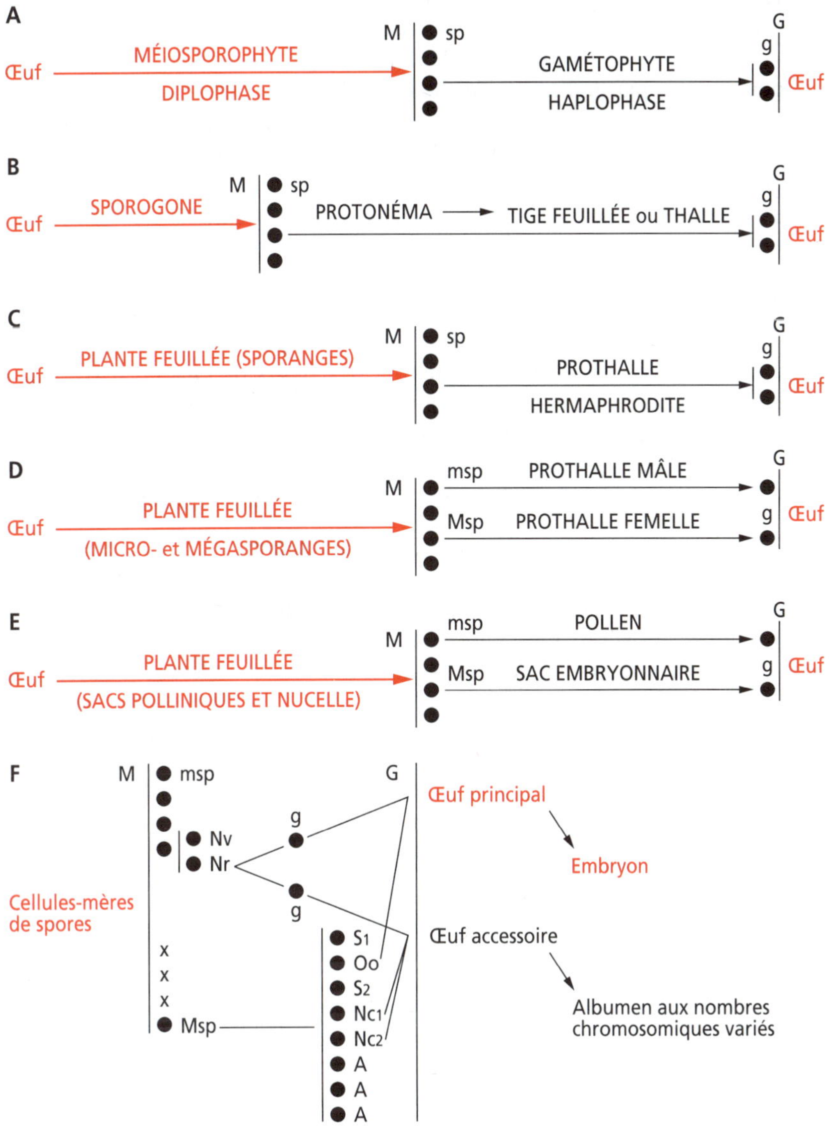

Figure 10-22. Principaux cycles (schématisés) de développement des Cormophytes. **A**, cycle isomorphe de *Rhynia;* **B**, Bryophytes monoïques ou pseudo-dioïques (voir p. 118-119); **C**, Ptéridophytes isosporés; **D**, Ptéridophytes hétérosporés; **E** et **F**, Angiospermes au sac embryonnaire octonucléé (*sp,* méiospores; *msp,* microspores; *Msp,* mégaspores; *g,* gamètes; *M,* méiose; *G,* gamie; *Nv,* noyau végétatif; *Nr,* noyau reproducteur; S_1 et S_2 : synergides; *Oo,* oosphère; Nc_1 et Nc_2, noyaux centraux; *A,* antipodes).

– La phase sexuelle très courte des espèces précédentes s'allonge pour les Bryophytes dioïques, puisqu'elle débute à la formation des gamétophytes mâles et femelles, conséquence de la méiose, deux des quatre méiospores issues d'une même cellule-mère étant mâles, les deux autres femelles. Cette dualité se matérialise quelquefois par de l'hétérosporie (p. 116).

– Avec des Ptéridophytes comme les Sélaginelles, la sexualité se manifeste déjà au niveau du sporophyte, celui-ci portant des mégasporanges et des microsporanges libérant des mégaspores femelles et des microspores mâles. On peut rapprocher de cet exemple, celui des Angiospermes à fleurs hermaphrodites. Les étamines produisent des microspores évoluant en grains de pollen, prothalles mâles; de même, dans le nucelle de l'ovule, les mégaspores sont à l'origine du prothalle femelle, le sac embryonnaire.

– Les Angiospermes à fleurs diclines ne sont pas obligatoirement dioïques, mais la localisation, sur un même individu, des fleurs de chaque sexe peut être différente. Les fleurs femelles du Noyer (*Juglans regia*/Juglandacées) sont portées par les rameaux de l'année, les mâles par les rameaux de deux ans.

– Enfin avec les Angiospermes dioïques, le tronçon sporophytique est tout entier sexué; la sexualité a envahi tout le cycle de développement.

■ Cas particulier des *Rhynia.* Il a été signalé au chapitre 7 (p. 90) que le *Rhynia major* et le *R. gwynne-vaughanii* seraient respectivement le sporophyte et le gamétophyte d'une même espèce. Leur ressemblance étant flagrante, si l'on se trouve encore en présence d'un cycle digénétique, celui-ci est, cette fois, isomorphe. L'évolution des trachéophytes se serait donc faite comme celle des Algues, c'est-à-dire du cycle digénétique isomorphe, au cycle hétéromorphe et même, dans de très rares cas, au cycle monogénétique diplophasique (voir plus haut). En revanche, le cycle monogénétique haplophasique de certaines Algues ne se rencontre jamais parmi les trachéophytes, du fait de la régression du gamétophyte.

En marge du cycle de développement

Si, d'une manière générale, toute reproduction sexuée normale est caractérisée par l'alternance de la *gamie* (union de deux gamètes) et de la *méiose,* celle-ci maintenant le nombre chromosomique spécifique malgré la réunion des chromosomes d'origine paternelle et d'origine maternelle lors de la gamie, il arrive que cette reproduction sexuée se dégrade. Quand le développement d'un nouvel individu se fait sans gamie préalable, on est en présence d'une **apomixie** typique (du préfixe *apo,* privatif et du grec *mixis* = union). La méiose, elle aussi, peut être suspendue passagèrement ou définitivement (**apoméiose**), alors les individus naissant normalement de la germination des méiospores ne se forment pas. Quand la dégradation de la reproduction sexuée est poussée à l'extrême, du fait de l'apomixie et de l'apoméiose, toute recombinaison génétique est supprimée, comme dans la multiplication végétative.

Ptéridophytes

Chez une Fougère, *Lastrea pseudomas,* les noyaux de deux cellules végétatives voisines sur le prothalle fusionnent. On parle de *pseudomixie,* cette union ne concernant pas des gamètes. Le faux œuf à 2 *n* ainsi constitué croît en un sporophyte feuillé nouveau. Malgré cette apogamie particulière, l'alternance de générations se superpose encore bien à l'alternance de phases.

La variété *clarissima* de la Fougère femelle *(Athyrium Filix-femina)* ne forme pas de méiospores *(aposporie)*, donc pas de prothalles à *n* typiques, pourtant ses frondes dépourvues de sporanges développent végétativement à leur surface des lobes chlorophylliens, véritables prothalles épiphylles pourvus d'archégones et d'anthéridies. Les gamètes mâles ne fécondent jamais les oosphères, mais celles-ci se développent directement en une jeune fougère *(parthénogenèse)*. L'alternance de générations, plante feuillée-prothalle est maintenue, mais l'alternance de phases est supprimée, les prothalles et les oosphères étant, de par leur origine, à 2 *n* comme la plante feuillée. Il en est de même quand, sur les prothalles aposporiques, les oosphères avortent *(apogamie)* et qu'un nouveau sporophyte se forme encore mais, cette fois, à partir d'une cellule végétative du prothalle.

Spermaphytes

Les plantes à fleurs montrent une beaucoup plus grande diversité des manifestations apomictiques que les autres groupes (tableau 10-2).

Tableau 10-2. *Les cas d'apomixie chez les Spermaphytes* (*in* GORENFLOT et RAICU, 1980).

<table>
<tr><th colspan="2">Agamospermie</th><th>Multiplication végétative</th></tr>
<tr><td colspan="2">Formation de graines sans intervention de gamètes
Embryon identique au parent maternel</td><td rowspan="4">seule</td></tr>
<tr><td>APOMIXIE GAMÉTOPHYTIQUE</td><td>EMBRYONS ADVENTIFS</td></tr>
<tr><td colspan="2">Alternance de phases supprimée</td></tr>
<tr><td>Alternance de générations conservée</td><td>Alternance de générations supprimée</td></tr>
<tr><td>Sporophyte
↙ ↘
diplosporie aposporie
↘ ↙
Gamétophyte ♀ à 2 n
↙ ↘
parthénogenèse apogamie
↘ ↙
Sporophyte</td><td>Sporophyte
(cellules du nucelle ou des téguments ovulaires)
↓
Mitoses somatiques
↓
Sporophytes</td><td>Reproduction par bulbes, bulbilles, rhizomes, stolons, etc.</td></tr>
</table>

■ L'**agamospermie** (du préfixe *a*, privatif et du grec *gamos* = mariage) englobe tous les phénomènes apomictiques au cours desquels se forment des embryons, sans qu'intervienne l'union de deux gamètes (fig. 10-23).

– Avec l'**apomixie gamétophytique**, il existe bien un sac embryonnaire, mais ses noyaux sont à 2 *n*. Il est, en effet, issu d'une cellule nucellaire ou tégumentaire (**aposporie**), ou de la cellule archésporiale (**diplosporie**), mais sans méiose, ou à la suite d'une méiose perturbée, non réductionnelle, qui est alors responsable d'une autoségrégation dans les descendances.

A partir de ce gamétophyte femelle particulier, deux voies conduisent à des embryons. Dans l'**apogamie**, l'oosphère n'intervient pas. Ce sont les autres cellules du sac, en particulier les synergides (plus rarement les antipodes) qui, en se multipliant, engendrent des embryons, ce qui peut conduire encore à une polyembryonie, mais, contrairement aux embryons apogames du *Plantago lanceolata* et de l'*Ulmus americana,* ils sont à 2 *n*. La **parthénogenèse** (à partir de l'oosphère) est beaucoup plus répandue, en particulier dans la famille des Composées (*Artemisia, Erigeron, Hieracium, Taraxacum,* etc.)[1].

Avec l'apomixie gamétophytique, l'alternance de générations est conservée, puisque le sac embryonnaire existe, mais il n'en est pas de même de l'alternance de phases, le prothalle femelle étant à 2 *n* chromosomes comme la plante feuillée.

– Des **embryons adventifs** viables se différencient à partir d'une cellule (ou d'un groupe de cellules) du nucelle ou, plus rarement, du tégument ovulaire entourant le nucelle comme pour *Potentilla reptans* (Rosacées) et *Oenothera lamarckiana* (Onagracées). Chez les Citronniers et les Orangers, une *polyembryonie*[2] se traduit par l'existence, au sein de la graine, de plusieurs embryons d'origine nucellaire coexistant avec l'embryon normal.

Embryons adventifs et embryons dérivant d'une reproduction sexuée sont morphologiquement identiques, à la différence près que les premiers sont dépourvus de suspenseur (comme ceux d'origine androgénétique d'ailleurs, voir p. 212).

Cette fois, l'alternance de générations (et l'alternance de phases) est suspendue, puisque le sac embryonnaire est toujours absent.

■ La **multiplication végétative** ne peut être considérée comme relevant de l'apomixie que si les processus sexuels normaux ne fonctionnent pas, et ceci pour des raisons variées.

– L'Élodée du Canada (*Helodea canadensis*/Hydrocharitacées) est une espèce dioïque introduite en Europe en 1836, où l'on ne trouve que des pieds femelles.

---

1. Beaucoup plus rarement, la parthénogenèse peut se dérouler à partir de l'oosphère d'un sac embryonnaire normal, c'est-à-dire à *n* chromosomes. Mais, si le phénomène ne s'accompagne pas d'une régulation doublant le nombre chromosomique de l'embryon, celui-ci n'est ordinairement pas viable.
2. Il existe d'autres cas de polyembryonie :
a. par clivage longitudinal de l'embryon typique : polyembryonie normale chez les Conifères (p. 177), mais assez exceptionnelle parmi les Angiospermes (*Erythronium* et *Tulipa*/Liliacées et des Orchidacées) ;
b. du fait de l'existence de plusieurs archégones par endosperme (p. 107), de plusieurs sacs embryonnaires par ovule, de la coalescence de plusieurs ovules, ou encore de la présence de sacs embryonnaires dans la paroi ovarienne (Loranthacées) ;
c. du fait du développement d'une cellule du sac embryonnaire autre que l'oosphère : une synergide (*Plantago lanceolata*), plus rarement une antipode (*Ulmus americana*/Ulmacées). L'embryon à *n* est juxtaposé à l'embryon à 2 *n* provenant de la fécondation de l'oosphère, mais seul ce dernier produit une plantule viable. Contrairement aux deux cas précédents, celui-ci relève de l'apomixie.

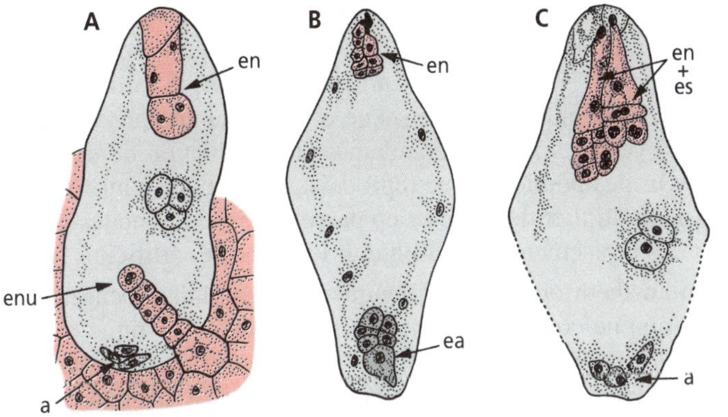

Figure 10-23. Trois exemples d'embryons adventifs.
A, embryon adventif d'origine nucellaire *(enu)* chez *Alchemilla pastoralis* (Rosacées) (*en*, embryon normal; *a*, antipodes); **B**, embryon issu d'une antipode *(ea)* chez *Ulmus americana* (Ulmacées) (*en*, embryon normal); **C**, embryon produit par une synergide *(es)* à côté d'un embryon normal *(en)* (*a*, antipodes).

Aussi pense-t-on que tous les individus européens proviendraient d'un pied initial importé, ce qui aurait été rendu possible par une multiplication végétative particulièrement active chez cette espèce (voir T. I, chap. 9).

– Les « inflorescences » du *Polygonum viviparum* (Polygonacées) et du *Poa vivipara* (Graminées) portent des bulbilles à la place des fleurs *(apoflorie)*. Tombée sur le sol, chacune d'elles se développe en une nouvelle plante feuillée.

Importance théorique et pratique de l'apomixie

D'une manière générale, la dégradation de la reproduction sexuée est beaucoup plus variée et plus fréquente chez les Végétaux que chez les Animaux. Certes, on connaît des exemples classiques de parthénogenèse animale (thélytoque/Rotifères et Pucerons, arrhénotoque/Abeilles, deutérotoque/Pucerons), mais l'intense pouvoir de régénération des Végétaux fait que des cellules du gamétophyte, comme du sporophyte, peuvent participer à l'apomixie. D'où la richesse des manifestations apomictiques végétales.

En fait, l'apomixie équivaut à la formation de clones particuliers (sauf dans les cas d'autoségrégation), donc génétiquement à la conservation des variations individuelles. D'où la multiplicité de « petites espèces » décrites par certains systématiciens dans les genres où l'apomixie est souvent de règle, mais qui n'ont pas la signification biologique de l'espèce telle qu'on l'entend habituellement, et qui encombrent inutilement la systématique. D'où l'intérêt capital de la connaissance des systèmes reproducteurs en cause (autogamie, allogamie, apomixie) pour expliquer la variation des taxons et parvenir à une systématique valable basée sur de véritables espèces.

Sur un plan matériel, l'apomixie peut être utilisée dans l'amélioration des plantes, en particulier des céréales, en permettant à la fois la conservation d'un génotype à l'infini et sa multiplication grâce à des graines. L'apomixie étant un caractère dominant, la sexualité un caractère récessif, la formule hybride obtenue dans un croisement entre individu sexué et individu apomictique est fixée dès la génération F_I, ce qui simplifie grandement la production de semences hybrides. En effet, l'hybride apomictique se reproduisant identique à lui-même, il n'est plus nécessaire de multiplier des parents en parcelles expérimentales et, chaque année, d'effectuer des croisements afin d'obtenir les hybrides artificiels recherchés.

Sur un plan théorique, on est logiquement conduit à penser que le nombre chromosomique ne conditionne pas la nature gamétophytique ou sporophytique de l'individu. En obtenant des Mousses à 2 *n* à partir de fragments de soie à 2 *n* cultivés artificiellement, les frères Marchal (voir T. I, chap. 9) apportent des preuves en faveur de cette idée. En fait, il ne s'agit que d'une confirmation partielle car, dans ces expériences, tout cycle de développement comprend toujours un sporophyte, dont le nombre chromosomique est double de celui du gamétophyte correspondant. On pourrait penser alors que ce n'est pas le nombre chromosomique absolu qui est en cause, mais les nombres relatifs du gamétophyte et du sporophyte, dans le rapport de 1 à 2. Il n'en est rien comme le montre l'apomixie gamétophytique, puisque l'un et l'autre étant toujours à 2 *n*, l'alternance de générations est conservée, alors que l'alternance de phases a disparu.

Plusieurs démonstrations expérimentales confirment que des cellules sporophytiques sont capables d'engendrer aussi bien un sporophyte à 2 *n* normal, qu'un gamétophyte à 2 *n*. Par exemple, à partir d'un même jeune sporophyte d'*Adiantum pedatum* (Ptéridacées), Morel obtient un prothalle ou une fougère feuillée, tous deux à 2 *n*, suivant qu'il met en culture artificielle, la première feuille ou le méristème caulinaire terminal d'un jeune sujet. Inversement, l'**androgenèse** artificielle, pratiquée dans diverses familles de Spermaphytes, montre, qu'à partir d'une méiospore ou d'un jeune grain de pollen, il est possible d'obtenir une plante feuillée à *n* dont l'appareil végétatif est normalement constitué, comme celui d'un sporophyte à 2 *n* chromosomes typique.

7. CONCLUSION

L'étude de la dégradation de la reproduction sexuée a montré que tout se passe comme si un seul génome était capable d'induire la nature gamétophytique ou sporophytique de l'individu. Un groupe de gènes responsable de la différenciation du gamétophyte serait actif quand celui commandant la différenciation du sporophyte serait réfréné, et inversement. On doit rapprocher cette idée d'une autre exprimée dans le premier volume (chap. 7), à propos de la différenciation inhabituelle de trachéides scalariformes-réticulées (caractéristiques du sporophyte) dans des prothalles de Psilotum nudum *normalement à* n *chromosomes, mais cultivés artificiellement. Dans la nature, le pouvoir de différenciation de tels éléments conducteurs est réprimé, mais pas supprimé.*

11

CARACTÈRES DES GRANDS GROUPES DE CORMOPHYTES GRANDES LIGNES DE LEUR CLASSIFICATION

- **Méthodes de la systématique**
- **Classifications horizontales et classifications verticales**
- **Embranchement des Bryophytes**
- **Embranchement des Ptéridophytes**
- **Embranchement des Préspermaphytes**
- **Embranchement des Spermaphytes**

Bien que ce volume consacré à l'appareil reproducteur des Cormophytes ne soit pas un ouvrage de systématique, il nous a paru nécessaire de rassembler les caractères des appareils végétatif (voir T. I) et reproducteur ayant permis de diviser les Cormophytes en quatre embranchements (ou divisions) et, à l'intérieur de chacun d'eux, de distinguer des classes et des ordres.

Si, d'une manière générale, la systématique[1] *a pour but l'identification des espèces et leur classement suivant un ordre rationnel, son objet capital est* « la recherche des rapports vrais entre les êtres vivants, celle des liens réels qui unissent les organismes, qui aurait son expression finale dans une immense généalogie » *(Emberger).*

La systématique est par excellence synthétique, c'est-à-dire basée sur un ensemble le plus vaste possible de caractères très divers. Elle est donc la science botanique (ou zoologique) par excellence, et continuellement en mouvement au fur et à mesure que des méthodes et techniques nouvelles viennent enrichir les possibilités d'investigation dans chacun des domaines de la botanique (ou de la zoologie).

---

1. « *La systématique est la science de la description et de l'explication de la diversité des formes vivantes... Systématique et taxonomie — terme d'ailleurs créé par un botaniste, A.P. de Candolle — ne sont pas synonymes : la taxonomie est la science de la classification, l'étude de ses principes et méthodes... Mais il est bien évident que l'on ne peut pas faire de bonne systématique sans se préoccuper de taxonomie et réciproquement.* » (Guinochet)

1. MÉTHODES DE LA SYSTÉMATIQUE

Sans donner une liste exhaustive de ces méthodes, ce qui dépasserait le cadre de cet ouvrage, nous préférons indiquer de grandes directions de la recherche botanique conduisant à une systématique des Cormophytes de plus en plus précise[1]. Suivant le niveau taxonomique considéré (division, classe, ordre, famille, genre, espèce, taxons infraspécifiques), on utilise plus spécialement certaines d'entre elles, mais il est certain que, de toute manière, la marge d'incertitude dans le groupement de taxons en un taxon d'ordre supérieur, croît toujours avec le rang de plus en plus élevé des taxons en jeu. Pour tenter de surmonter les difficultés rencontrées, on devra augmenter le nombre des caractères de toute nature à prendre en compte. C'est toujours sur un large faisceau de caractères que doit s'appuyer tout raisonnement systématique.

Méthodes morphologiques

Elles ont servi de base à la botanique descriptive. Ce sont :

■ La **morphologie comparée** (incluant *la tératologie*, p. 18) basée sur des caractères indépendants des facteurs écologiques. C'est pourquoi la classification des Angiospermes repose essentiellement sur des caractères floraux et inflorescentiels. *« Qui a compris les tendances évolutives générales de l'appareil floral est en mesure de situer n'importe quelle famille à sa place dans l'ensemble de la classification, c'est-à-dire à son niveau évolutif, même s'il ne connaît pas, ou connaît insuffisamment, l'appareil végétatif et ses exigences écologiques. »* (Mangenot)

La morphologie comparée conduit à la mise en évidence de convergences hétéroplastiques, dont la méconnaissance conduirait à des erreurs dans la description des espèces et à des interprétations d'ordre phylogénique fausses. Nous avons vu par exemple, qu'une inflorescence peut avoir l'apparence d'une fleur (p. 61), une graine celle d'un fruit (p. 195). L'appareil végétatif montre également de nombreuses convergences morphologiques (voir T. I, chap. 3). De même, il faut avoir présent à l'esprit que des convergences homoplastiques peuvent se réaliser entre végétaux non apparentés (p. 61).

Si la systématique a d'abord été fondée sur les caractères morphologiques étudiables à l'œil nu et à la loupe, la morphologie comparée s'adresse maintenant de plus en plus à des caractères microscopiques. C'est ainsi que la **palynologie** (p. 104), comme la **phytodermologie** (discipline consacrée à la diversité, ainsi qu'à la répartition des types de stomates et de trichomes), rendent de grands services dans l'établissement de lignées.

■ **Histologie et anatomie** : composition du xylème et du bois, présence de liber interne, structures primaire et secondaire, etc. (voir T. I, chap. 5 et 6).

---

1. On pourrait ajouter aussi la *sérologie* bien que certains de ses résultats soient assez surprenants [réactions positives entre des familles de Ptéridophytes (Marattiacées) et d'Angiospermes (Rosacées)] ou, au contraire, réactions négatives entre deux sous-familles de Rosacées, les Prunoïdées et les Pomoïdées.

■ **Ontogénie** (embryogenèse et organogenèse). Comme pour la morphologie, le niveau microscopique doit être considéré. Par exemple, dans deux familles différentes, des stomates adultes apparemment identiques ont pu se former différemment (nouvel exemple de convergences homoplastiques).

A propos de l'organogenèse, les manifestations et la vitesse du développement hétéroblastique (voir T. I, chap. 2) apportent des informations précieuses sur le niveau évolutif atteint par une espèce ou un genre.

■ **Paléobotanique.** Il est évident que les résultats apportés par la morphologie, l'histologie, l'anatomie et même, dans des cas plus rares, l'ontogénie des formes fossiles doivent être pris en compte dans toute classification. Malheureusement, les documents paléobotaniques sont souvent trop rares.

Méthodes cytologiques

■ **Caryosystématique** (et **cytogénétique**). L'étude de la garniture chromosomique (nombre, taille, forme des chromosomes, place de la constriction primaire, existence et place de constrictions secondaires, de satellites, nombre et position des bandes chromosomiques obtenues par différentes techniques, c'est-à-dire toutes les caractéristiques du caryotype) fournit des informations précieuses jusqu'à la famille. La caryosystématique est valorisée par la cytogénétique, le comportement des chromosomes en mitose et en méiose permettant d'interpréter, par exemple, des anomalies de la multiplication végétative et de la reproduction sexuée.

■ Autres caractères cytologiques : modes de formation des méiospores et des grains de pollen (p. 86 et 100), des sacs embryonnaires (p. 109), formes cristallines variées de certaines inclusions (oxalate de calcium, par exemple), etc.

Apport de la biochimie

Bien que l'inventaire biochimique des végétaux soit loin d'être terminé, la chimiosystématique a pris, dans les années récentes, un très grand essor. Voici quelques exemples empruntés à des niveaux taxonomiques différents.

– Les Bryophytes, les Ptéridophytes (sauf chez *Equisetum* et *Lycopodium,* où on a décelé de la nicotine) et les Gymnospermes ne possèdent pas d'alcaloïdes.

– Parmi les familles de Monocotylédones, les Cypéracées, les Joncacées et les Flagellariacées présentent de l'huile dans leurs stomates, mais ceux des Graminées et des Liliacées en sont dépourvus.

– Chaque genre de Papavéracées a sa propre combinaison caractéristique d'alcaloïdes.

– Dans le genre *Iris,* on peut classer les espèces d'après leur biochimie et cette classification est supérieure à celle établie sur les autres caractères botaniques. Les espèces ayant les mêmes glucides sont affines et leur hybridation est possible, même quand leurs caryotypes sont très différents. Inversement, on ne parvient pas à croiser celles dont les glucides sont différents, même à nombre chromosomique identique.

– Au niveau d'une seule espèce, les spectres des flavonoïdes de ses divers représentants autorisent à reconstituer les étapes de son évolution. De même, les degrés du polymorphisme électrophorétique de diverses enzymes fournissent des informations sur le ou les systèmes reproducteurs d'une espèce.

Biosystématique (ou taxonomie expérimentale)

Différentes méthodes, appliquées à des plantes cultivées dans des conditions expérimentales précises, fournissent des données importantes, en particulier au niveau spécifique.

■ **Plasticité de l'espèce.** Si une espèce a une aire de répartition vaste (cas des espèces cosmopolites ou subcosmopolites), elle occupe obligatoirement des stations écologiquement différentes. Le phénotype en est-il affecté pour autant et dans quelles proportions ? Tout dépend des possibilités d'accommodation de cette espèce (voir T. I, chap. 12). C'est pourquoi l'établissement de la diagnose d'une espèce devrait être précédé, quand cela est possible, de la transplantation, dans les mêmes conditions expérimentales, de plantes prélevées dans plusieurs stations naturelles réparties dans toute l'aire de cette espèce. Le comportement des sujets dans ces conditions nouvelles (variation ou constance de la manifestation des caractères phénotypiques) permet de connaître la valeur de la variation spécifique. De même, l'âge des individus doit être pris en considération.

D'une manière générale, l'étude de la variation, effectuée à partir de matériel naturel et de matériel expérimental, est à faire à plusieurs niveaux, quels que soient l'objet et la nature de cette étude[1] :

– sur des plantes à un instant donné, suivant la position des organes ;
– au cours de la vie des individus, de la germination à la mort ;
– au sein de la population ;
– dans toute l'aire de distribution de l'espèce (voir T. I, conclusion).

De tels travaux apportent une riche moisson d'informations dont l'interprétation est faite grâce aux méthodes numériques.

Ces précautions conduisant à la description de bonnes espèces évitent la multiplication de « petites espèces » sans valeur qui alourdissent inutilement la systématique.

■ **Systèmes reproducteurs et cycles de développement.** Sur les plantes des populations expérimentales, il est tenté des autofécondations et des croisements dont les résultats indiquent l'importance de l'autogamie et (ou) de l'allogamie, de l'apomixie et de la multiplication végétative dans la reproduction de l'espèce.

■ **Rôle de l'hybridation et des mutations dans la spéciation.** Des espèces sauvages, comme beaucoup d'espèces horticoles, sont d'origine hybride. La synthèse de certaines d'entre elles a même été réalisée expérimentalement à partir de leurs parents. C'est le cas du *Crupina intermedia* (Composées) issu de

1. En caryosystématique il y a lieu de considérer, en outre, la variation entre les cellules d'un même méristème (voir p. 250).

l'hybridation entre le *C. vulgaris* et le *C. crupinastrum* suivie du doublement du nombre chromosomique de l'hybride diploïde stérile, comme l'a montré Couderc-Le Vaillant. Cette espèce est donc un amphiploïde rendu fertile par le fait qu'elle est tétraploïde. D'autres espèces sont nées de mutations.

■ **Spécificité parasitaire.** Quand un parasite fungique est restreint à une seule espèce-hôte (monophagie/voir T. I, chap. 10), sa présence sur une Phanérogame est un caractère supplémentaire de détermination de cette espèce. Une spécificité parasitaire aussi stricte pose, une fois de plus, le problème de la coévolution (p. 151).

Biogéographie et phytosociologie

L'étude des aires géographiques permet de dépister des espèces ou des genres méconnus et donne des indications nombreuses sur la phylogenèse et l'ancienneté des plantes considérées. L'exemple du Pin noir est caractéristique. C'est une espèce collective dont les espèces élémentaires se sont différenciées grâce à leur isolement géographique, conséquence du morcellement de l'aire du Pin noir au cours des temps géologiques.

« Pour quelqu'un qui connaît suffisamment les plantes dans la nature, le nom de l'une d'elles évoque instantanément dans son esprit, non seulement son image, mais encore celle d'un certain nombre d'autres que l'on trouve ordinairement dans les mêmes endroits qu'elle... Une association végétale est une combinaison originale d'espèces dont certaines, dites caractéristiques, lui sont particulièrement liées, les autres étant qualifiées compagnes... Une association végétale correspond à un ensemble de facteurs physiques et biologiques déterminés, c'est-à-dire à un type bien défini de milieu. Celui-ci est le moteur de la sélection qui joue un rôle de premier plan dans l'évolution et la diversification des végétaux. Il en résulte donc que, chaque fois qu'une espèce participe à plusieurs associations bien distinctes, on peut et doit se demander si elle n'est pas représentée par des types différents, même si ceux-ci ne sont pas immédiatement discernables morphologiquement. » (Guinochet)

2. CLASSIFICATIONS HORIZONTALES ET CLASSIFICATIONS VERTICALES

Afin d'opposer les unes aux autres, nous emprunterons des exemples parmi les Angiospermes. La classification traditionnelle proposée pour les Dicotylédones distinguait deux grandes unités taxonomiques, les Dialypétales et les Gamopétales, caractérisées respectivement par la liberté ou la soudure des pétales. Or, cette dernière se manifeste plus ou moins précocement au cours de l'évolution dans des lignées très différentes de Dicotylédones. La systématique étant phylogénique par essence, séparer les Angiospermes en deux groupes aussi hétérogènes n'est plus concevable. D'autre part, chez les Monocotylédones, l'opposition Dialypétales-Gamopétales n'a jamais été prise en considération, étant apparue d'emblée sans intérêt puisque, dans une même famille comme celle des

Liliacées, où les pétales sont fréquemment libres, des genres ont un périanthe gamophylle (*Muscari, Convallaria,* etc.).

A côté des Gamopétales et des Dialypétales, on a reconnu aussi des Apétales auxquelles le même rang taxonomique avait été donné. Or, si la gamopétalie et la dialypétalie ne sont, le plus souvent, que des états d'une évolution convergente atteints par des lignées différentes, il en est de même de l'apétalie. Les Apétales ne représentent donc pas plus une unité taxonomique que les Gamopétales et les Dialypétales.

La classification traditionnelle séparait aussi des Superovariées et des Inférovariées suivant que l'ovaire des Dialypétales et des Gamopétales est supère ou infère. Cette manière de voir n'est plus reconnue à l'heure actuelle, car de nombreux intermédiaires entre la superovarie et l'inférovarie sont observables dans une même famille (Nymphéacées/Dialypétales, Éricacées/Gamopétales).

L'apétalie, la dialypétalie et la gamopétalie, la superovarie et l'inférovarie étant des états évolutifs atteints par des lignées indépendantes, ces types d'organisation ne peuvent donner lieu à la justification d'unités systématiques. De même, si les Angiospermes ont été divisées en Dicotylédones et en Monocotylédones, ces dernières représentent, en fait, des formes évoluées de certaines lignées de Dicotylédones. Ici encore, on est davantage en présence de types d'organisation que d'unités systématiques naturelles. Tous ces exemples démontrent que les classifications verticales (par lignées) sont d'un tout autre intérêt que les classifications horizontales (par convergences) qui doivent être définitivement abandonnées. Aux pages 232 à 235 quelques-unes de ces classifications verticales sont données à propos des Angiospermes.

3. EMBRANCHEMENT DES BRYOPHYTES[1]

Embranchement très ancien, le plus ancien fossile *typique* découvert étant une Hépatique à thalle *(Hepaticites devonicus)* du Dévonien supérieur des États-Unis.

Remonterait probablement plus avant, des restes ordoviciens ayant été interprétés comme des Bryophytes (?).

Plantes non vasculaires (voir T. I, chap. 4), dépourvues de racines (voir T. I, chap. 8), seulement des rhizoïdes, dont le sporophyte est réduit à un sporogone jamais feuillé et demeurant constamment parasite du gamétophyte constitué d'un protonéma et d'une tige feuillée ou d'un thalle.

Cycle de développement haplodiplophasique, digénétique hétéromorphe, le gamétophyte dominant nettement le sporophyte dans l'espace et dans le temps.

Embranchement comprenant plus de 25 000 espèces et divisé en trois classes[2] : Mousses, Anthocérotes et Hépatiques dont les principaux caractères sont réunis au tableau 11-1.

■ **Mousses.** Gamétophyte feuillé, capsule sporangiale pourvue d'une columelle, mais sans élatères.

Comprennent trois ordres : Bryales (Mousses au sens habituel du terme), Sphagnales (un seul genre : Sphagnum-Sphaignes), Andraéales (un seul genre : *Andraea*) (tableau 11-2).

1. Du grec *bruon* = mousse et *phuton* = plante.
2. Ou en cinq si l'on sépare les Sphagnales et les Andraéales des Bryales.

Tableau 11-1. *Caractères distinctifs des trois classes de Bryophytes*
(les caractères des Mousses indiqués sont ceux des Bryales, de beaucoup les plus nombreuses)
(DE FERRÉ, *in* DES ABBAYES et coll., 1978).

	Mousses	*Hépatiques*	*Anthocérotes*
Protonéma	Bien développé	Peu développé	Peu développé
Gamétophyte	Tige feuillée	Thalle ou tige feuillée	Thalle
Symétrie	Radiale	Dorsi-ventrale	Dorsi-ventrale
Rhizoïdes	Multicellulaires ramifiés	Unicellulaires non ramifiés	Unicellulaires non ramifiés
Anthéridie	Épidermique	Épidermique	Hypodermique
1re division du zygote	Transversale	Transversale	Verticale
Croissance du sporophyte	Limitée	Limitée	Illimitée
Capsule	Columelle Coiffe Opercule Péristome Pas de valves Pas d'élatères	Pas de columelle Pas de coiffe Pas d'opercule Pas de péristome Valves Élatères	Columelle Pas de coiffe Pas d'opercule Pas de péristome Valves Pseudo-élatères

■ **Anthocérotes.** Gamétophyte thalloïde ; capsule avec columelle s'ouvrant par deux fentes, et élatères.

Un caractère cytologique mérite d'être signalé. Si l'appareil plastidial des Mousses et des Hépatiques est comparable à celui des Plantes vasculaires (nombreux petits chloroplastes avec amidon intraplastidial, mais sans pyrénoïdes), on n'observe qu'un ou deux gros chloroplastes pourvus d'un pyrénoïde par cellule chez les Anthocérotes. Cet appareil plastidial de type archéoplastidié se rencontre chez beaucoup d'Algues vertes (voir T. I, chap. 7).

Tableau 11-2. *Caractères distinctifs des trois ordres de Mousses*
(DE FERRÉ, *in* DES ABBAYES et coll., 1978).

	Bryales	*Sphagnales*	*Andraéales*
Feuille	une nervure	sans nervure	une nervure
Cellules foliaires	1 type	2 types	1 type
Pseudopode	sans	avec	avec
Sac sporifère	en tonnelet autour columelle	en dôme sur columelle	en dôme sur et autour columelle
Péristome	avec	sans	sans
Déhiscence	par opercule ou déchirure	opercule	4 valves
Protonéma	filamenteux	thalloïde	filamenteux puis thalloïde
Gamétophores	nombreux	un	nombreux

■ **Hépatiques.** Gamétophyte feuillé (Hépatiques à feuilles) ou thalloïde (Hépatiques à thalle) développé à partir du protonéma; capsule sans columelle, mais avec élatères; présence de cellules à oléocorps riches en huiles essentielles et tannoïdes (voir T. I, chap. 7).

4. EMBRANCHEMENT DES PTÉRIDOPHYTES [1]

Embranchement hétérogène composé de lignées extrêmement différentes ayant en commun des caractères importants :

– acquisition d'un double appareil conducteur des sèves, jouant également un rôle de soutien (Ptéridophytes = Cryptogames vasculaires);

– réduction plus ou moins marquée du gamétophyte dans l'espace et dans le temps;

– leur alternance de générations se distingue de celle des Bryophytes car :

+ le sporophyte domine le gamétophyte dans ses dimensions et sa durée;

+ le sporophyte ne parasite le gamétophyte qui le précède que pendant un temps assez court;

+ le gamétophyte n'est pas toujours totalement indépendant du sporophyte qui le précède.

Sporophyte des Ptéridophytes

Bien qu'étant moins polymorphe que celui des Préspermaphytes et des Spermaphytes, le cormus est beaucoup plus différencié que chez les Bryophytes.

■ **Axe**. La primauté de l'axe, révélée par les premières Psilophytinées fossiles qui sont aphylles *(Rhynia),* est confirmée, d'une manière générale, par l'embryogenèse du groupe.

Les principaux caractères de cet axe sont :

– tantôt dressé (Fougères arborescentes, Lépidodendracées — voir T. I, chap. 5), le plus souvent rampant, souterrain ou non, rarement flottant (des Hydroptéridales), quelquefois lianoïde;

– à son sommet, présence d'une initiale apicale (Prêles, Fougères leptosporangiées) ou d'un groupe d'initiales (Fougères eusporangiées, des Lycopodes et des Sélaginelles), mais aussi, dans les deux cas, d'une couronne subapicale méristématique (voir T. I, chap. 4);

– ramification dichotomique isotone ou, le plus souvent, anisotone (voir T. I, chap. 1), mais aussi latérale (Prêles);

– existence de rhizophores (certaines Sélaginelles et Fougères, voir T. I, chap. 1) et de phyllophores, en particulier chez les Primofilicinées (voir T. I, chap. 8).

■ **Feuille.** Inexistante chez les formes les plus primitives (des Psilophytinées), ou présente à l'état de microphylles (voir T. I, chap. 2 et 8) (Psilophytinées, Lycopodinées, Articulées) ou de mégaphylles (voir T. I, chap. 2 et 8) (fronde des Filicinées).

■ **Racine.** Absent seulement chez les Psilophytinées et les Salviniacées (Hydroptéridales), l'appareil racinaire est caractérisé par :

– l'absence de racine principale car la première racine, déjà latérale, meurt rapidement et est remplacée par un système adventif;

– sa ramification dichotomique à tendance monopodique. En outre, le plan de ramification des racines secondaires est *transversal* par rapport à l'axe de la racine principale (fig. 11-1).

■ **Sporanges.** Bien qu'ils soient toujours constitués d'une paroi, d'assises nourricières (tapis) et d'un tissu interne sporogène, et que leur déhiscence se fasse par le jeu d'un exothécium, on reconnaît deux types fondamentaux : eusporangié ou leptosporangié. Cette distinction dépasse

1. Du grec *pteris* = fougère et *phuton* = plante.

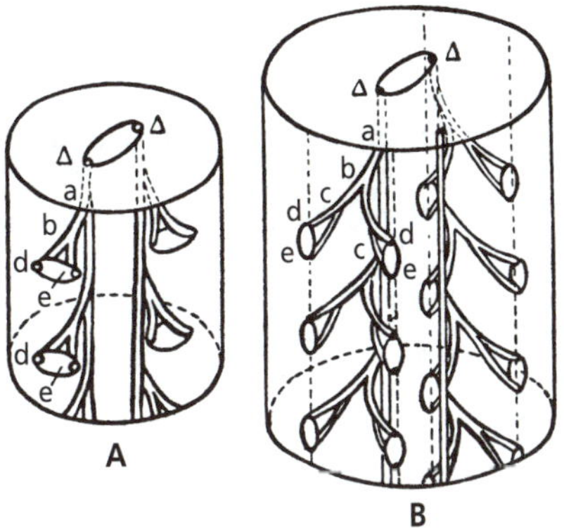

Figure 11-1. Ramification de la racine.
A, Ptéridophytes : les émissions *(a)* ne subissant qu'une bifurcation *(b)*, la stèle des radicelles *(de)* est orientée transversalement par rapport à la stèle-mère ; **B**, Préspermaphytes et Spermaphytes : les émissions se ramifiant deux fois de suite (*b* et *c*), la stèle des radicelles *(de)* est orientée longitudinalement-radialement par rapport à la stèle-mère (*in* EMBERGER, 1960).

le domaine du sporange et correspond vraiment à deux types d'organisation générale qui, chez les Filicinées, s'individualisent par de nombreux caractères (tableau 11-4).

■ **Anatomie.** Tous les types de stèles sont connus, mais la *dictyostèle* est particulièrement bien représentée dans cet embranchement (voir T. I, chap. 5).

– D'autre part, si le protoxylène comporte des trachéides annelées et spiralées, celles du métaxylème sont scalariformes (du latin *scala* = échelle), ainsi qualifiées car les épaississements lignifiés de la paroi secondaire sont disposés transversalement et parallèlement entre eux comme les barreaux d'une échelle.

– En outre, les cellules compagnes sont absentes du phloème.

– Enfin, les Ptéridophytes actuels ne possédant que très rarement un cambium libéro-ligneux, leur accroissement en épaisseur est limité et les axes sont d'un diamètre constant. Au contraire, les formations secondaires sont très développées chez les espèces fossiles (bois homoxylé, voir T. I, chap. 6).

Gamétophyte des Ptéridophytes

Les prothalles sont de petits organismes (5 cm au maximum), morphologiquement et anatomiquement très divers d'un groupe à l'autre (voir T. I, chap. 7), libres ou inclus dans la spore (p. 94), hermaphrodites chez les espèces homosporées (homoprothallie), à sexes séparés chez les espèces hétérosporées (hétéroprothallie) (p. 89).

Groupes de Ptéridophytes

Cet embranchement comporte quatre classes[1] :

– Psilopsides (= Psilophytinées).
– Lycopsides (= Lycopodinées).
– Sphénopsides (= Articulées).
– Ptéropsides (= Filicinées).

---

1. D'après les règles actuelles de la nomenclature, les noms des classes doivent se terminer par le suffixe *opsides*. Dans cet ouvrage, nous n'avons pas utilisé cette terminologie, afin que le lecteur, désirant trouver des compléments dans les ouvrages signalés dans la bibliographie située en fin d'ouvrage, puisse le faire facilement, la presque totalité d'entre eux ayant conservé les anciennes dénominations. Quant aux noms des ordres, ils se terminent en *ales*.

Psilophytinées

Les Psilophytinées sont souvent isolées en un embranchement séparé, celui des Psilophytes, rassemblant tous les Végétaux à cycle digénétique dont le gamétophyte et le sporophyte seraient, l'un et l'autre, vascularisés. Il a été dit plus haut (p. 208) que le cycle des *Rhynia* devait être isomorphe. La ressemblance du gamétophyte de *Psilotum nudum* avec le rhizome de son sporophyte, la présence possible de trachéides chez les deux générations des Psilotacées (voir T. I, chap. 7), seraient des souvenirs de l'isomorphie ancestrale.

De tous les Végétaux vasculaires, ce sont les plus anciens (apparition au Silurien supérieur) et les plus simples en organisation :

– plantes d'assez petite taille au cormus dépourvu de racines et quelquefois de feuilles (microphylles);

– eusporangiées et homosporées;

– anatomie proto- ou actinostélique, rarement siphonostélique.

Le groupe n'est plus représenté, à l'heure actuelle, que par la famille des Psilotacées (deux genres, *Psilotum* et *Tmesipteris).*

Lycopodinées[1]

Remontent au moins au Silurien; sont essentiellement paléozoïques. A l'heure actuelle, cinq genres encore vivants (*Lycopodium* et *Phylloglossum*/Lycopodiacées, Lycopodiales; *Selaginella*/Sélaginellacées, Sélaginellales; *Isoetes* et *Stylites*/Isoétacées, Isoétales).

Parmi leurs caractères principaux :

– types actuels herbacés, souvent arborescents au Paléozoïque [Lépidodendracées voir T. I, chap. 5, Sigillariacées (fig. 11-2)];

– cormus bien différencié en tiges et feuilles (microphylles), mais les racines sont absentes dans certaines familles chez qui la polarité végétative n'est pas acquise (Lépidodendracées, voir T. I, chap. 5);

– de la protostèle à la siphonostèle;

– eusporangiées homosporées (Lycopodiales) ou hétérosporées (Sélaginellales, Isoétales actuelles et la plupart des espèces paléozoïques);

– gamétophyte plus ou moins développé, libre ou inclus, unisexué ou hermaphrodite, aérien ou souterrain, souvent à l'état de mycothalle (voir T. I, chap. 7);

– embryon, le plus souvent, endoscopique, exoscopique chez les Isoétacées, avec suspenseur ou sans (Isoétacées).

Le tableau 11-3 résume les caractères essentiels des quatre principaux ordres.

Tableau 11-3. *Caractères distinctifs des grands ordres de Lycopodinées* (DE FERRÉ, *in* DES ABBAYES et coll., 1978).

Lycopodiales	*Sélaginellales*	*Isoétales*	*Lépidodendrales*
Gamète ♂ bicilié Suspenseur Pas de formations secondaires Isosporie Pas de ligule Pas de rhizophores	Gamète ♂ bicilié Suspenseur Pas de formations secondaires Hétérosporie Ligule Rhizophores	Gamète ♂ polycilié Pas de suspenseur Formations secondaires Hétérosporie Ligule Rhizophores	? ? Formations secondaires Hétérosporie Ligule Rhizophores

1. = Lycophytes pour les auteurs qui en font un embranchement.

Figure 11-2. Reconstitution de la forêt du Carbonifère.
Au premier plan, à gauche, un *Lepidodendron* (Lépidodendracées/Lycopodinées ligulées, voir p. 241) masquant partiellement deux *Sigillaria* (Sigillariacées/Lycopodinées ligulées). Le premier est un arbre polycaule, les seconds des arbres monocaules (voir T. I, chap. 1) dont on distingue la couronne d'épis sporangifères. Au centre, au premier plan, deux *Calamites* (Articulées) et, en arrière, des Fougères arborescentes. Enfin, à droite, une Cordaïte (Préspermaphytes) (*in* MANGENOT, 1973, d'après P. BERTRAND).

Articulées ou Équisétinées[1]

Apparaissent au Dévonien moyen et atteignent leur apogée à l'Anthracolithique. Représentées actuellement par un seul genre cosmopolite (*Equisetum*/Équisétacées). Si nos Prêles sont de petite taille (au plus deux mètres), les Calamitacées du Carbonifère inférieur étaient des arbres atteignant jusqu'à dix mètres de hauteur (fig. 11-2).

Parmi leurs caractères principaux :

– cormus à tige articulée, à microphylles verticillées parfois de deux sortes (espèces hétérophylles), à racines vraies actinostéliques ;

– de la protostèle à l'eustèle ;

– eusporangiées ; subisosporie pour les Articulées actuelles, mais hétérosporie franche chez les espèces paléozoïques ;

– prothalle ramifié (voir T. I, chap. 7) ;

– embryon exoscopique et sans suspenseur.

1. = Sphénophytes pour les auteurs qui en font un embranchement.

Filicinées[1]

Apparues au Dévonien moyen, mais seules les Filicinées leptosporangiées sont encore abondantes.

Deux grands types d'organisation : eusporangié et leptosporangié (tableau 11-4).

■ Sporophyte

– Généralement bien développé parmi les espèces actuelles, avec tiges, feuilles (mégaphylles à croissance apicale, à préfoliaison circinée/voir T. I, chap. 2), et racines adventives. Les formes les plus primitives (Stauroptéridacées) sont entièrement à l'état d'axes (Holophyllophorées) (voir T. I, chap. 8).

– De la protostèle à l'eustèle.

– Xylème à trachéides, très rarement vrais vaisseaux.

– Formations secondaires très rares dans la flore actuelle (uniquement Ophioglossales).

– Sporanges de deux catégories (tableau 11-4).

Tableau 11-4. *Comparaison des Filicinées eusporangiées et leptosporangiées* (*in* Emberger, 1960).

Eusporangiées	*Leptosporangiées*
– Organes végétatifs (axes et racines) à plusieurs (2-4) initiales, sauf dans les jeunes organes issus de l'embryon, où il y a parfois 1 cellule apicale.	– Organes végétatifs à 1 cellule apicale.
– Sporange massif, à paroi pluristrate, naissant d'un groupe de cellules.	– Sporange grêle, à paroi unistrate, naissant d'une cellule.
– Sporanges se développant *simultanément* dans un sore.	– Sporanges se développant souvent en s'échelonnant dans le temps.
– Pas d'indusie.	– Une indusie fréquente.
– Cellule archésporiale initiale plus ou moins cubique.	– Cellule archésporiale plus ou moins pyramidale.
– Tapis extra-archésporial.	– Tapis formé par l'archéspore.
– Nombre de spores par sporange élevé (jusqu'à 15 000 [*Ophioglossum*]).	– Nombre de spores peu élevé, habituellement 32-64 (parfois 8-16).
– Pas de périspore.	– Périspore fréquente.
– Prothalles plus ou moins vivaces.	– Prothalles caducs.
– Anthéridies massives, profondes.	– Anthéridies moins massives, saillantes.
– 1re division de l'œuf *transversale.*	– 1re division de l'œuf *longitudinale.*
– Parfois un suspenseur.	– Jamais de suspenseur.
– Formations secondaires rares, mais çà et là.	– Jamais de formations secondaires.
Les Osmondacées, Schizéacées, Gleichéniacées sont, à des degrés divers, intermédiaires.	

■ Gamétophyte

– Homoprothallie sauf chez les Hydroptéridales.

– Prothalle le plus souvent lamelliforme et aérien (voir T. I, chap. 7), rarement filamenteux. Plus ou moins massif, souterrain, saprophyte, à mycorhizes chez les Ophioglossacées. En général délicat et caduc, mais pérenne et robuste pour les Marattiales et les Ophioglossales.

– Archégones saillants (Leptosporangiées), ou plus ou moins enfoncés dans le prothalle (Eusporangiées).

---

1. = Filicophytes pour les auteurs qui en font un embranchement.

5. EMBRANCHEMENT DES PRÉSPERMAPHYTES[1]

Éléments essentiels de la flore paléozoïque remontant, au moins, au Dévonien. A l'heure actuelle, représentés uniquement par les Cycadadales et le *Ginkyo biloba,* types figés, véritables fossiles vivants.

Particulièrement caractérisées par des ovules de grande taille (7 × 6 cm chez les *Macrozamia,* genre actuel de Cycadales, 12 cm chez les *Trigonocarpus,* genre de Ptéridospermales du Carbonifère supérieur), à spores et prothalles femelles inclus, ces plantes à ovules ne forment pas de vraies graines (p. 182). C'est la première fois que les mégasporanges sont enfermés en permanence dans un unique tégument (angiosporangie), alors qu'ils étaient nus ou, au maximum, plus ou moins lâchement enveloppés par une mégasporophylle chez les Ptéridophytes (gymnosporangie).

Les Préspermaphytes sont intermédiaires entre les Ptéridophytes eusporangiés et les Spermaphytes

■ Caractères de Ptéridophytes

– structure tripartite du tégument ovulaire comme pour la paroi du sporocarpe des Hydroptéridales (p. 78);

– chambre pollinique nucellaire, reste de l'ancienne déhiscence du sporange (p. 78 et 157);

– gamètes mâles nageurs grâce à des cils (p. 162);

– alternance de générations de Ptéridophytes, le gamétophyte et le sporophyte étant encore séparés, au moins physiologiquement, puisque la fécondation peut avoir lieu après la chute des ovules, comme Favre-Duchartre l'a montré pour le *Ginkyo biloba*;

– ramification souvent dichotomique;

– fronde filicoïde des Ptéridospermales;

– anatomie primaire rappelant celle des Ptéridophytes;

– bois homoxylé, etc.

■ Caractères de Spermaphytes

– présence d'ovules;

– plan de ramification des racines secondaires transversal par rapport à l'axe de la racine principale (fig. 11-1);

– formations secondaires, etc.

Classification des Préspermaphytes

On distingue deux classes, parmi lesquelles, seules les Cycadales (environ 90 espèces actuelles) et les Ginkyoales (une seule espèce, *Ginkyo biloba*) sont parvenues jusqu'à nous.

- Ptéridospermes (= Ptéridospermopsides) :
  - + Ptéridospermales (du Dévonien moyen au début du Crétacé);
  - + Glossoptéridales (du Permo-Carbonifère au Rhétien, inclus par certains auteurs dans les Ptéridospermales);
  - + Nilssoniales (du Trias au Crétacé supérieur);
  - + Caytoniales (du Rhétien au Crétacé supérieur);
  - + Cycadales (du Trias à nos jours).
- Cordaïtes (= Cordaïtopsides) :
  - + Cordaïtales (du Dévonien moyen au Permien inférieur);
  - + Ginkyoales (du Permien inférieur à nos jours).

---

1. Pour certains auteurs, les Préspermaphytes font partie des Gymnospermes.

■ La **flore carbonifère** a livré des fossiles aux feuilles de Fougères actuelles. C'est pourquoi il leur a été donné des noms génériques latins terminés en *pteris (Glossopteris, Pecopteris,* etc.). En fait ces fossiles sont de deux sortes :

– les uns dont l'anatomie est très proche de celle de nos Fougères, et portant des sporanges ;

– les autres dont l'anatomie est voisine de celle des Cycadacées, et dépourvus de sporanges.

En 1903, furent découvertes des frondes porteuses de « graines », en général sans embryon. Ces Fougères à graines (Ptéridospermes) sont des Préspermaphytes typiques à ovules nus et dont la fécondation se serait faite après la chute des ovules (fig. 11-3 et 8-12).

■ Les **Caytoniales,** herbes à feuilles composées, méritent une mention particulière pour deux raisons.

– Leurs petits ovules typiques à tégument tripartite sont logés dans un utricule globuleux constitué par des pennes rabattues sur elles-mêmes (fig. 11-4). L'analogie avec un carpelle est d'autant plus grande que le bord replié est papilleux. Des microspores ont été observées sur ce « stigmate ». Un tel essai d'angiovulie, pour être incomplet, n'en est pas moins tout à fait significatif.

– Les microsporanges semblables à des étamines étaient groupés en « fleurs » mâles et disséminaient des grains de pollen munis de ballonnets latéraux rappelant ceux des Conifères.

■ Quant aux **Cordaïtales,** végétaux arborescents (jusqu'à 40 m) aux feuilles persistantes, elles ont joué un rôle important dans la forêt du Carbonifère (fig. 11-2).

■ Nous ne reviendrons pas ici sur les Cycadales et les Ginkyoales considérées dans plusieurs chapitres de cet ouvrage (voir index alphabétique des matières, et celui du T. I pour les Cycadales).

Figure 11-3. Ovules de *Pecopteris* (Ptéridospermes) (*in* EMBERGER, 1960, d'après GRAND-EUVRY).

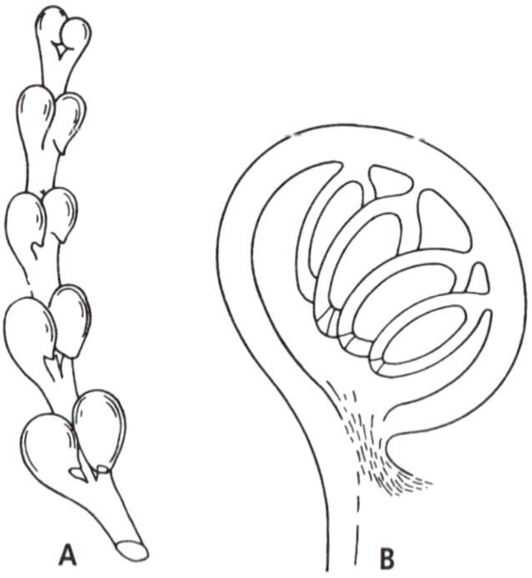

Figure 11-4. Appareil femelle des *Caytonia* (Ptéridospermes).

A, distribution des utricules ovulifères; **B**, coupe dans un de ces utricules montrant les ovules en place (*in* MANGENOT, 1973).

6. EMBRANCHEMENT DES SPERMAPHYTES[1]

Caractères généraux

Si leur caractère principal est le groupement en fleurs des organes reproducteurs, à un stade peu évolué (Gymnospermes) ou très évolué (Angiospermes), il en est d'autres qu'il faut rappeler :

– végétaux herbacés ou ligneux, parfois très grands (jusqu'à 100 m), à ramification latérale monopodiale ou sympodiale (voir T. I, chap. 1);

– eustèle caulinaire, actinostèle racinaire;

– prothalle mâle extrêmement réduit (grain de pollen) commençant son développement dans la microspore avant éclatement de sa paroi, disséminé à l'état inclus dans la microspore et achevant son développement sur l'organe femelle par émission d'un tube pollinique (siphonogamie);

– deux gamètes mâles à l'état de noyaux nus, rarement cellulaires;

– mégasporange (nucelle) indéhiscent (chambre pollinique exceptionnelle);

– après fécondation, formation d'embryons se développant sur la plante-mère en continuité histologique et physiologique avec elle, et finalement inclus dans une vraie graine;

– embryon bipolaire (radicule opposée à la gemmule).

Sous-embranchement des Gymnospermes

Les ovules des Gymnospermes étant nus (gymnovulie), les graines le sont aussi (gymnospermie plus ou moins compensée, p. 193).

Les premiers spécimens authentiques datent du Stéphanien (*Lebachia,* p. 124); le groupe ayant atteint son apogée au Jurassique-début du Crétacé est depuis sur le déclin, sauf les Pinales.

Caractères principaux

■ Appareil végétatif

– ligneuses; le plus souvent arborescentes;

– types biologiques peu variés (phanérophytes et chaméphytes) (voir T. I, chap. 12);

– ramification presque toujours monopodiale, avec souvent plusieurs types de rameaux (voir T. I, chap. 1);

– feuilles au limbe en général peu développé, non stipulées; souvent hétérophyllie (formes de jeunesse);

– bois homoxylé à trachéides aréolées (voir T. I, chap. 4); les hémicelluloses des parois sont des xylanes; réaction de Maule négative[2];

– tissu de transfusion dans les feuilles (métaxylème centripète régressé ou appareil conducteur supplémentaire);

– liber sans cellules compagnes;

– tissu sécréteur fréquent élaborant essences ou résines;

– multiplication végétative quasiment inexistante (voir T. I, chap. 9);

– polyploïdie rare (5 % seulement des espèces).

---

1. = Spermatophytes = Phanérogames.
2. Les coupes sont traitées par MnO_4K à 1 % pendant 5 minutes, lavées à l'eau et traitées par HCl étendu, lavées à nouveau, puis traitées par l'ammoniaque. Quand la réaction est positive, on obtient une teinte rouge; si elle est négative, la couleur est jaunâtre ou brunâtre.

■ **Appareil reproducteur**

– inflorescences de type monopodial (grappe ou épi) et unisexuées;

– organisation florale variée (états préfloraux fréquents), mais fleurs typiques rares (Bennettitinées); périanthe exceptionnel (*Cycadeoidea*/Bennettitinées) (fig. 8-13);

– pollen se formant, en général, par cloisonnements simultanés (p. 85), généralement pourvu de sacs aérifères (p. 98), sauf Araucariacées (fig. 7-14), Céphalotaxacées, Taxodiacées et Cupressacées; presque toujours pluricellulaire, rarement syncytial;

– déhiscence des sacs polliniques par un exothécium (p. 71);

– anémophilie;

– deux gamètes mâles nus (noyaux gamétiques non vermiculaires);

– ovules, petits et unitégumentés;

– gamétophyte femelle monosporé, monoprothallé;

– endosperme massif, cellulaire quand il est définitivement constitué (p. 107), avec de 1 à n archégones;

– archégones typiques (oosphère de grande taille, col en général court, sans canal) (p. 107);

– fécondation simple, souvent très décalée par rapport à la pollinisation (p. 167). *Après* fécondation, les cellules prothalliennes prolifèrent et se gorgent de réserves.

Groupes de Gymnospermes

Les Gymnospermes comprennent au moins deux classes :

– Bennettitinées (= Bennettitopsides) avec un ordre principal, celui des Bennettitales, du Permo-Carbonifère au Cénomanien;

– Conifères (= Coniféropsides), du Stéphanien à nos jours.

Quant aux Chlamydospermes, elles sont considérées, suivant les auteurs, comme constituant une troisième classe de Gymnospermes (= Gnétopsides), avec trois ordres (Ephédrales, Welwitschiales et Gnétales), ou un sous-embranchement comme les Gymnospermes *sensu stricto* (Bennettitinées + Conifères). Nous avons déjà fait remarquer plus haut que, pour certains, les Préspermaphytes sont incorporés aux Gymnospermes *sensu lato*. Peu importe ici le traitement taxonomique relatif de ces groupes, en revanche il est capital de constater les nombreuses différences existant entre Préspermaphytes, Gymnospermes *s.s.* et Chlamydospermes. Aussi est-ce pourquoi nous avons toujours considéré séparément ces trois groupes dans le cours de cet ouvrage.

■ **Bennettitinées**

– ligneuses, plus ou moins arborescentes avec stipe *(Cycadeoidea)* ou buissonnantes;

– ressemblances avec les Cycadacées quand leurs feuilles sont grandes et pennées, mais les pinnules ne sont pas enroulées chez la feuille jeune;

– ressemblances également d'ordre anatomique, mais aussi différences, par exemple stomates complexes de type syndétochéile, alors qu'ils sont haplochéiles chez les Cycadacées;

– organes reproducteurs en états préfloraux très proches de la fleur;

– embryon avec deux cotylédons.

■ **Conifères** (Lébachiales fossiles, Pinales, Araucariales, Podocarpales, Cupressales et Taxales)

– arbres ou arbustes à feuilles simples, aciculaires ou écailleuses, alternes ou décussées ou verticillées;

– stomates simples (haplochéiles);

– organes reproducteurs presque toujours disposés en cônes;

– embryon avec de 2 à 18 cotylédons.

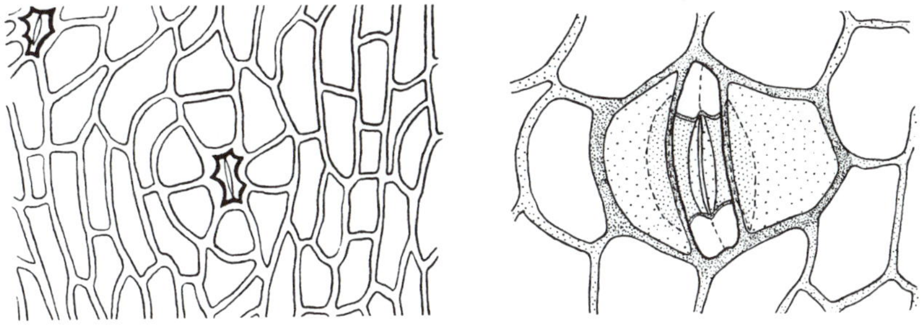

Figure 11-5. Stomate haplochéile de *Lebachia* (Conifères du Carbonifère), à gauche, et stomate syndétochéile de *Williamsoniella* (Bennettitinées), à droite.

Un stomate haplochéile résulte d'une seule division de la cellule-mère primordiale du stomate. Les cellules voisines sont, alors, des cellules épidermique banales. Un stomate syndétochéile, au contraire, se met en place à la suite de plusieurs divisions successives de la cellule-mère primordiale. Les cellules qui sont à son contact ne sont pas des cellules épidermiques ordinaires, mais dérivent des divisions de la cellule-mère primordiale (*in* EMBERGER, 1960, d'après FLORIN).

Sous-embranchement des Chlamydospermes

Groupe très probablement artificiel, apparemment intermédiaire entre les Gymnospermes et les Angiospermes, au passé très mal connu (restes fleuris d'attribution certaine au Pliocène, pollen d'*Ephedra* à l'Oligocène inférieur).

■ Appareil végétatif

– toutes sont ligneuses (buissonnantes, lianoïdes, rarement arborescentes) ;

– feuilles opposées ;

– bois hétéroxylé avec trachéides aréolées du type Conifères, mais réaction de Maule positive comme chez les Angiospermes (p. 227) ;

– liber à cellules compagnes (Gnétales) ou sans (Welwitschiales et Éphédrales) ;

– stomates haplochéiles (Éphédrales), syndétochéiles (Welwitschiales et Gnétales).

■ Appareil reproducteur

– prothalle mâle pouvant être extrêmement réduit (trinucléé) comme chez les Angiospermes (Welwitschiales) ;

– apparition de l'entomophilie *(Welwitschia mirabilis)* ;

– deux gamètes mâles non vermiculaires, comme pour les Gymnospermes *s.s.* ;

– ovules orthotropes pouvant être considérés comme bitégumentés, car entourés par deux préfeuilles soudées en une sorte de sac interprété comme l'amorce d'un second tégument, ou d'un périanthe ; quelle que soit la valeur exacte de ce sac, c'est lui qui a donné son nom au groupe (du grec *chlamys* = chemise), encore appelé Saccovulées ; micropyle fonctionnant comme un stigmate ;

– prothalle femelle et archégones réduits ;

– fécondation simple, mais amorces de double fécondation (p. 171).

– embryogenèse de Gymnospermes avec suspenseur primaire et suspenseurs secondaires et même tertiaires (p. 177), mais embryon à deux cotylédons.

Sous-embranchement des Angiospermes[1]

Les ovules des Angiospermes étant enfermés par les carpelles (angiovulie), les graines sont contenues dans un fruit (angiospermie).

Ce groupe est *le plus récent* des trachéophytes, puisque les premiers restes angiospermiens indiscutables ne remontent qu'au Barrémien (Crétacé inférieur). C'est aussi *le plus riche* : 220 000 espèces actuelles d'après Cronquist, 250 000 espèces d'après Turrill, contre 10 000 seulement pour les Ptéridophytes, moins d'une centaine pour les Préspermaphytes, 250 pour les Gymnospermes *s.s.* et 70 environ pour les Chlamydospermes. Enfin, il est de beaucoup *le plus diversifié.*

Caractères généraux des Angiospermes

■ Appareil végétatif

– énorme diversité du cormus (voir T. I, chap. 1, 2 et 3);

– tous les types biologiques (voir T. I, chap. 12);

– bois hétéroxylé dans la grande majorité des cas (voir T. I, chap. 6), aux trachéides rares, sauf pour des Dicotylédones primitives comme les Magnoliales; les hémicelluloses des parois sont des mannanes; réaction de Maule positive (p. 227);

– liber avec cellules compagnes;

– polyploïdie très répandue (au moins 35 % des espèces, peut-être même 50 %).

■ Appareil reproducteur

– organisations florale et inflorescentielle très variées (chap. 3 et 5), androcée et gynécée très polymorphes (chap. 3);

– déhiscence des sacs polliniques, le plus souvent par un endothécium;

– zoïdophilie (en particulier entomophilie) beaucoup plus importante que l'anémophilie;

– prothalle mâle à trois noyaux, plus réduit que chez les Gymnospermes (p. 160);

– deux gamètes mâles nus à l'état de noyaux souvent plus ou moins vermiformes;

– ovules minuscules, à un ou deux téguments;

– gamétophyte femelle de divers types, mono-, di- ou tétraprothallé (p. 109);

– pas d'archégones typiques;

– double fécondation succédant rapidement, en principe, à la pollinisation; l'albumen, tissu nourricier, est consommé au cours de l'embryogenèse (graines exalbuminées) ou de la germination (graines albuminées);

– embryogenèse avec suspenseur unique, un cotylédon (Monocotylédones), deux (Dicotylédones), très rarement plus;

– apomixie fréquente;

– fruits et graines très variés (chap. 10).

Opposition Dicotylédones-Monocotylédones

Outre le nombre des cotylédons, ces deux types d'organisation qui, pour certains auteurs, définissent deux classes (p. 217), se distinguent par un ensemble de caractères dont nous donnons ci-dessous une liste comparative.

■ Dicotylédones

1. Types biologiques variés avec ligneux très fréquents; mais très peu de géophytes à bulbes.

2. Bourgeons avec deux préfeuilles latérales (voir T. I, chap. 1). Bourgeons sériaux fréquents, collatéraux extrêmement rares (voir T. I, chap. 1).

---

1. Les familles les plus importantes sont : Orchidacées (20 000 espèces), Composées (19 000), Légumineuses (13 000), Graminées (8 000 avec 70 % de polyploïdes), Euphorbiacées (7 500), Rubiacées (7 000), ... Cypéracées (3 700), Liliacées et Rosacées (3 500), etc.

3. Ramification en général abondante.

4. Feuilles très diverses, feuilles composées très répandues. Pétiole généralement net, gaine peu développée, ligule rare. Nervation en réseau, rarement parallèle. Pas de tissu bulliforme.

5. Racine principale persistante, sauf exceptions.

6. Structure primaire : faisceaux libéro-ligneux caulinaires en petit nombre et disposés sur un cycle unique (voir T. I, chap. 5). Racines oligarches avec assise subéroïde (voir T. I, chap. 5).

7. Croissance en épaisseur de la tige et de la racine importante grâce à des formations secondaires, très développées surtout chez les arbres, mais absentes chez les espèces aquatiques.

8. Tubes criblés avec corpuscules lipo-protéiques.

9. Inflorescences variées parmi lesquelles la cyme unipare scorpioïde.

10. Fleurs en majorité pentamères, à deux préfeuilles latérales, au périanthe nettement différencié en calice et corolle.

11. Formation des méiospores par cloisonnements simultanés.

12. Pollen 3-aperturé (ou dérivé) en majorité, 1-aperturé chez les familles primitives.

13. Embryogenèse selon deux plans de symétrie. Rarement une coléorhize.

14. Germination hypogée ou épigée.

■ Monocotylédones

1. Types biologiques moins variés : herbes en majorité, géophytes à bulbes nombreux.

2. Bourgeons avec une seule préfeuille adossée (voir T. I, chap. 1). Bourgeons sériaux très rares, collatéraux assez fréquents (voir T. I, chap. 1).

3. Ramification faible.

4. Feuilles beaucoup moins variées, simples. Limbe à bord entier, rarement denté. Pétiole, en général non différencié, la feuille étant souvent homologue d'un pétiole engainant (phyllode, voir T. I, chap. 2). Ligule très fréquente (voir T. I, chap. 2). Nervation parallèle, rarement en réseau. Tissu bulliforme assurant réversiblement le repliement ou le déroulement de la feuille (voir T. I, chap. 12).

5. Racine principale disparaissant très tôt et remplacée par des racines adventives (voir T. I, chap. 3).

6. Structure primaire : faisceaux libéro-ligneux caulinaires nombreux, disposés sur plusieurs cycles, les plus petits à la périphérie (voir T. I, chap. 5). Racines polyarches (voir T. I, chap. 5), avec zone subéroïde (voir T. I, chap. 5).

7. Croissance en épaisseur de la tige et de la racine discrète car les formations secondaires sont rares (voir T, I, chap. 6).

8. Tubes criblés sans corpuscules lipo-protéiques.

9. Inflorescences peu variées, parmi lesquelles la cyme unipare hélicoïde.

10. Fleurs trimères, à préfeuille adossée, au périanthe non différencié distinctement en calice et corolle.

11. Formation des méiospores par cloisonnements successifs.

12. Pollen 1-aperturé (ou dérivé).

13. Embryogenèse selon un plan de symétrie. Une coléorhize (voir T. I, chap. 4).

14. Germination plus variée, bien que, la plupart du temps, hypogée.

■ Ces deux listes de caractères différentiels paraissent opposer nettement les Dicotylédones et les Monocotylédones. En fait, les manifestations de ces caractères n'ont rien d'absolu, et les différences énumérées sont toutes relatives. Par exemple :

– on connaît des Dicotylédones à un seul cotylédon (*Ficaria*/Renonculacées, Nymphéacées, Cératophyllacées, etc.) ;

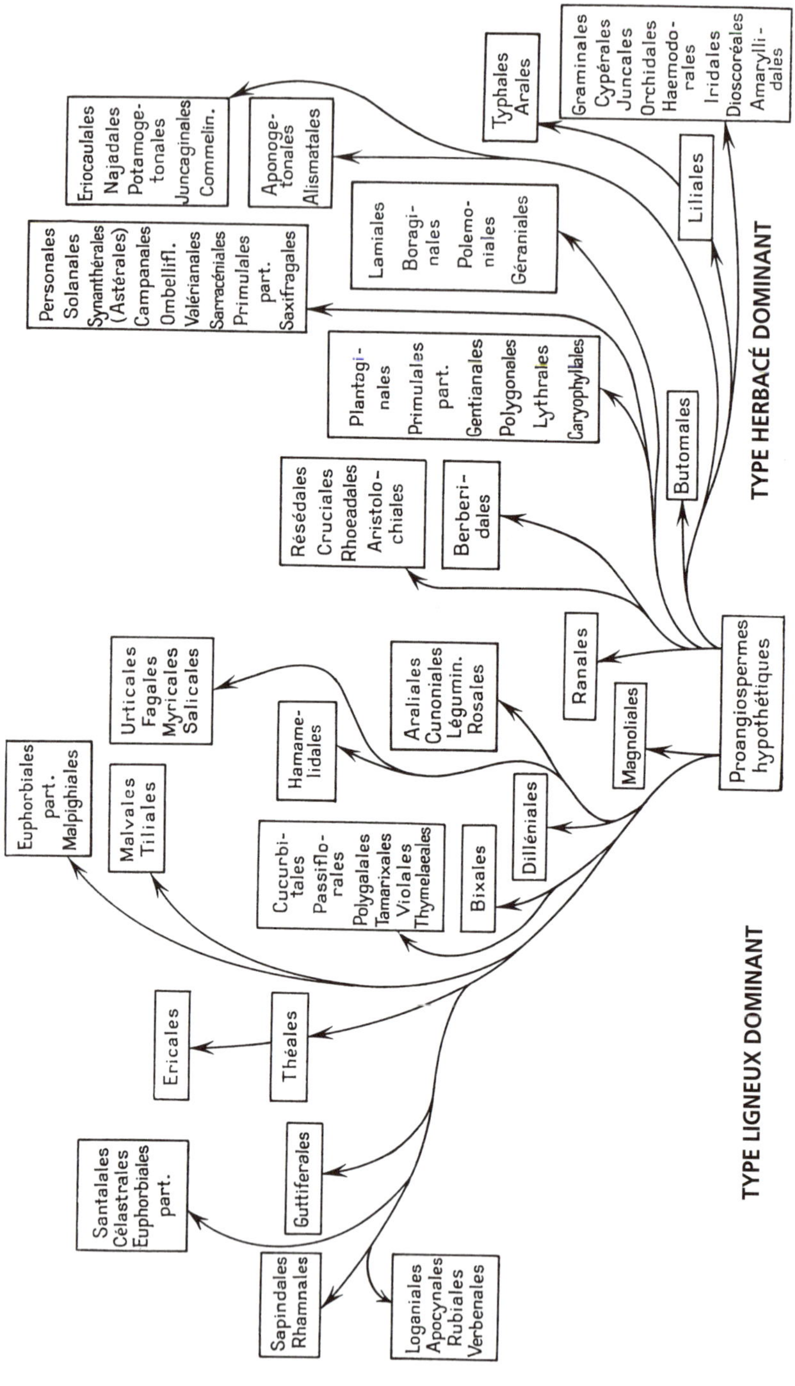

Figure 11-6. Classification des Angiospermes et rapports phylétiques supposés entre leurs principaux ordres selon HUTCHINSON (*in* EMBERGER, 1960).

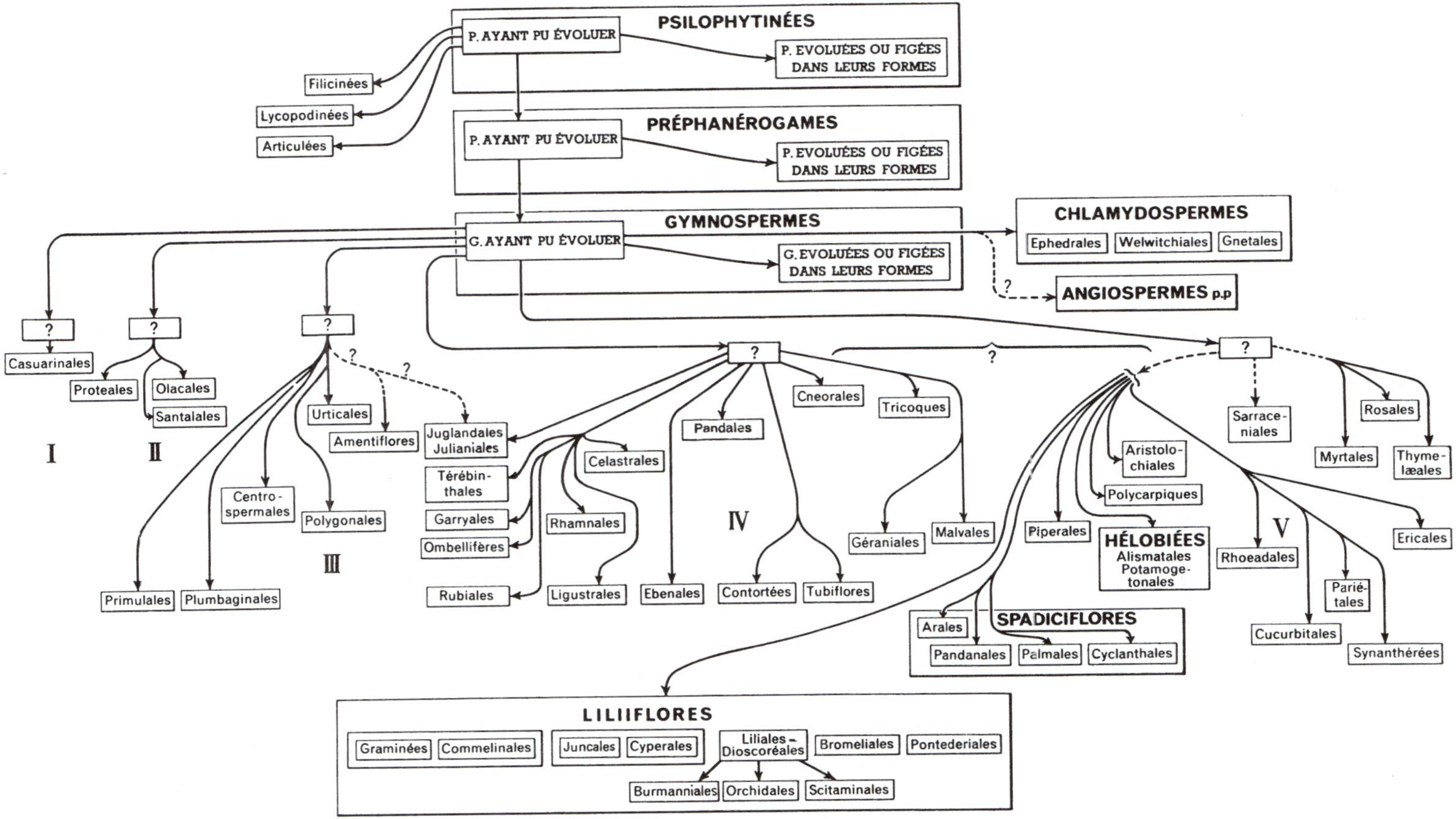

Figure 11-7. Lignées d'Angiospermes et leurs relations phylétiques selon EMBERGER. Remarquer le polyphylétisme, la dispersion des « gamopétales » et la position des Monocotylédones (Liliiflores, Spadiciflores et Hélobiées) (*in* EMBERGER, 1960).

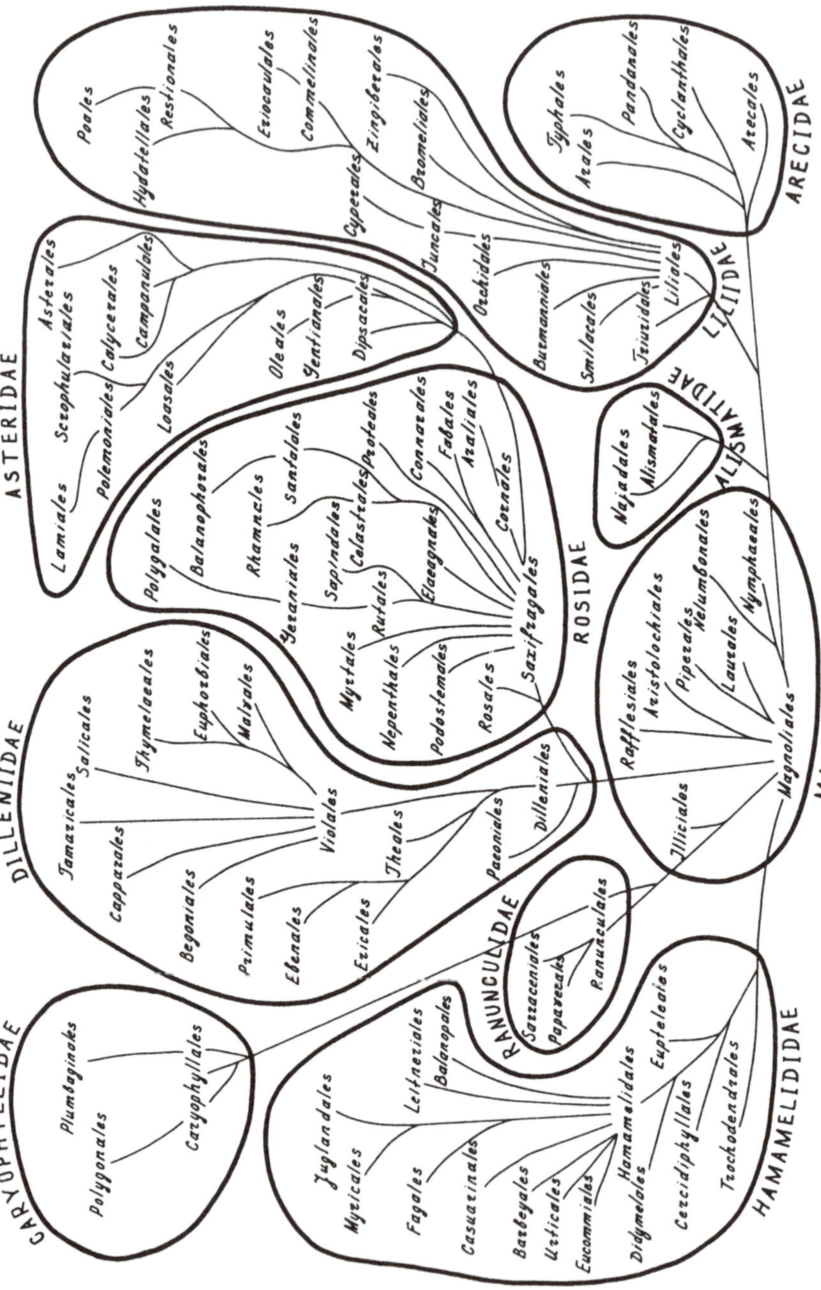

Figure 11-8. Classification des Angiospermes en sept sous-classes de Dicotylédones (à gauche) et trois de Monocotylédones (à droite), selon TAKHTAJAN (1969-1980).

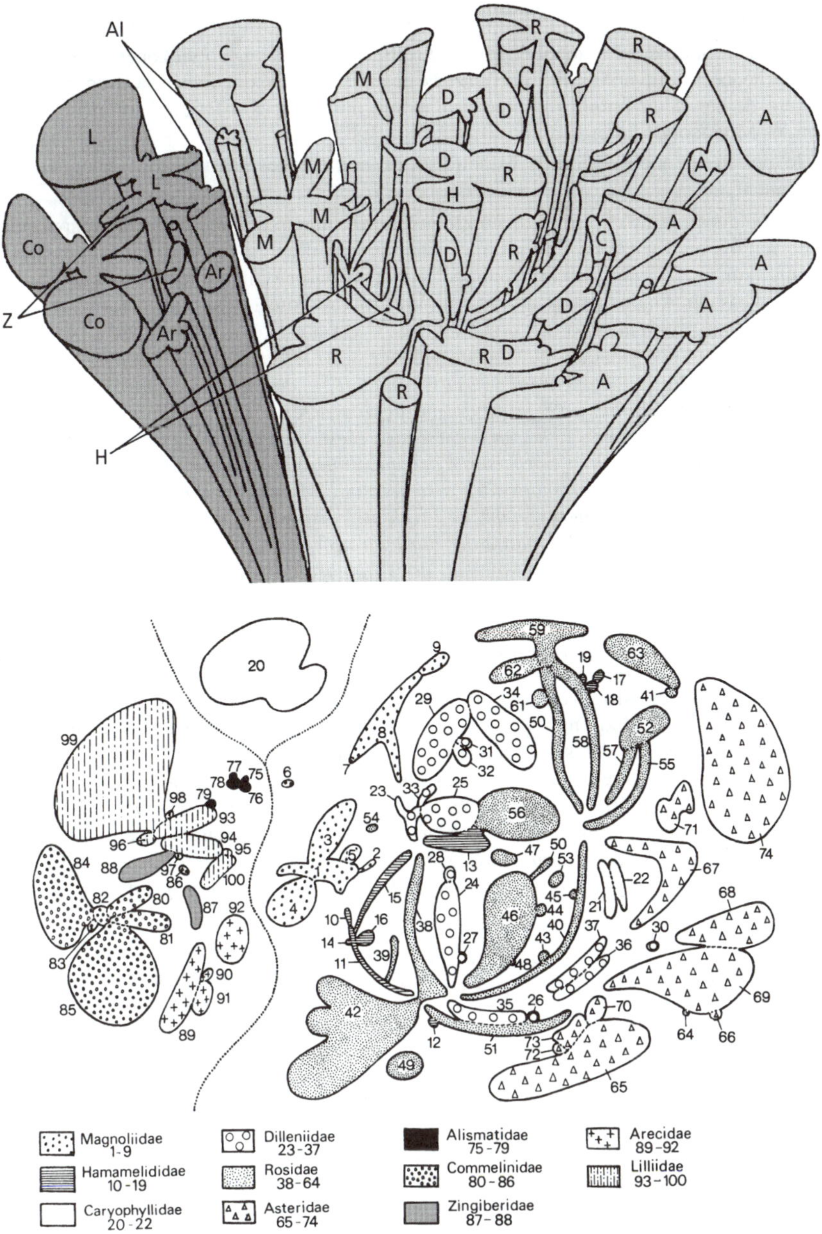

Figure 11-9. Arbre phylogénétique des Angiospermes d'après DAHLGREN (1975) et CRONQUIST (1968) (en haut) et section transversale de cet arbre (en bas).

Avec six sous-classes de Dicotylédones : *M, Magnoliidae* ; *H, Hamamelididae* ; *D, Dilleniidae* ; *R, Rosidae* ; *C, Caryophyllidae* ; *A, Asteridae.*

Cinq de Monocotylédones : *Al, Alismatidae* ; *Co, Commelinidae* ; *Z, Zingiberidae* ; *Ar, Arecidae* ; *L, Liliidae.*

Le tracé est donné d'après DAHLGREN et les symboles d'après CRONQUIST (LEROY, *in* GAUSSEN et coll., 1982).

– le type foliaire des Monocotylédones se retrouve chez des Dicotylédones (Renonculacées et Nymphéacées) ; inversement, les Aracées et les Liliacées ont une nervation réticulée, la première de ces deux familles comportant même des espèces à feuilles composées si rares parmi les Monocotylédones ;

– le pollen monocotylédonien caractérise de nombreuses familles de Dicotylédones et inversement, etc.

Ces quelques exemples, parmi de nombreux autres, montrent que l'on ne peut rapporter une espèce à l'un ou l'autre de ces groupes uniquement d'après un seul caractère. C'est, au contraire, sur un faisceau de caractères qu'il faut se baser obligatoirement. Cette règle d'or dépasse le cas des Angiospermes et doit toujours être présente à l'esprit du naturaliste qui tente de résoudre un problème d'ordre systématique. C'est ainsi que Leroy écrit, à propos de la distinction entre Dicotylédones et Monocotylédones : *« En fait, si aucun caractère n'est satisfaisant, et la constance jamais absolue, l'ensemble intégré constitue un syndrome de signification pratiquement certaine... Si le syndrome des caractères reste inébranlable, malgré de nombreuses exceptions liées à chacun d'entre eux, c'est que la différenciation entre Dicotylédones et Monocotylédones a porté sur l'organisation générale de la plante. Avant toute analyse méthodique on peut reconnaître aisément une Monocotylédone par référence à des caractères grossiers ou évidents : port de la plante, disposition et architecture des feuilles, type floral. Ce ne sont pas pour autant des caractères accessoires : il y a entre les caractères un rapport étroit, encore inconnu souvent, dans nombre de ses parties, ou seulement soupçonné. »*

Classifications des Angiospermes

De nombreuses classifications ont été proposées. Bien qu'il ne puisse être question de les considérer ici dans le détail, nous en donnons quelques-unes (fig. 11-6 à 11-9), comme jalons de l'évolution des idées des systématiciens. Par exemple, l'opposition Lignosées-Herbacées d'Hutchinson n'est plus retenue. Certes, des différences subsistent encore entre les classifications modernes (fig. 11-9), à propos des *Hamamelididae* (15-16 et 17-18-19), *Caryophyllidae* (20 et 21-22), des *Rosidae* (63 et 64)... Mais, comme le fait remarquer Leroy, *« malgré de profondes dissemblances, la plupart des systèmes chevauchent généralement dans une part importante et ainsi se dégagent les grands traits d'une classification qui pourrait bien être assez proche de la réalité »*[1].

7. CONCLUSION

Parmi les Cormophytes, les Spermaphytes dominent très largement les Bryophytes et les Ptéridophytes dans la flore actuelle et, au sein des Spermaphytes, on peut s'interroger sur les caractères qui auraient assuré l'indiscutable succès des Angiospermes, groupe pourtant le plus récent.

L'acquisition de l'angiovulie (et de l'angiospermie) représente un progrès énorme : protection des ovules contre les Insectes et la dessiccation, mais aussi contre l'autopollen, d'où nécessité de la pollinisation croisée. Le brassage génétique qui en découle est probablement une des causes du succès des Angiospermes dont l'évolution a été aussi rapide que variée. La double fécondation est également un autre progrès, mais la fécondation simple n'est pas vraiment un handicap, l'embryon disposant des réserves de l'endosperme. En revanche, le fait qu'un temps souvent très long sépare la pollinisation de la fécondation, et

1. A propos des grandes familles, on consultera l'*Abrégé de botanique* de J.-L. Guignard.

que la maturation des cônes demande de un à trois ans, défavorise nettement les Gymnospermes. En outre, la double dispersion par le vent du pollen et des graines de ces dernières est beaucoup moins efficace et surtout plus dispendieuse que celle assurée par les animaux pour la grande majorité des Angiospermes.

L'appareil végétatif des unes et des autres doit être également pris en compte. L'extrême diversité des formes biologiques des Angiospermes leur permet de coloniser des milieux très différents, ce qui n'est pas le cas des Gymnospermes, cette possibilité étant encore accrue par l'importance de la polyploïdie. D'autre part, les espèces arborescentes de Gymnospermes ne parviennent à la maturité sexuelle qu'au bout d'un temps très long, alors que les herbes des Angiospermes se reproduisent dès la première année. Les Angiospermes montrent donc de très nets avantages sur les Gymnospermes et, comme elles sont apparues à une époque où les secondes étaient déjà loin de leur ancienne apogée, on peut comprendre la réussite éclatante des premières.

12
ORIGINE ET GRANDES TENDANCES ÉVOLUTIVES DES GROUPES DE CORMOPHYTES

- **Bryophytes**
- **Des Ptéridophytes aux Angiospermes**
- **Ptéridophytes**
- **Préspermaphytes**
- **Spermaphytes**

Si le Précambrien est l'ère des Cyanophycées, dès le Silurien le monde végétal est déjà très diversifié. En effet, tous les grands groupes d'Algues sont représentés, ainsi que les Psilophytinées et les Lycopodinées. Le Dévonien, comme nous l'avons déjà signalé (voir T. I, chap. 8) représente une étape principale pour le règne végétal (épanouissement, puis disparition presque totale des Psilophytinées, ascension des Lycopodinées, apparition des Articulées, des Filicinées et des Préspermaphytes, premières plantes à ovules). Le Carbonifère et le Permien voient l'apogée des Ptéridophytes et des Préspermaphytes, le Jurassique celle des Gymnospermes apparues au Stéphanien. Les Angiospermes prennent le relais à partir du Jurassique supérieur – Crétacé. Trois grands types d'organisation sont donc apparus successivement : le type Thallophyte, le type Ptéridophyte et le type Plantes à ovules. Dans cette trilogie, les grands groupes systématiques, Thallophytes, Ptéridophytes, Préspermaphytes, Gymnospermes et Angiospermes, marquent les grandes étapes de l'évolution globale.

A l'heure actuelle, la flore est particulièrement riche car aucune des grandes lignées n'a disparu totalement : les Psilophytinées sont encore représentées par les deux genres de Psilotales (Psilotum *et* Tmesipteris), *les Articulées par les* Equisetum, *les Ptéridospermes par les Cycadales, et les Cordaïtes par le* Ginkyo biloba.

1. BRYOPHYTES

Le problème crucial posé par ces végétaux est celui de leur origine. En effet, l'absence d'un organe comme la racine peut, *a priori,* s'interpréter de deux manières totalement opposées : ou bien la racine n'a jamais existé chez les Bryophytes et, dans ce cas, son absence serait un caractère primitif, ou bien elle aurait disparu au cours d'une évolution régressive. Dans l'état actuel de nos connaissances, on est réduit à observer que les restes les plus anciens de Bryophytes, très semblables d'ailleurs aux types actuels, ne présentent jamais d'ébauche racinaire. En revanche, des Jungermanniales, groupe évolué d'Hépatiques à feuilles, possèdent des rameaux particuliers, longs, effilés, enfoncés dans le sol, aux feuilles très réduites, aux nombreux rhizoïdes rappelant les poils racinaires, et d'*origine endogène* (voir T. I, chap. 8). Ces deux constatations militent en faveur du caractère primitif de l'absence de racine véritable chez les Bryophytes. Remarquons que cette idée est en accord avec l'origine moderne de cet organe chez les trachéophytes, la racine étant d'apparition plus récente que la tige et la feuille.

En revanche, l'absence de tissus conducteurs du type de ceux des trachéophytes pourrait être le résultat d'une régression. La présence d'hydroïdes et de leptoïdes (voir T. I, chap. 4) chez les Polytrichales et les Dawsoniales, ordres primitifs à plus d'un titre, ne représenterait qu'un souvenir de structures plus différenciées que les groupes les plus évolués de Bryophytes auraient perdues. Une régression se retrouverait encore dans le passage du cormus typique au thalle de certaines Hépatiques. On serait alors en présence d'un phénomène de convergence évolutive, car divers groupes d'Algues montrent aussi une régression de leurs pleuridies et de leurs phyllidies au cours de l'évolution (voir Gorenflot et Guern, *Organisation et biologie des Thallophytes,* Doin).

Suivant l'interprétation que les auteurs donnent de la constitution et de la structure relativement simples des Bryophytes, ces derniers représenteraient l'épanouissement hors de l'eau de lignées dérivées de certaines Algues vertes ou, au contraire, la régression de trachéophytes du type Psilophytinée. *« En réalité, l'origine des Bryophytes, comme celle des plantes vasculaires, se situe dans cette immense période anté-silurienne durant laquelle tant d'événements évolutifs, que nous ne connaîtrons jamais, ont certainement eu lieu. »* (Mangenot). Dans quelle mesure pourrait-on moduler le pessimisme de ces propos ? Tout dépendra du développement de travaux paléobotaniques récents qui laissent supposer l'existence d'une flore terrestre, non vasculaire, au Siluro-Dévonien. Bryophytes et trachéophytes auraient pu dériver parallèlement de ces Archégoniates ancestrales. Pour justifier cette troisième hypothèse, il faudra démontrer que ces ancêtres supposés étaient déjà porteurs de systèmes conducteurs prévasculaires dont on retrouverait le souvenir chez les Polytrichales et les Dawsoniales actuelles.

2. DES PTÉRIDOPHYTES AUX ANGIOSPERMES

L'enveloppement des sporanges et celui des prothalles se réalise progressivement des Ptéridophytes aux Angiospermes, mais, c'est dans la lignée femelle que le phénomène est de beaucoup le plus accentué.

• Les Ptéridophytes **isoporés** sont caractérisés par leur gymnosporangie. Si des replis de la fronde, ou même une indusie (p. 66) recouvrent partiellement les sores de sporanges de certaines Fougères, cette tendance à l'angiosporangie n'a qu'un intérêt très secondaire, car le phénomène est incomplet dans l'espace et dans le temps. Par exemple, la maturité des sporanges étant atteinte, la dessiccation de l'indusie la fait se rétracter et la **gymnosporangie** n'est plus compensée. D'autre part, dans tous les cas, les prothalles hermaphrodites sont nus, puisque résultant de la germination de méiospores libérées par les sporanges (**gymnoprothallie**).

• Les Ptéridophytes **hétérosporés** montrent une tendance à l'enveloppement des mégasporanges (Lycopodinées arborescentes du Carbonifère, Sélaginelles actuelles, Hydroptéridales). C'est ainsi que dans le genre *Lepidocarpon* (Lépidocarpacées), la réalisation de l'ovule est très avancée (fig. 8-11).

• Avec l'ovule des Préspermaphytes et des Gymnospermes, l'enveloppement du nucelle-mégasporange est achevé (**angiosporangie**), ainsi que celui de l'endosperme-prothalle femelle (**angioprothallie**).

• L'angiosporangie et l'angioprothallie pleinement installées, l'ovule est enveloppé à son tour, phénomène amorcé avec les Chamydospermes et réalisé par les Angiospermes (**angiovulie**). On assiste parallèlement à une involution des ovules qui deviennent minuscules.

• Enfin, avec les fleurs inférovariées, on est en présence d'une **angiovarie**, amorce d'une future **angiocarpie** (p. 136).

Tous ces emboîtements successifs s'accompagnent :

– de l'involution du gamétophyte femelle ;

– de celle des archégones, jusqu'à la disparition de ceux-ci en tant que tels chez les Angiospermes ;

– de l'établissement de rapports d'ordre trophique de plus en plus poussés entre le gamétophyte femelle et le sporophyte qu'il parasite (**endoprothallie**, p. 115).

3. PTÉRIDOPHYTES

L'évolution des Ptéridophytes est caractérisée par la sexualisation du gamétophyte (liée à l'apparition de l'hétérosporie) et son involution parallèle, ces deux phénomènes s'exprimant à des degrés divers selon les groupes.

Psilophytinées

Si les Rhyniales sont, parmi les premiers végétaux vasculaires, les mieux connus car les plus étudiés, les *Rhynia* ne sont pas pour autant les premiers restes de plantes vasculaires. En effet, des Lycopodinées sont connues au Silurien supérieur *(Baragwanathia)* et l'*Aldanophyton antiquissimum* du Cambrien est interprété comme un reste de plante vasculaire de la lignée des Lycopodinées. Dans les deux cas, ces végétaux étaient porteurs de feuilles (microphylles) et beaucoup plus complexes que les Rhyniales. Malgré leur apparence, ces dernières ne seraient pas archaïques. A l'heure actuelle, on les considère comme le produit d'une évolution régressive.

■ Les Psilophytinées ne constitueraient pas une unité systématique naturelle, mais un groupement de plusieurs types archaïques, dont descendraient les Lycopodinées, les Articulées et les Filicinées, chacun de ces groupes comportant des formes ancestrales plus ou moins psilophytoïdes (fig. 12-1).

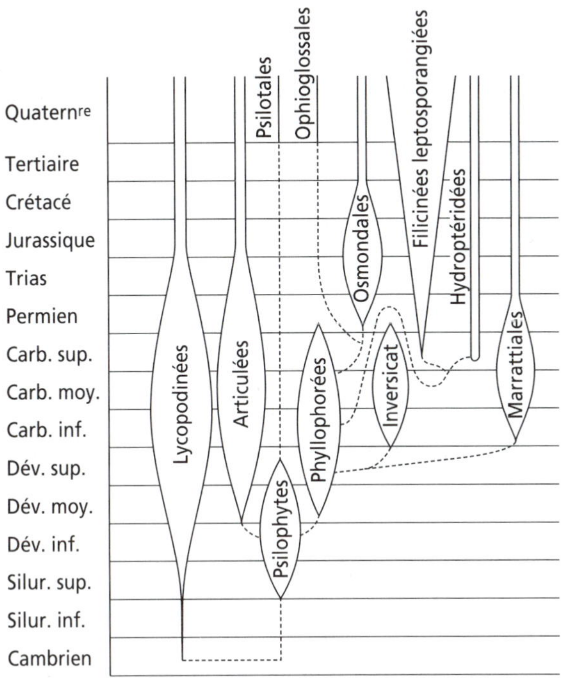

Figure 12-1. Relations phylogéniques entre les groupes de Ptéridophytes (*in* EMBERGER, 1960).

« L'origine algale des plantes vasculaires les plus anciennes paraît hors de doute, et leur diversité d'emblée semble indiquer qu'elles ont été différenciées à partir de plusieurs souches d'Algues Chlorophycées. » (Emberger)

■ Le cas des Psilotales actuelles, rattachées aux Psilophytinées, est assez particulier. Ces végétaux se signalent par des caractères apparemment primitifs (rhizome protostélique, absence de racines, grande similitude entre le gamétophyte, qui peut être vascularisé, et le sporophyte, voir T. I, chap. 7, sporanges terminaux), mais ils montrent pourtant des résidus de bois secondaire, une lignification des tubes criblés et des synanges vascularisés de 2-3 sporanges. *« On est tenté de voir là un exemple de retour au type archigène, ramenant au type des Psilophytales anciennes. Cette hypothèse donnerait en outre une explication satisfaisante de l'absence de fossiles de ce type pendant quelque 300 millions d'années. Les ancêtres des Psilotales sont sans doute connus à l'état fossile, mais ne leur ressemblent pas. »* (de Ferré)

Lycopodinées

Leur évolution s'est effectuée sur deux lignées parallèles, les Lycopodinées *aligulées* et les Lycopodinées *ligulées,* la ligule étant un petit organe situé entre chaque microphylle et l'axe et dont la nature est encore mystérieuse.

■ Ces deux lignées étaient homosporées à l'origine mais, si l'isosporie est restée dominante dans la première (Lycopodiales), l'hétérosporie est apparue rapidement dans la seconde (Lépidodendrales, Sélaginellales, Isoétales, Miadesmiales). Les Lycopodinées ligulées se singularisent, en outre, par un appareil végétatif très diversifié (arbres, herbes, lianes, épiphytes), une évolution stélique complète (de la protostèle à l'eustèle), des formations secondaires au moins parmi les espèces fossiles, et surtout par un gamétophyte plus ou moins inclus dans la mégaspore et une tendance à la formation de l'ovule. Les Lycopodinées aligulées, au contraire, sont des plantes herbacées, ne dépassant pas la plectostèle, sans formations secondaires, et à gamétophytes libres.

■ Sur le plan théorique, il faut indiquer que les Lycopodinées illustrent, parfaitement et à plus d'un titre, une idée importante pour la compréhension générale de la phylogénie, à savoir que l'évolution d'un groupe déterminé ne s'est pas accomplie à la même vitesse pour tous les caractères. Les Sigillaires, anatomiquement très évoluées, n'ont pas atteint l'état préovulaire tandis que, si *Miadesmia y* parvient, son anatomie reste protostélique.

Articulées

Le caractère articulé de leur corps végétatif s'est affirmé progressivement depuis les Protoarticulées du Dévonien moyen.

■ Les formes hétérosporées sont, comme toujours, les plus récentes. Sans aucun représentant hétérosporé antécarbonifère, les Articulées sont en retard sur les Lycopodinées, puisque ces dernières en comportaient dès le Dévonien. De plus, leur hétérosporie n'est, en aucun cas, aussi avancée que celle des Lycopodinées ; enfin, il n'y a jamais de stade préovulaire.

■ Comme les Lycopodinées, les Articulées ne sont plus représentées, à l'heure actuelle, que par de petites espèces herbacées, alors qu'au Paléozoïque ces deux classes étaient très diversifiées et comprenaient même un grand nombre de formes arborescentes.

■ Parmi les Angiospermes, les espèces de *Casuarina* (ordre monogénérique des Casuarinales) montrent de très grandes ressemblances avec les Articulées : port équisétiforme, jeunes rameaux creusés de sillons et divisés en articles par des verticilles de feuilles très réduites et unies, course des faisceaux, deux endodermes, etc. Si une liaison directe est exclue entre les Articulées et les Angiospermes que sont les Casuarinales, on ne peut s'empêcher d'évoquer encore un retour à un type archigène, celui des Articulées.

Filicinées

Remontant au Dévonien, les Filicinées se différencient largement à l'Anthracolithique où ne manquent que les Osmondales (apparaîtront au Permien supérieur) et les Ophioglossales (seulement à partir de l'Écocène), mais, à la fin du Paléozoïque, des groupes importants comme les Phyllophorées sont déjà disparus (voir T. I, chap. 8).

Au Mésozoïque, le groupe est représenté par les Filicinées leptosporangiées dont l'origine remonte au Carbonifère, les Osmondacées et les Marattiales (eusporangiées connues depuis le Carbonifère inférieur). Seules les premières n'ont pas cessé d'évoluer, mais sans atteindre toutefois un stade préovulaire, alors que les autres sont depuis longtemps sur le déclin (fig. 12-1). A l'heure actuelle, les Fougères sont essentiellement leptosporangiées.

■ Si les Stauroptéridacées (Holophyllophorées) sont entièrement à l'état caulinaire comme les Rhyniales, l'enchaînement de leurs axes est beaucoup plus complet, leur anatomie et leurs sporanges atteignent un niveau de différenciation plus poussé. Les Zygoptéridacées (Hémiphyllophorées) représentent une étape importante dans la réalisation des Fougères modernes (Aphyllophorées) (voir T. I, chap. 8).

■ D'apparition relativement récente (Éocène), les Hydroptéridales (Leptosporangiées) occupent une place à part, puisque leur caractère principal est l'hétérosporie, cas unique chez les Filicinées leptosporangiées vivantes et qui semble avoir été extrêmement rare, même chez les formes fossiles. Il est remarquable également que la paroi de leurs sporocarpes possède la même structure tripartite (sarcotesta, sclérotesta et endotesta) que l'unique tégument ovulaire des Préspermaphytes (p. 133).

4. PRÉSPERMAPHYTES

Les Ptéridospermes auraient des ascendants chez les Psilophytinées et non parmi les Filicinées. Les Cycadales, comme l'indiquent de nombreux caractères morphologiques et anatomiques, dériveraient de Ptéridospermes anciennes ayant conservé des caractères primitifs jusqu'à la fin du Carbonifère et qui auraient évolué au Permien. Nos Cycadales ne sont donc apparentées à aucun groupe vivant.

Comme les Ptéridospermes, les Cordaïtes représenteraient un rameau provenant des Psilophytinées, constituant ainsi une lignée parallèle à celle des Ptéridospermes.

5. SPERMAPHYTES

Les Spermaphytes se distinguent des précédents par l'acquisition de la siphonogamie (p. 167) et la réalisation de la graine.

Gymnospermes

■ Bennettitinées et Cycadales ayant en commun un certain nombre de caractères, en particulier anatomiques, on les a souvent confondues. Mais une parenté *directe* entre ces deux groupes paraît tout de même exclue, car d'autres caractères les distinguent l'un de l'autre, en particulier l'existence d'une vraie graine chez les Bennettitinées, mais tous deux dériveraient des Ptéridospermes.

■ En revanche, les Conifères seraient issus des Cordaïtes avec lesquels ils ont en commun de remarquables traits morphologiques et anatomiques. Au total, les Gymnospermes seraient donc, au moins, diphylétiques, puisque Bennettitinées d'une part, et Conifères d'autre part, constituent deux phylums d'origine différente.

Chlamydospermes

Leurs rapports avec les autres groupes sont inconnus. L'absence de fossiles anciens pourrait faire penser que les Chlamydospermes seraient des formes séniles provenant de Préspermaphytes et (ou) de Gymnospermes. Malgré des caractères qui semblent annoncer les Angiospermes (p. 229), elles n'auraient aucun lien d'ordre phylogénique avec ces dernières. *« Les rapports avec les Angiospermes sont, peut-être, de simples convergences et n'impliquent pas nécessairement de parenté. »* (Gaussen)

Angiospermes

■ **Leur histoire.** Si les premiers restes rapportés avec certitude aux Angiospermes proviennent du Crétacé inférieur, l'apparition du groupe doit se situer antérieurement. Des considérations d'ordre paléobiogéographique *« démontrent que de nombreuses lignées angiospermiennes existaient déjà* en germe, *sans doute, dès le début du Jurassique, mais, tenant dans les flores une place très réduite, elles n'ont pas laissé de traces »* (Mangenot). En effet, les flores tropicales d'Afrique et d'Amérique comprennent en commun de très nombreuses familles. Il serait inconcevable d'imaginer que chacune d'elles ait pu naître en Afrique *et* en Amérique à une époque où ces deux continents étaient déjà éloignés l'un de l'autre. L'apparition de ces familles n'a pu se faire qu'antérieurement à la séparation du continent africain et du continent américain, or, c'est au Jurassique que celle-ci a débuté. Le berceau des Angiospermes aurait donc été le Gondwana.

Au début du Crétacé, les Angiospermes étaient déjà nombreuses et diverses, mais les familles gamopétales sont encore rares et les Monocotylédones peu nombreuses.

A partir du Crétacé aurait débuté la coévolution entre Angiospermes et Insectes. Au cours du Cénozoïque, toutes les familles actuelles se sont différenciées en profitant des Oiseaux et des Mammifères pour conquérir des espaces terrestres de plus en plus importants. *« Il est probable que les causes de leur succès doivent être recherchées dans les perfectionnements et la diversification des équipements adaptatifs en rapport avec le développement des Insectes, puis des Oiseaux et des Mammifères. La coévolution des Gymnospermes et des animaux depuis l'avènement des Angiospermes a été très réduite. Par contre, celles-ci ont évolué avec une extrême rapidité dans le sens d'une exploitation presque totale de toutes les ressources du milieu. »* (Leroy)

Le Pléistocène est trop court pour voir la création de genres, de familles et d'ordres nouveaux, mais de nouvelles espèces se diversifient. Dans l'ensemble, la flore quaternaire n'est pas sensiblement différente de celle de la fin du Cénozoïque. Par contre, la distribution des espèces, des genres et des familles à la surface du globe a été très modifiée par les glaciations.

■ **Leurs ancêtres.** Les Angiospermes sont apparues dans une flore riche en Gymnospermes, en Ginkyoales et Cycadales et comprenant, en outre, d'autres Préspermaphytes, comme des Ptéridospermes, en particulier les Caytoniales. Il est donc logique que les botanistes aient recherché l'origine des Angiospermes parmi ces végétaux.

– A partir d'un groupe ancien du type Cycadale sans que l'on connaisse l'ancêtre possible : par exemple, la feuille pennée des Cycadales annoncerait le type foliaire fondamental des Angiospermes qui est penné.

– A partir des Caytoniales : *« Si dans chaque utricule, le nombre d'ovules diminue et qu'il n'en reste qu'un*[1]*, on obtient un utricule semblable à un ovule anatrope d'Angiosperme avec ses deux téguments, l'externe étant la paroi de l'utricule. »* (Gaussen)

– A partir de Gymnospermes *s.s.* du type Bennettitinée : une fleur de *Williamsoniella* ressemble, dans une certaine mesure, à celle d'un *Magnolia* (fig. 12-2). En revanche, les types actuels de Gymnospermes ne peuvent être impliqués, car ils sont trop différenciés et représentent des fins de lignées.

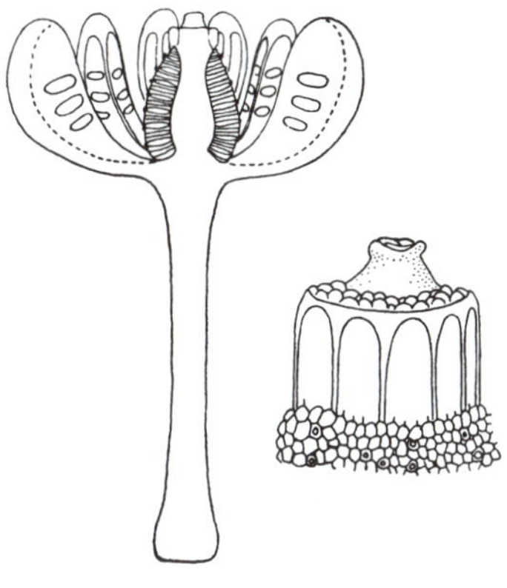

Figure 12-2. Fleur de *Williamsoniella coronata* (Bennettitinées).
A gauche, coupe longitudinale montrant des étamines épaisses à rangées de sacs polliniques. A droite, partie supérieure du gynécée dépourvue d'ovules (*in* EMBERGER, 1968, d'après THOMAS).

Nous manquons de données pour être en mesure de choisir parmi ces hypothèses. D'ailleurs un choix s'impose-t-il ? Ne peut-on penser que, si certaines Angiospermes dérivent du type Cycadale, d'autres pourraient être en rapport avec les types Caytoniale ou Bennettitinée ? Ceci pose l'épineuse question de leur monophylétisme ou de leur polyphylétisme. *« La diversité de structures constatée chez les Angiospermes, même les plus anciennes, conduit à la conclusion que ces plantes ne sont pas issues d'un seul groupe de Gymnospermes, mais*

1. Corystospermacées du Trias.

de plusieurs; autrement dit, qu'elles sont polyphylétiques. Cette origine multiple expliquerait l'apparition des Angiospermes sur plusieurs points du globe fort distants les uns des autres. » (Emberger) (fig. 12-3 et 11-7). Mais l'unanimité est loin d'être faite sur ce problème. « *Il semble raisonnable d'admettre le monophylétisme des Angiospermes, mais défini dans un sens large et comme principe théorique. La notion de polyphylétisme rend compte de la différence des ramifications existantes (actuelles ou éteintes) aux origines inconnues. Le polyphylétisme fondamental et vraiment originel n'a pas d'appuis dans les faits.* » (Leroy). D'ailleurs, les mots mêmes de mono- et de polyphylétisme ne sont pas forcément contradictoires. Tout dépend du niveau de « ramifications » auquel on se place.

Nous avons signalé (p. 114) que Vaudois et Tourte considèrent le sac embryonnaire des Angiospermes comme un prothalle réduit à un unique archégone dont le col serait orienté vers le pôle chalazien. Cette interprétation et d'autres arguments conduisent le premier auteur à écrire que « *les Angiospermes sont plus proches des*

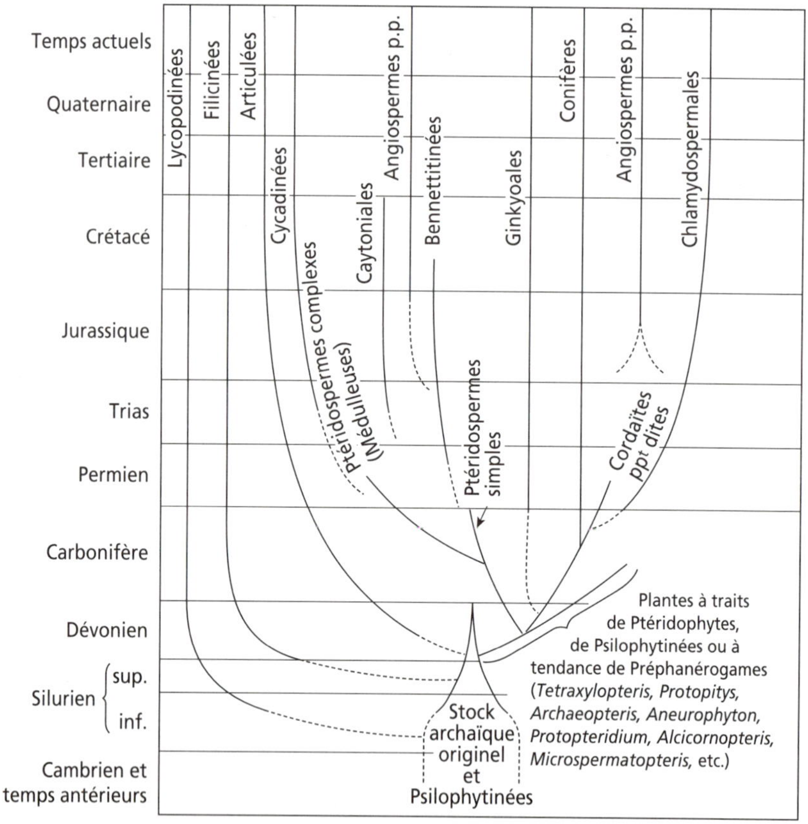

Figure 12-3. Relations phylétiques possibles entre les principales lignées de plantes vasculaires (in EMBERGER, 1968).

Bryophytes-Ptéridophytes qu'on ne le pensait jusqu'ici, et c'est très certainement dans ce voisinage, ou parmi des végétaux qui en possédaient certains traits, qu'il faut en voir la souche, et non pas dans les Gymnospermes qui nous paraissent trop engagés par l'évolution dans une voie qui leur est bien spécifique. Ce ne serait donc pas au Crétacé, mais nettement plus tôt qu'il faudrait situer l'individualisation des Angiospermes». Vaudois signale par ailleurs que *« grâce à des différences dans la séquence des acides aminés du phytochrome C, Ramshaw et ses collaborateurs se voient forcés de suggérer une origine des Angiospermes remontant à 400 ou 500 millions d'années; ceci représente le début du Dévonien ou le début de l'Ordovicien »*, et de poursuivre : *« il semble bien qu'il faille trouver une origine au moins paraptéridophytique aux Angiospermes ».*

D'une manière ou de l'autre, il faut être conscient que toutes les propositions faites à propos de l'origine des Angiospermes ne sont que des conjectures et le resteront.

■ Tendances évolutives de l'appareil végétatif

– La monocaulie (fig. 12-4) (tige orthotrope, non ramifiée, dont l'allongement est assuré par un méristème terminal unique) serait primitive par rapport à la polycaulie (tige ramifiée à rameaux orthotropes ou (et) plagiotropes par le jeu de plusieurs bourgeons axillaires).

– Chez les Dicotylédones, la tendance à la réduction de la partie aérienne est nette. Les familles et les ordres les moins évolués sont les plus riches en espèces

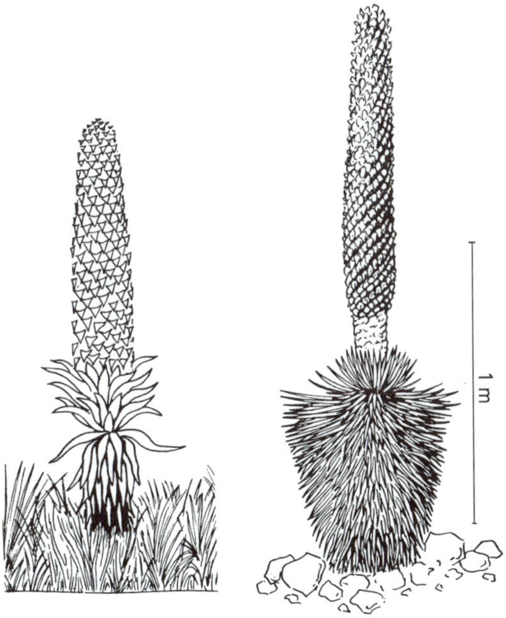

Figure 12-4. Monocaules hapaxanthes.

A gauche, une Dicotylédone *Lobelia deckenii* (Lobéliacées). A droite, une Monocotylédone *Puya raimondii* (Broméliacées). Ces deux exemples, parmi d'autres, mettent en valeur des convergences homoplastiques entre plantes appartenant à des familles très éloignées les unes des autres sur le plan systématique (*in* MANGENOT, 1973).

ligneuses (arbres et arbustes), les plus évolués, au contraire, étant représentés par des herbes. Cette involution du sporophyte, allant de pair avec un raccourcissement de la durée de vie, rappelle tout à fait ce qui a été dit à propos du gamétophyte.

Pour ne prendre que les types biologiques extrêmes, la sélection naturelle défavorise les phanérophytes par rapport aux thérophytes. Si les premiers gaspillent beaucoup d'énergie pour construire un arbre, restent plusieurs années à l'état juvénile et doivent subir les conditions défavorables de la mauvaise saison, les seconds, au contraire, vivent à l'économie en développant un appareil végétatif modeste réduit à l'essentiel, se reproduisent au bout de quelques mois ou même de quelques jours, et la vie ralentie de leurs graines leur donne la possibilité d'attendre le retour de la belle saison sans souffrir de l'hiver.

« *Au contraire, chez les Monocotylédones, dont les ancêtres sont des Dicotylédones herbacées, les arbres sont des organismes déployés* évolués *par rapport aux herbes. Cette nouvelle vague d'"arborescence" est caractérisée par des mécanismes originaux d'épaississement de la tige et n'a encore produit que des types d'arbres peu nombreux et peu compliqués.* » (Mangenot)

– Si le bois des Angiospermes est, le plus souvent, hétéroxylé, certaines familles de l'ordre des Magnoliales possèdent un bois homoxylé, donc primitif. Or, par d'autres caractères végétatifs ou floraux, elles peuvent effectivement être considérées comme archaïques.

■ **Tendances évolutives de la fleur.** Au cours de l'involution qui caractérise l'évolution florale des Angiospermes, il s'est produit, à des vitesses différentes suivant les lignées, plusieurs types de transformations portant sur l'architecture générale de la fleur, comme sur les diverses catégories de pièces florales :

– De l'actinomorphie à la zygomorphie.

– Des fleurs acycliques et hémicycliques aux fleurs cycliques.

– Avec diminution du nombre de pièces florales.

– Avec différenciation du périanthe.

– De la dialy- à la gamo-(pétalie, stémonie et carpellie). La concrescence des pétales étant survenue plus tardivement que celle des autres pièces florales, il résulte que la gamopétalie se rencontre dans les ordres et les familles les plus évolués de Dicotylédones, alors que chez les ordres et les familles qui le sont moins, la soudure des sépales, des étamines et des carpelles est fréquente. Avec les Monocotylédones, la concrescence et la liberté des pétales perdent tout intérêt d'ordre phylogénique puisque, dans une même famille, les deux situations peuvent se rencontrer.

– Des fleurs hypogynes (gynécées supères) aux fleurs épigynes (gynécées infères).

– De la fleur solitaire à des inflorescences de plus en plus contractées.

– Des graines albuminées aux graines exalbuminées.

6. CONCLUSION

Dans les chapitres et les pages qui précèdent, nous avons souvent insisté sur une tendance évolutive très générale des Cormophytes, et particulièrement nette chez les Angiospermes, à savoir l'involution de leur appareil végétatif et de leur appareil reproducteur. Mais, il faut se demander si cette contraction progressive de l'un et de l'autre est réversible ou non, c'est-à-dire si l'évolution est cyclique ou non.

L'évolution du gamétophyte est très nettement irréversible, mais de nombreux exemples tendraient à faire penser le contraire à propos du sporophyte. En fait, « c'est un faux retour ancestral qui donne à l'individu un caractère que nous appellerons **surévolué**, car il est produit par la suite de l'évolution après le caractère évolué » *(Gaussen). Aussi parle-t-on seulement de* ***pseudocycle****. Par exemple, les cônes de Cycadales et de Conifères sont toujours unisexués, mais les fleurs diclines des Angiospermes proviennent de fleurs hermaphrodites par disparition ou avortement de l'andocée ou du gynécée. Si certaines Angiospermes sont issues des Cycadales, la succession : dicline, hermaphrodite, dicline, est un pseudocycle typique, car le second état dicline est différent du premier puisqu'il dérive de l'hermaphrodisme. Un autre pseudocycle est le suivant : anémophilie, entomophilie, anémophilie.*

Il arrive que plusieurs pseudocycles se succèdent. Les états préfloraux, par exemple, sont des étapes d'une telle ***évolution polycyclique*** *(Moracées, Euphorbiacées, Composées) qui comprend souvent deux pseudocycles : fleurs 1, inflorescences 1, fleurs 2 (par contraction des inflorescences 1), inflorescences 2 (différentes des inflorescences 1, car groupant des fleurs 2 et non 1). C'est le cas de l'Edelweiss, avec accélération du second pseudocycle, car chaque petit capitule n'attend pas d'être réduit à une fleur pour se grouper avec ses semblables et réaliser une « fleur » qui est, en réalité, une incapitulescence.*

Cette évolution polycyclique, qui n'est pas l'apanage des Angiospermes, rend les études phylogéniques particulièrement délicates, en particulier dans les groupes où les documents paléontologiques font souvent défaut (Ptéridophytes, Préspermaphytes, par exemple), et ne contribue pas toujours à diminuer l'aspect conjectural de telles études.

CONCLUSION GÉNÉRALE

Dans la conclusion du premier tome consacré à l'appareil végétatif des Cormophytes, nous avons mis l'accent sur la très grande diversité des variations découlant de la variabilité intra-individuelle. On pourrait penser, *a priori,* que l'appareil reproducteur d'un individu puisse être plus constant que ses organes caulinaires, foliaires et racinaires. En fait, on est obligé de constater qu'il n'en est rien.

S'il est banal de constater que la fleur, dans son ensemble, et chacune des catégories de pièces florales en particulier, montrent de grandes différences morphologiques d'une espèce à l'autre, on pense moins souvent aux variations intra-individuelles dans le temps et dans l'espace (voir T. I, conclusion). Et pourtant, il en est de très spectaculaires, comme chez les Catasétinées (Orchidacées). En effet, un individu ne produit pas tous les ans les mêmes fleurs, ou forme, dans une même inflorescence, des fleurs très différentes. Par exemple, le *Catasetum saccatum* n'a été connu pendant longtemps que par des pieds mâles. En fait, les pieds femelles avaient été rangés dans le genre *Monacanthus,* jusqu'au jour où des fleurs des deux sexes ont été observées sur la même inflorescence. A ces deux types floraux s'en ajoute un autre, hermaphrodite, décrit sous le nom de *Myanthus* (fig. 1). La diversité morphologique s'accompagne donc ici d'une triécie (p. 41).

A l'état végétatif, une Angiosperme diploïde considérée à un instant donné, est normalement une mosaïque de tissus diploïdes et de tissus polyploïdes (voir T. I, chap. 6), tandis que le nombre chromosomique peut être variable d'une cellule à l'autre d'un même tissu (voir T. I, chap. 9). Il en est de même pour les organes reproducteurs. C'est ainsi que, chez une espèce diploïde, l'ovule est toujours constitué de cellules diploïdes (téguments et nucelle) et de cellules haploïdes (endosperme ou sac embryonnaire), l'anthère jeune de cellules, les unes diploïdes (paroi et tapis), les autres haploïdes (microspores). Rappelons aussi que certains sacs embryonnaires et l'albumen sont normalement des mosaïques chromosomiques (p. 111 et 180). D'autre part, dans la lignée mâle, le tissu sporogène est occasionnellement un mélange de cellules diploïdes et de cellules tétraploïdes. Deux exemples illustreront cette variation intra-individuelle du nombre chromosomique.

Dans des populations islandaises de *Plantago maritima* ($2\,n = 2\,x = 12$), les fleurs d'un certain nombre d'individus possèdent des anthères présentant, à la

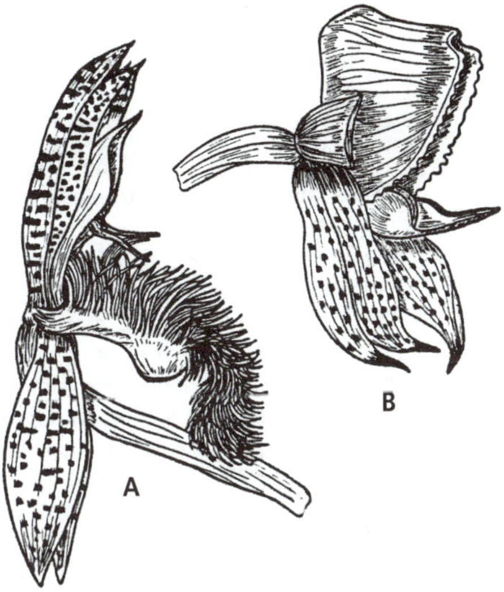

Figure 1. Dimorphisme floral des Catasétinées (Orchidacées).
A, fleur hermaphrodite de type *Myanthus*; **B**, fleur femelle de type *Monacanthus* (*in* McLEAN et coll., 1958).

fois, des sacs polliniques aux cellules-mères diploïdes et d'autres aux cellules-mères, les unes diploïdes, les autres tétraploïdes, toutes étant d'ailleurs de taille comparable. Quant à la méiose, elle est parfaitement régulière dans les deux cas, avec respectivement 6 ou 12 bivalents. Il en résulte la dissémination d'un mélange de grains de pollen haploïdes et de grains diploïdes, tous normalement constitués, d'où l'existence de gamètes non réduits malgré une méiose normale. Or, la paroi ovarienne de ces fleurs révèle une association de cellules diploïdes et de cellules tétraploïdes, les secondes étant, cette fois, d'une plus grande taille que les premières (fig. 2). Si, dans le cas présent, les apex racinaires, comme les apex caulinaires, ne semblent pas constitués de mosaïques chromosomiques, il faut signaler que de telles mosaïques sont connues dans le genre *Plantago*. Les méristèmes racinaires de *P. coronopus*, par exemple, peuvent être des mélanges de cellules à 8, 9, 10, 11, 12 et 13 chromosomes (fig. 3).

Mais le cas le plus spectaculaire est celui de l'*Ornithogalum divergens* (Liliacées) (fig. 4). Les caractéristiques de la variation du nombre chromosomique de cette espèce sont les suivantes.

– Elle affecte les organes végétatifs comme les organes reproducteurs, tous les individus et toutes les populations.

– L'amplitude de cette variation intra-individuelle est très importante, de $2n = 11$ à $2n = 108$. Elle est équivalente à celle enregistrée dans l'ensemble du genre *Ornithogalum* à travers plusieurs dizaines de taxons.

– On a dénombré 36 valeurs de $2n$ différentes pour 90 comptages retenus dont 19 % correspondent à des nombres impairs.

– La variation au sein d'un individu, voir d'un organe, est souvent considérable. Ainsi, dans un méristème racinaire, il a été compté $2n = 11$ et $2n = 108$;

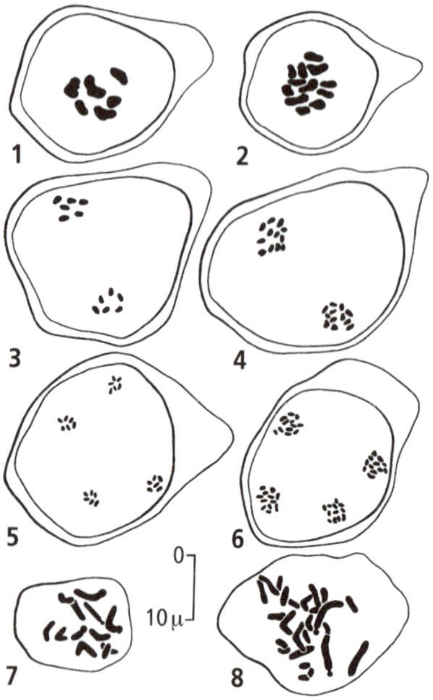

Figure 2. Méiose et mitose de cellules diploïdes et de cellules tétraploïdes de *Plantago maritima*.

1, **3** et **5**, métaphase I, métaphase II et télophase II chez des cellules-mères diploïdes de microspores; **2**, **4** et **6**, métaphase I, métaphase II et télophase II chez des cellules-mères tétraploïdes de microspores; **7** et **8**, métaphases de cellules de la paroi ovarienne, à gauche cellule à $2n = 2x = 12$, et à droite cellule à $2n = 4x = 24$ (*in* Gorenflot et Marcotte, 1970).

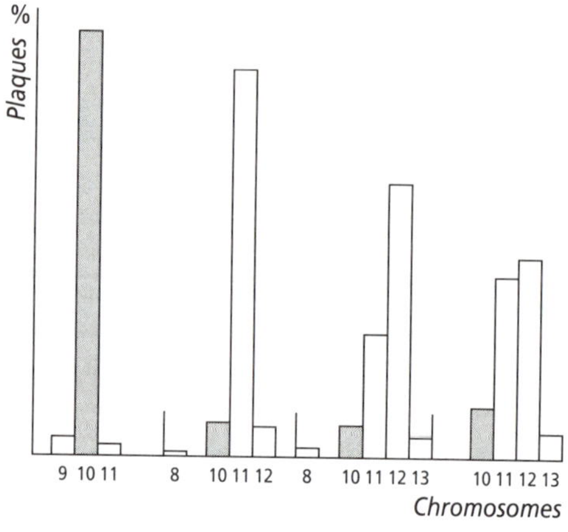

Figure 3. Quatre types d'individus-mosaïques chez *Plantago coronopus* diploïde ($2n = 2x = 10$).

Ces histogrammes, réalisés à partir de 1 455 plaques métaphasiques, présentent les pourcentages de plaques à 8, 9, 10, 12 ou 13 chromosomes observées dans des méristèmes racinaires appartenant à quatre individus différents (*in* Gorenflot, 1968).

chez un individu, dans trois étamines appartenant à trois fleurs différentes : microspores à $n = 21$ et 26; 23, 31 et 36; 13, 19 et 54, et dans la paroi de trois ovaires : $2n = 22$, 24 et 27; 17 et 21; 13, 16, 18 et 32.

Un individu-mosaïque ne correspond pas à un génotype unique, mais à une population de génotypes, chacune de ses cellules pouvant en posséder un différent de celui ou de ceux de ces voisines. Un tel individu-mosaïque a donc la même valeur qu'une population d'individus à nombre chromosomique constant,

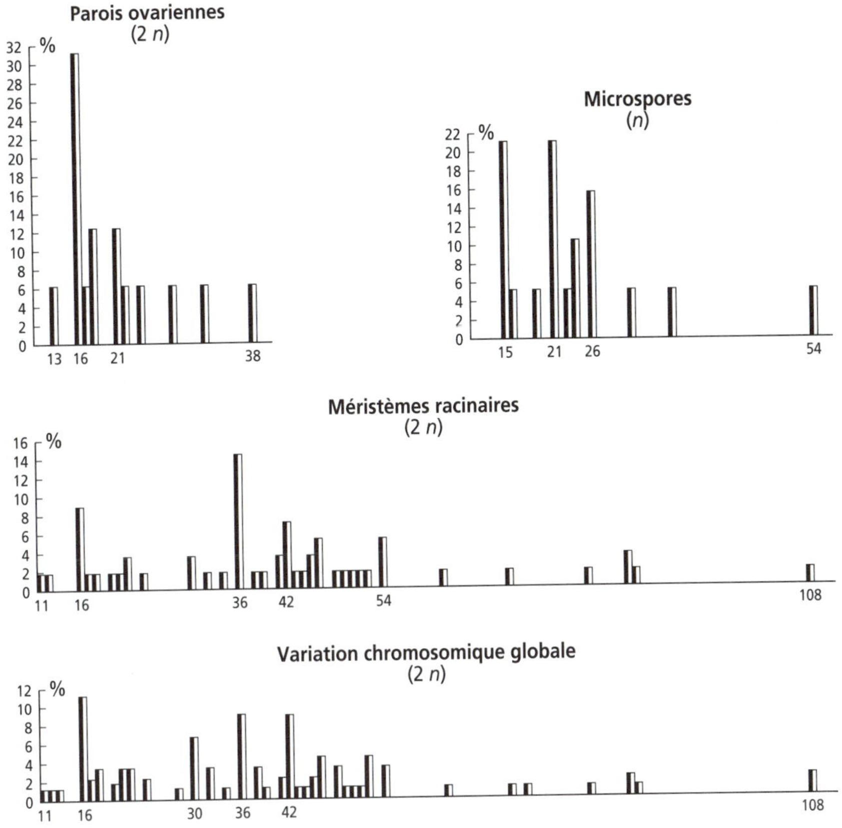

Figure 4. Histogrammes des fréquences (exprimées en pourcentages) des valeurs de *n* et de 2 *n* chez *Ornithogalum divergens*.
L'histogramme de la variation chromosomique globale regroupe la totalité des comptages, les valeurs de *n* ayant été ramenées à 2 *n* (*in* Couderc et coll., 1985).

mais différent d'un individu à l'autre, aux sens que l'on donne habituellement à ces deux termes et toute cellule d'une mosaïque est analogue à un individu.

L'existence d'une variabilité chromosomique intra-individuelle, entretenue et diversifiée, tant par la multiplication végétative que par la reproduction sexuée, est très importante, car il est évident qu'à une plus grande variabilité individuelle peut correspondre la possibilité d'une évolution plus riche et (ou) plus rapide des espèces.

Tout au long de ce second tome il a été question de gamétophytes à *n* chromosomes et de sporophytes à 2 *n*, sauf exceptions dans des cas de dégradation de la reproduction sexuée, mais il ne faut pas que dans l'esprit du lecteur une espèce soit obligatoirement caractérisée par des valeurs invariables de *n* et de 2 *n*, car cela ne correspond pas à la réalité. C'est pourquoi Lewis et Oliver ont pu écrire très justement : *« La constance du nombre chromosomique pour tous les individus est simplement une fiction commode. »* Cela valait la peine, nous semble-t-il, d'être rappelé, car on a cru trop longtemps à l'axiome *« une espèce, un caryotype »*, donc à un nombre chromosomique constant, ce qui est loin d'être toujours le cas.

Si la base de la systématique est la recherche de la discontinuité de tous ordres entre des populations, les résultats obtenus ne seront valables et exploitables que si les variations intra-individuelles sont connues. Certes, de telles variations ne concernent pas obligatoirement toutes les espèces avec une intensité aussi grande que celles qui ont été décrites dans plusieurs chapitres de ces deux tomes, mais pour être discrètes dans certains cas, elles n'en existent pas moins. Aussi est-il toujours prudent d'avoir présents à l'esprit tous les aspects que ces variations peuvent prendre chez les Végétaux, afin de les mettre en évidence avant de tenter d'interpréter la variabilité au niveau des populations ou, d'une façon générale, d'entreprendre toute étude particulière *quelle qu'en soit la nature.*

BIBLIOGRAPHIE

ABBAYES (H. DES), CHADEFAUD (M.), FELDMANN (J.), DE FERRÉ (Y.), GAUSSEN (H.), GRASSÉ (P.-P.) et PRÉVOT (A.-R.), 1978. — *Précis de botanique.* Tome 1. Végétaux inférieurs, Masson (Paris), 2e édition revue et augmentée, 736 pages, 468 figures (épuisé).

BELL (A.D.), 1991. — *Plant Form. An illustrated Guide to Flowering Plant Morphology,* Oxford University Press, 356 pages, 315 figures et photos.

BONNIER (G.), 1895. — Recherches sur l'anatomie expérimentale des végétaux, I. Recherches expérimentales sur l'adaptation des plantes au climat alpin. *Ann. Sc. Nat., Bot.,* 7e série, *20,* 217-360.

BOUREAU (E.), 1971. — *Sphénophytes, biologie et histoire évolutive,* Vuibert (Paris), 167 pages, 74 figures (épuisé).

CAMEFORT (H.), 1965. — Le protoplasme de l'oosphère des Pins. *In* : *Travaux de biologie végétale dédiés au professeur Plantefol,* Masson (Paris), 407-436.

CAMEFORT (H.) et BOUÉ (H.), 1985. — *Reproduction et biologie des végétaux supérieurs,* Doin (Paris), 2e édition, 436 pages, 325 figures, 24 planches photographiques.

CERCEAU-LARRIVAL (T.), 1990. — Biologie et conservation du pollen : aspects fondamentaux et appliqués. *Bull. Soc. bot. Fr., 137, Actual. bot.,* (2), *5,* 170 pages.

CHADEFAUD (M.), 1941. — Le sporophyte des Plantes supérieures. *La Revue scientifique, 79,* 24-30.

CHADEFAUD (M.) et EMBERGER (L.), 1960. — *Traité de botanique* (systématique), Masson (Paris), T. I. Les végétaux non vasculaires (Cryptogamie), par M. CHADEFAUD, 1 018 pages, 713 figures. T. II. Les végétaux vasculaires, par L. EMBERGER, 2 fascicules, 1 540 pages,1 920 figures.

CHAMPAGNAT (P.), OZENDA (P.) et BAILLAUD (L.), 1969. — *Précis de biologie végétale.* T. III. (croissance, morphogenèse, reproduction), Masson (Paris), 510 pages, 326 figures.

CHESNOY (L.), 1987. — Origine des organites du cytoplasme embryonnaire chez les Gymnospermes. *Bull. Soc. bot. Fr, 134, Actual. bot.,* (2), 51-56.

COUDERC (H.), 1971. — Étude expérimentale de la reproduction de l'*Anthyllis vulneraria* L. *Bull. Soc. bot. Fr., 118,* 359-374.

COUDERC (H.), GORENFLOT (R.), MORET (J.) et SIAMI (A.), 1985. — Caractéristiques et conséquences de la variation chromosomique chez l'*Ornithogalum divergens* Boreau. *Bull. Soc. bot. Fr., 132, Actual. bot.,* (2), 63-71.

CRÉTÉ (P.), 1965. — *Précis de botanique* : T. I. Morphologie et reproduction des plantes vasculaires. Reproduction et systématique des Bryophytes, des Ptéridophytes et des Gymnospermes (2e édition), 358 pages, 92 planches (épuisé), T. II. Systématique des Angiospermes (2e édition), Masson (Paris), 430 pages, 81 planches.

CUSSET (G.), 1997. — *Botanique : les Embryophytes,* Masson (Paris), 528 pages.

DELEVORYAS (T.), 1963. — Investigations of North American cycadeoids : cones of Cycadeoidea. *Amer. J. Bot., 50,* 45-52.

DEYSSON (G.), 1967. — Cours de botanique générale de D. BACH, M. MASCRÉ et G. DEYSSON, Sedes (Paris), II. Organisation et classification des plantes vasculaires; Première partie : organisation générale, 345 pages, 187 figures; Deuxième partie : systématique, 434 pages, 135 figures (épuisé).

Emberger (L.), 1968. — *Les plantes fossiles dans leurs rapports avec les végétaux vivants,* Masson (Paris), 2e édition, 758 pages, 743 figures.

Favre-Duchartre (M.), 1970. — *Des ovules aux graines,* Masson (Paris), 136 pages, 80 figures.

Favre-Duchartre (M.), 1987. — Points de vue actuels sur la reproduction sexuée végétale des Charophytes aux Angiospermes. *Bull. Soc. bot. Fr., 134, Actual. bot.* (1), 176 pages.

Galtier (J.), 1987. — L'évolution des Gymnospermes. Approche paléobotanique et biologique. *Bull. Soc. bot. Fr., 134, Actual. bot.,* (2), 151 pages.

Gaussen (H.), Leroy (J.-F.), et Ozenda (P.), 1982. — *Précis de botanique* (Les végétaux supérieurs), Masson (Paris), 2e édition revue et augmentée, 592 pages, 257 figures.

Gorenflot (R.), 1968. — Chromosomes surnuméraires et mosaïques chromosomiques chez *Plantago coronopus* L. *C.R. Soc. Biol., 162* (1), 17-21.

Gorenflot (R.), 1985. — Les variations naturelles intra-individuelles chez les Angiospermes. *Bull. Soc. bot., Fr., 132, Actual. bot.,* (2), 5-6, 126 pages.

Gorenflot (R.), 1986. — Degrés et niveaux de la variation du nombre chromosomique chez *Phragmites australis* (Cav.) Trin. ex Steud. *Veröff. Geobot. Inst. ETH. Stiftung Rübel, Zürich,* 87, 53-65.

Gorenflot (R.) et Guern (M.), 1989. — *Organisation et biologie des Thallophytes,* Doin (Paris), 240 pages, 118 figures.

Gorenflot (R.) et Marcotte (J.-L.), 1970. — Polyploïdisation naturelle dans le complexe du *Plantago maritima* L.s.l. *C.R. Acad. Sc. Paris, 270,* 1911-1914.

Gorenflot (R.) et Raicu (P.), 1980. — *Cytogénétique et évolution,* Masson (Paris), 192 pages, 90 figures, 21 tableaux.

Guignard (J.-L.), 1992. — *Abrégé de botanique,* Masson (Paris), 10e édition, 304 pages, 154 figures.

Guinochet (M.), 1965. — *Notions fondamentales de botanique générale,* Masson (Paris), 446 pages, 372 figures (épuisé).

Heller (R.), Esnault (R.) et Lance (C.), 1993. — *Abrégé de physiologie végétale,* T. I, Nutrition, 5e édition, Masson (Paris), 304 pages, 135 figures.

Heller (R.), Esnault (R.) et Lance (C.), 1995. — *Abrégé de physiologie végétale,* T. II, Développement, 5e édition, Masson (Paris), 328 pages, 151 figures.

Lemée (C.), 1967. — *Précis de biogéographie,* Masson (Paris), 121 figures (épuisé).

Lemée (C.), 1978. — *Précis d'écologie végétale,* Masson (Paris), 304 pages, 114 figures.

Lemoigne (Y.), 1968. — Observation d'archégones portés par des axes de type *Rhynia gwynne-vaughanii* Kidston et Lang. Existence de gamétophytes vascularisés au Dévonien, *CR. Acad. Sc. Paris, 266,* 1655-1657.

Lemoine-Sébastien (C.), 1966. — Une nouvelle interprétation du cône-femelle des *Juniperus. C.R. Acad. Sc. Paris, 262,* 107-110.

Lemoine-Sébastien (C.), 1977. — Tératologie de cônelets chez *Pinus thunbergii* Parl. L'écaille séminale des Pins. *Ann. Sc. Nat. Bot.,* 12e série, *18,* 135-149.

Leroy (J.-F.), 1993. — *Origine et évolution des Plantes à fleurs. Les Nymphéas et le génie de la nature,* Masson (Paris), 548 pages, 153 figures.

Le Thomas (A.) et Ferguson (I.K.), 1994. — Morphologie pollinique : biologie, systématique et évolution. *Acta bot. Gallica, 141* (2), 188 pages.

Mangenot (G.), 1952. — L'évolution de l'ovule, du pistil et du fruit. Colloque international du CNRS sur l'évolution et la phylogénie chez les Végétaux. *Ann. Biol., 28,* 149-162.

Mangenot (G.), 1973. — *Données élémentaires sur l'angiospermie,* Klincksieck (Paris), 245 pages, 97 figures.

McLean (R.C.), et Ivimey-Cook (W.R.), 1958. — *Texbook of theoretical botany.* 2 vol., Longmans, Green and Co. (Londres), 2 201 pages, 2 067 figures.

Nougarède (A.), 1989. — *Chrysanthemum segetum* L. *In* : *Handbook of flowering.* Vol. 6 A.H. Halevy ed., CRC Press, Boca Raton, États-Unis, 196-227.

NOZERAN (R.), 1955. — Contribution à l'étude de quelques structures florales (Essai de morphologie florale comparée). *Ann. Sc. Nat. Bot.*, 11e série, *16*, 1-224.

NULTSCH (W.), 1969. — *Botanique générale*, Masson (Paris), 380 pages, 200 figures (épuisé).

OZENDA (P.), 1990. — *Les organismes végétaux.*
– T. I, Végétaux inférieurs, Masson (Paris), 224 pages, 121 figures.
– T. II, Végétaux supérieurs, Masson (Paris), 264 pages, 139 figures.

PLANTEFOL (L.), 1948. — Fondements d'une théorie florale nouvelle : l'ontogénie de la fleur. *Ann. Sc. nat, Bot.*, 11e série, *9*, 39-182.

PLANTEFOL (L.), 1962. — *Cours de botanique et biologie végétale*, Belin (Paris). T. I : 425 pages, 231 figures; T. II : 714 pages, 566 figures (épuisé).

PRELLI (R.), 1990. — *Guide des Fougères et plantes alliées*, Lechevalier (Paris), 2e édition, 240 pages, 76 figures.

ROBERT (D.) DUMAS (C.) et BAJON (C.), 1994. — *Biologie végétale. Caractéristiques et stratégie évolutive des plantes* : T. III., La reproduction, Doin (Paris), 390 pages.

ROLAND (J.-C.) et ROLAND (F.), 1997. — *Atlas de biologie végétale (Organisation des plantes à fleurs)*, Masson (Paris), 7e édition, 144 pages, 268 figures.

ROLAND (J.-C.) et VIAN (B.), 1996. — *Atlas de biologie végétale (Organisation des plantes sans fleurs)*, Masson (Paris), 4e édition, 136 pages, 323 figures.

SAVIDAN (Y.) et DUJARDIN (M.), 1992. — Apomixie : la prochaine révolution verte? *La Recherche, 241*, 327-334.

SCHNELL (R.), 1994. — *Les stratégies végétales. Essai de morphologie évolutive*, Masson (Paris), 140 pages, 51 figures.

STRASBURGER (E.), 1983. — *Lehrbuch der Botanik*, G. F. Verlag (Stuttgart), 32e édition par D. VON DENFFER, H. ZIEGLER, F. EHRENDORFER et A. BRESINSKY, 1 088 figures, 50 tableaux.

VAUDOIS (B.) et TOURTE (Y.), 1980. — Sur la nature uniarchégoniale du sac embryonnaire des Angiospermes. *C.R. Acad. Sc. Paris, 290*, 639-642.

GLOSSAIRE

Accrescent : qui continue à croître après la fécondation, en parlant des parties de la fleur autres que l'ovaire, par exemple les sépales ou les styles.

Acrocarpe : se dit de Bryophytes, en particulier de Mousses, dont les bourgeons gamétangiaux, puis, après fécondation, les sporogones correspondants, sont situés à l'extrémité des axes de la plante (par opposition à pleurocarpe).

Actinomorphe : qualifie une fleur à symétrie axiale, dite également régulière (par opposition à zygomorphe).

Acyclique : insertion des pièces florales sur le réceptacle le long d'une ou de plusieurs spirales, mais jamais en cycles (= verticilles).

Adventif : un organe est ainsi qualifié quand, s'ajoutant secondairement à d'autres organes du même type, il est d'une autre origine et occupe une position différente.

Agamospermie : englobe tous les phénomènes apomictiques au cours desquels apparaissent des embryons identiques au parent maternel, sans qu'intervienne l'union de deux gamètes. Se manifeste par la formation d'embryons adventifs ou la mise en place d'un gamétophyte femelle à 2 *n* chromosomes (apomixie gamétophytique). Dans les deux cas, si l'alternance de générations est conservée, l'alternance de phases est supprimée.

Akène : fruit sec, indéhiscent, issu d'un carpelle unique et libre, ne renfermant qu'une seule graine non soudée au péricarpe de ce fruit particulier.

Albumen : tissu nourricier situé dans la graine des Angiospermes et provenant d'une caryogamie entre un des deux noyaux spermatiques et le ou les deux noyaux centraux du sac embryonnaire. Quand ses réserves sont consommées en totalité par l'embryon pendant la maturation de la graine, celle-ci est dite *exalbuminée.* Au contraire, si l'albumen reste présent la maturation une fois terminée, et n'est exploité par l'embryon qu'au moment de la germination, la graine est qualifiée d'*albuminée.*

Allogamie : type de reproduction sexuée dans lequel la fécondation présente systématiquement un caractère croisé, la caryogamie se produisant entre des noyaux qui dérivent d'individus différents (par opposition à autogamie).

Alternance de générations (morphologiques) : au cours de la reproduction sexuée des Cormophytes, un sporophyte producteur de méiospores alterne avec un gamétophyte libérant des gamètes.

Alternance de phases (nucléaires) : chez les Cormophytes, si la reproduction sexuée n'est pas dégradée, il y a superposition de l'alternance de générations à celle de phases (nucléaires), l'une à 2 *n* chromosomes représentée par le sporophyte, l'autre à *n* représentée par le gamétophyte.

Analogie : on dit que des organes sont analogues quand ils sont de même forme, mais de natures différentes. Par exemple, les épines peuvent être de nature caulinaire, foliaire ou racinaire (convergences hétéroplastiques). S'oppose à homologie.

Anatrope (= renversé) : qualifie un type d'ovule très fréquent chez les Angiospermes et caractérisé par le renversement du corps ovulaire et sa soudure avec le funicule (raphé). Micropyle et chalaze sont dans l'axe du nucelle et le hile est proche du micropyle, celui-ci faisant face au placenta.

Androcée : ensemble des étamines de la fleur des Angiospermes.

Androdiécie : cas de polygamie dans lequel l'espèce comprend deux types d'individus, les uns à fleurs hermaphrodites, les autres à fleurs mâles.

Androgenèse : développement artificiel d'une plante feuillée à *n* chromosomes à partir d'une méiospore ou d'un jeune grain de pollen.

Andromonécie : cas de polygamie dans lequel l'espèce est représentée par un seul type d'individus portant, à la fois, des fleurs hermaphrodites et des fleurs mâles.

Anémochorie : transport des diaspores par le vent.

Anémophilie : pollinisation assurée par le vent.

Angiospermie : les ovules sont enfermés dans un ovaire *clos* (le terme d'angiovulie serait plus juste). Conséquence : les graines sont enfermées dans un fruit.

Angiosporangie : dans la lignée femelle des plantes à ovules, le mégasporange (= nucelle) est *presque* totalement enveloppé par un ou deux téguments.

Angiosporie : les mégaspores des plantes à ovules ne quittent jamais le mégasporange (= nucelle). Conséquence : le prothalle femelle (sac embryonnaire ou endosperme), dérivé d'une ou de plusieurs mégaspores, reste enfermé dans le nucelle aux dépens duquel il vit en parasite (endoprothallie).

Angiovarie : chez les fleurs inférovariées, le réceptacle entoure la partie ovarienne du pistil.

Annuelle (= thérophyte) : se dit d'une espèce dont les individus passent à l'état de graine une partie importante de l'année et qui ne fleurissent qu'une fois avant de disparaître.

Anthère : partie de l'étamine constituée de microsporanges (= sacs polliniques), en général au nombre de quatre.

Anthéridie : gamétange mâle des Bryophytes et des Ptéridophytes.

Anthérozoïde (= spermatozoïde) : d'une manière générale, gamète mâle des végétaux, mais il est préférable d'utiliser ce terme pour désigner des cellules spermatiques munies d'un appareil locomoteur, donc nageuses.

Antipodes : cellules du sac embryonnaire (de 0 à 11, le plus souvent 3) groupées du côté opposé à l'oosphère et aux synergides.

Apogamie : dans ce cas d'apomixie gamétophytique (conservation de l'alternance de générations et suppression de l'alternance de phases), l'oosphère d'un sac embryonnaire à 2 *n* chromosomes n'intervient pas. Ce sont les autres cellules de ce sac (principalement les synergides) qui, en se multipliant, engendrent des embryons (Angiospermes). De même, une cellule végétative à 2 *n* chromosomes d'un prothalle de Ptéridophytes d'origine apomictique peut former un nouveau sporophyte.

Apoméiose : division cellulaire plus ou moins atypique qui ne conduit pas à la réduction chromatique, mais se produit chez un organisme à un stade où normalement aurait dû se dérouler la méiose.

Apomixie : dans le sens le plus général, toute forme de reproduction d'un organisme végétal pluricellulaire ne comportant, ni la fusion gamétique, ni l'alternance de phases à 2 *n* et *n* chromosomes. Les phénomènes apomictiques relèvent de la multiplication végétative quand les processus sexuels normaux ne fonctionnent pas, ou de l'agamospermie.

Aposporie : par mitose d'une cellule nucellaire ou tégumentaire, formation d'un sac embryonnaire à 2 *n* chromosomes (suppression de la méiose, donc de l'alternance de phases). *Idem,* chez des Fougères dont les frondes peuvent bourgeonner des gamétophytes à 2 *n*.

Archégone : gamétange femelle typique des Bryophytes, des Ptéridophytes et des Préspermaphytes.

Archésporiale (cellule) (= mégacaryocyte) : cellule-mère de méiospores dans la lignée femelle (= mégaspores).

Arille : production charnue, d'origine tégumentaire, émanant de la région du hile de l'ovule et enveloppant au moins partiellement la graine de certains Spermaphytes.

Arillode : *idem,* mais au niveau micropylaire.

Autofécondation : fécondation réalisée entre un gamète mâle et un gamète femelle produits tous deux par le même individu.

Autogamie (= autopollinisation) : fécondation directe d'une fleur par son propre pollen, ou celui d'une autre fleur du même individu.

Autostérilité (= auto-incompatibilité) : aucune production de graines par autofécondation.

Baie : fruit à pépins (= graines) dont le péricarpe est charnu dans toute son épaisseur.

Bisannuelle : se dit d'une espèce vivace à une seule floraison, dont les individus restent à l'état végétatif la première année pendant laquelle ils constituent des réserves, fleurissant et fructifiant la deuxième année avant de disparaître.

Bractée : pièce de nature foliaire, mais de forme plus simple que les feuilles, à l'aisselle de laquelle se trouve une fleur ou une inflorescence.

Calice : ensemble des sépales d'une fleur.

Calicule : involucre de petites pièces vertes doublant extérieurement le calice, assez fréquent chez les Rosacées et les Malvacées.

Campylotrope (= courbé) : type d'ovule dont le nucelle est recourbé.

Capitule : inflorescence simple dont l'axe est épaissi à son sommet en un plateau supportant de nombreuses fleurs. Caractéristique des Composées.

Capsule : chez les Bryophytes, partie dilatée (= urne) du sporogone où se forment les méiospores. Chez les Angiospermes, fruit sec déhiscent pluricarpellé.

Carpelle : pièce fertile du gynécée portant les ovules.

Caryogamie : union de deux noyaux gamétiques (mâle et femelle) au cours de la fécondation, d'où il résulte une cellule-œuf (= zygote)

Caryopse : fruit sec, indéhiscent, issu d'un carpelle unique et libre, renfermant une graine unique soudée au péricarpe.

Cénocytique : qualifie la structure d'un organe (ou d'une partie d'organe) dans lequel le cytoplasme est commun à de très nombreux noyaux non séparés par des parois. S'oppose à la structure cellulaire.

Chalaze : zone où divergent les vaisseaux conducteurs qui irriguent l'ovule.

Chalazogamie : sans avoir quitté les tissus carpellaires, le tube pollinique pénètre dans l'ovule au niveau de la chalaze.

Chambre pollinique : chez les Préspermaphytes, dépression nucellaire creusée sous le micropyle. Remplie d'un liquide mucilagineux chez les Ginkyoales, mais pas chez les Cycadales (voir Natrices).

Chéiroptérophilie : pollinisation assurée par des Chauves-souris.

Cléistogamie : leurs boutons floraux ne s'ouvrant pas, les espèces cléistogames sont obligatoirement autogames, par opposition aux espèces chasmogames dont les fleurs s'épanouissent.

Clone : ensemble des unités biologiques qui dérivent par reproduction conforme d'une même unité ancestrale.

Coiffe : chez les Mousses, reste de la partie supérieure de l'archégone reposant sur l'apex de la capsule. Lors de sa chute, découvre l'opercule.

Columelle : axe de la capsule des Bryophytes autour duquel se trouve le tissu sporogène à l'origine des méiospores.

Cône : chez les Préspermaphytes et les Gymnospermes, groupement d'écailles portant des organes reproducteurs (sacs polliniques ou ovules). Suivant les sexes, a valeur de fleur mâle ou d'inflorescence femelle.

Connectif : dans l'étamine de la fleur des Angiospermes, tissu stérile situé entre les sacs polliniques de l'anthère.

Convergences morphologiques : ressemblances entre les caractères d'un *même* organe chez des végétaux manifestement non apparentés (convergences *homoplastiques*) ; ressemblances d'organes construits à partir d'éléments de natures différentes (convergences *hétéroplastiques*).

Cormus : ensemble d'axes feuillés pourvu *ou non* de racines.

Corolle : ensemble des pétales d'une fleur.

Corpus : partie du méristème apical caulinaire située sous la tunica et comprenant le proméristème réceptaculaire (partie du méristème d'attente) et le méristème médullaire.

Corymbe : inflorescence simple de type monopodial dérivée de la grappe et dont les fleurs sont réparties sensiblement sur un même plan car, plus l'insertion d'une fleur sur l'axe inflorescentiel est basse (ou haute), plus son pédoncule est long (ou court).

Cotylédon : la ou les premières feuilles de l'embryon des Préspermaphytes et des Spermaphytes.

Cyathium : inflorescence très particulière des Euphorbiacées, ressemblant à une fleur, et constituée d'une fleur femelle et de cinq cymules unipares scorpioïdes de fleurs mâles monostraminées et nues.

Cycle de développement : succession de phases nucléaires et de générations morphologiques dont l'alternance est en rapport avec la caryogamie et la méiose.

Cycle floral : ensemble des pièces florales d'un même type insérées en un verticille.

Cyme : inflorescence de type sympodial, d'organisation centrifuge, résultant de l'enchaînement de petites grappes terminales triflores (dichasiums) ; unipare, bipare ou multipare suivant le nombre de rameaux et de fleurs d'ordre 2 portés par l'axe-père (1, 2, ou plus de 2).

Déhiscence : ouverture spontanée d'un organe clos permettant la dissémination de son contenu.

Diagramme floral : représentation schématique de l'organisation florale.

Dialycarpe : se dit du gynécée d'une fleur dont les carpelles ne sont pas soudés entre eux (libres).

Dialypétale : qualifie une fleur dont la corolle est constituée de pétales libres.

Dialysépale : qualifie une fleur dont le calice est constitué de sépales libres.

Dialystémone : qualifie une fleur dont l'androcée est constitué d'étamines libres.

Diaspore : partie de l'appareil végétatif ou de l'appareil reproducteur, unité de dissémination naturelle susceptible d'engendrer un nouvel individu (propagule, bulbille, spore, fruit, graine, etc.).

Dichogamie : mode de reproduction interdisant l'autofécondation chez des fleurs hermaphrodites par décalage dans le temps de la maturité des anthères et des stigmates. Si la lignée mâle est mûre la première il y a *protandrie,* par opposition à la *protogynie* dans le cas contraire.

Dicline : qualifie certaines fleurs incomplètes car unisexuées, les unes mâles par absence de gynécée, les autres femelles par absence d'androcée.

Diécie : une espèce est dioïque quand ses fleurs unisexuées (= diclines) sont séparées sur des pieds différents, les uns mâles, les autres femelles.

Diploïdie : état d'un noyau, d'une cellule ou d'un organisme dont le matériel chromosomique est formé de la juxtaposition de deux jeux de chromosomes homologues réunis dans le même noyau. Le nombre de chromosomes de chacun de ces jeux est le *nombre de base x*. Une espèce diploïde ($2\,n = 2\,x$) est caractérisée par x paires de chromosomes homologues, soit x chromosomes pour chacun des deux génomes maternel et paternel.

Diplosporie : par simple mitose de la cellule archésporiale ou à la suite d'une méiose perturbée non réductionnelle, formation d'un sac embryonnaire à $2\,n$ chromosomes (suppression de la méiose donc de l'alternance de phases).

Diplostémonie : concerne les fleurs dont l'androcée est constitué de deux cycles d'étamines, celles du verticelle externe alternant régulièrement avec les pétales.

Drupe : fruit charnu à noyau, celui-ci comprenant un endocarpe scléreux ou cartilagineux enfermant la graine.

Embryon adventif : se différencie à partir d'une cellule (ou d'un groupe de cellules) du nucelle ou, plus rarement, du tégument ovulaire entourant le nucelle (voir agamospermie).

Endocarpe : partie la plus profonde de la paroi du fruit ou péricarpe.

Endoprothallie : chez les Préspermaphytes et les Spermaphytes, le prothalle femelle (endosperme et sac embryonnaire) reste toujours enveloppé par le nucelle de l'ovule. Il est donc totalement dépendant du sporophyte qui le précède.

Endosperme : gamétophyte femelle des Préspermaphytes et des Gymnospermes (voir endoprothallie).

Endotesta : couche profonde, tendre et mince de l'unique tégument ovulaire tripartite des Préspermaphytes.

Endothécium : assise mécanique d'origine hypodermique assurant la déhiscence des anthères de la quasi-totalité des Angiospermes et des sacs polliniques des Ginkyoales.

Entomophilie : pollinisation assurée par les Insectes.

Éphémère : chez certaines espèces, les fleurs ne s'épanouissent qu'une fois, puis se fanent rapidement, par opposition à d'autres chez qui les fleurs s'ouvrent et se ferment à maintes reprises pendant plusieurs jours.

Épi : inflorescence simple de type monopodial dérivée de la grappe et dont les fleurs sont sessiles (dépourvues de pédoncule floral).

Épicarpe : partie la plus superficielle du péricarpe du fruit.

Épigynie : organisation d'une fleur dont le périanthe et les étamines sont insérés au-dessus de l'ovaire. Celui-ci est alors dit *infère*.

Étamine : organe mâle de la fleur disséminant du pollen (voir anthère et filet).

Eusporange : chez des Ptéridophytes, sporange massif, à paroi pluristrate naissant d'un groupe de cellules superficielles et pouvant produire un très grand nombre de spores (s'oppose à leptosporange).

Exine : partie externe du sporoderme des méiospores et des grains de pollen, plus ou moins ornementée, constituée de sporopollénine et comprenant une ectexine et une endexine.

Exothécium : assise mécanique d'origine épidermique assurant la déhiscence des sporanges de Ptéridophytes, des sacs polliniques des Cycadales et des Gymnospermes.

Filet : dans l'étamine, pédoncule généralement plus ou moins grêle supportant l'anthère.

Follicule : fruit sec formé à partir d'un carpelle unique et dont la déhiscence se fait par une fente longitudinale correspondant à la zone de soudure des bords carpellaires.

Formule florale : indique le nombre de pièces du calice, de la corolle, de l'androcée et du gynécée d'une fleur.

Fruit : qualifié de *vrai* quand il dérive uniquement des carpelles d'une fleur fécondée (en particulier de la région ovarienne) et de *faux* quand des parties accessoires se joignent aux carpelles (le réceptacle floral chez la fraise).

Funicule : pédicelle fixant l'ovule au placenta.

Gamétange : organe entouré d'une paroi pluricellulaire (par opposition au gamétocyste) et dans lequel se forment les gamètes.

Gamétophyte : une des deux générations du cycle de développement, celle qui produit et dissémine des gamètes. Est à n chromosomes.

Gamocarpe (= syncarpe) : se dit du gynécée dont les carpelles sont soudés entre eux, la soudure s'établissant au niveau de l'ovaire, de l'ovaire et du style et même sur toute la hauteur des carpelles.

Gamopétale : qualifie une fleur dont les pétales sont soudés entre eux.

Gamosépale : qualifie une fleur dont les sépales sont soudés entre eux.

Gamostémone : qualifie une fleur dont les étamines sont soudées entre elles.

Gemmule : bourgeon terminal de la tigelle de l'embryon.

Glume : deux petites pièces protégeant chaque épillet chez les Graminées.

Glumelle : l'inférieure correspond à la bractée, la supérieure à une préfeuille de la fleur des Graminées.

Gousse (= légume) : fruit sec formé à partir d'un carpelle unique et dont la déhiscence se fait par deux fentes longitudinales, l'une correspondant à la zone de soudure des bords carpellaires, l'autre suivant la nervure du carpelle (chez les Légumineuses).

Graine : provient de la transformation de l'ovule fécondé.

Grappe : inflorescence simple de type monopodial, d'organisation centripète, constituée de fleurs pédonculées échelonnées le long de l'axe inflorescentiel.

Gymnospermie : les ovules ne sont *jamais* enfermés dans un ovaire clos (le terme de gymnovulie serait plus juste). Conséquence : les graines ne sont pas enfermées dans un vrai fruit.

Gynécée (= pistil) : ensemble des carpelles de la fleur.

Gynodiécie : cas de polygamie caractérisé par l'existence de deux types d'individus, les uns à fleurs hermaphrodites, les autres à fleurs femelles.

Gynomonécie : cas de polygamie caractérisé par l'existence d'un seul type d'individus portant, à la fois, des fleurs hermaphrodites et des fleurs femelles.

Gynostème : résulte de l'union intime de l'androcée et du gynécée. Très caractéristique de la fleur des Orchidacées.

Hapaxanthe : voir monocarpique.

Haploïdie : état d'un noyau, d'une cellule ou d'un organisme qui ne comprend qu'un seul jeu de chromosomes différents et non deux jeux de chromosomes homologues comme dans la diploïdie.

Herchogamie : caractérise des fleurs hermaphrodites présentant un obstacle mécanique entre anthères et stigmates s'opposant à toute pollinisation directe.

Hétéromérie : état d'une fleur dont les différents cycles n'ont pas tous le même nombre de pièces.

Hétérosporangie : caractérisée par l'existence de deux types de sporanges, les microsporanges et les mégasporanges contenant respectivement microspores et mégaspores.

Hétérosporie : deux catégories de méiospores : dans la lignée mâle les microspores sont petites et nombreuses par microsporange, tandis que dans la lignée femelle les mégaspores sont relativement grosses et au maximum de quatre par mégasporange.

Hétérostylie : coexistence chez une même espèce d'Angiospermes, d'individus possédant des fleurs différentes quant à la taille du style et, par conséquent, à la position relative des anthères et des stigmates. Par exemple, les Primevères sont dimorphes avec deux sortes d'individus, les uns aux fleurs *brévistylées* avec anthères situées au-dessus du stigmate, les autres aux fleurs *longistylées* avec anthères en dessous du stigmate.

Hile : zone d'attache du funicule sur l'ovule.

Homologie : des organes sont qualifiés d'homologues quand ils sont de même nature, mais de formes différentes. Par exemple, dards, cladodes et stolons sont de nature caulinaire, mais totalement différents. S'oppose à analogie.

Homosporangie (= isosporangie) : les sporanges sont tous identiques (taille, forme, ornementation).

Homosporie (= isosporie) : les méiospores sont toutes morphologiquement comparables (taille, forme, ornementation).

Hydrochorie : dissémination par l'eau, des fruits, graines et toutes diaspores en général.

Hydrophilie : pollinisation par l'eau.

Hypocotyle : partie de la plantule des Spermaphytes située entre le ou les cotylédons et la radicule.

Hypogynie : organisation d'une fleur dont le périanthe et les étamines sont situés sous le gynécée. Celui-ci est alors dit *supère.*

Indusie : lame membraneuse qui, chez certaines Fougères, recouvre partiellement les sores de jeunes sporanges.

Infère : se dit de l'ovaire des fleurs épigynes et périgynes de par sa position sous l'androcée et le périanthe.

Inflorescence : groupement de fleurs en ensembles physionomiquement bien individualisés, les inflorescences simples, celles-ci pouvant être, à leur tour, assemblées entre elles.

Infrutescence : fruit composé associant les fruits dérivés des fleurs d'une inflorescence.

Intine : couche profonde du sporoderme, mince et de nature pectocellulosique.

Involucelle : involucre de bractées situé à la base des rayons d'une ombellule.

Involucre : verticille de bractées de l'ombelle simple et du capitule.

Isomérie : caractérise des fleurs dont les cycles sont constitués du même nombre de pièces florales.

Isosporangie : voir homosporangie.

Isosporie : voir homosporie.

Leptosporange : chez des Ptéridophytes, sporange grêle, à paroi unistrate, naissant d'une seule cellule superficielle et ne produisant qu'un petit nombre de spores (s'oppose à eusporange).

Lodicule : deux pièces minuscules de la fleur des Graminées simulant un périanthe.

Mégasporange (= macro-) : sporange dans lequel se forment des mégaspores.

Mégaspore (= macro-) : méiospore de la lignée femelle.

Mégasporocyte : cellule-mère de mégaspores (= archéspore = cellule archésporiale).

Mégasporophylle : sporophylle portant les mégasporanges.

Méiospore (= tétraspore) : spore à *n* chromosomes issue d'une méiose et intervenant dans la reproduction sexuée, car sa germination donne un prothalle.

Méiosporophyte : voir sporophyte.

Mésocarpe : partie moyenne du péricarpe du fruit.

Micropyle : solution de continuité du (ou des) tégument(s) de l'ovule entourant le nucelle.

Microsporange : sporange dans lequel se forment les microspores.

Microspore : méiospore de la lignée mâle.

Microsporocyte : cellule initiale à l'origine de tétraspores mâles qui subit la méiose.

Microsporophylle : sporophylle portant des microsporanges.

Monécie : une espèce est monoïque quand ses fleurs mâles et ses fleurs femelles (unisexuées = diclines) sont portées par chaque individu.

Monocarpique (= hapaxanthe) : qualifie une espèce dont les individus ne fleurissent et ne fructifient qu'une seule fois au cours de leur existence (par opposition à polycarpique).

Multiplication végétative : considérée comme relevant de l'apomixie si les processus sexuels normaux ne fonctionnent pas.

Myrmécophilie : pollinisation assurée par les Fourmis.

Natrices : qualifie les Préspermaphytes, car, après rupture du tube pollinique, les gamètes mâles ciliés ainsi libérés nagent jusqu'aux oosphères dans une gouttelette provenant du tube pollinique (Cycadales), ou dans le liquide émis par le nucelle pour les Ginkyoales (zoïdogamie).

Nectaire : organe sécrétant du nectar, situé le plus souvent dans les fleurs que viennent visiter des agents pollinisateurs (Insectes, Oiseaux, etc.).

Nombre chromosomique de base : voir diploïdie et polyploïdie.

Noyau (de la drupe) : chez une drupe, fruit charnu à noyau, celui-ci est constitué de l'endocarpe scléreux ou cartilagineux du fruit entourant la graine.

Noyaux centraux (= polaires = secondaires = accessoires) : de un à quatre noyaux à *n* chromosomes situés au centre du sac embryonnaire et qui participent à la double fécondation.

Nucelle : entouré d'un ou de deux téguments, massif ovoïde de nature parenchymateuse, constituant la partie la plus importante de l'ovule. A valeur de mégasporange.

Obdiplostémonie : concerne les fleurs dont l'androcée est constitué de deux cycles d'étamines, celles du verticille externe étant opposées aux pétales.

Œuf (= zygote) : cellule à 2 *n* chromosomes provenant de l'union d'un gamète mâle et d'un gamète femelle.

Ombelle : inflorescence simple de type monopodial dérivée de la grappe par contraction de l'axe inflorescentiel. Fleurs situées approximativement dans un plan, car les pédoncules floraux sont égaux et fixés dans une même zone matérialisée par un involucre de bractées axillant chacun de ces pédoncules.

Ombellule : les ombelles simples sont relativement rares contrairement aux ombelles *composées,* assemblages de petites ombelles (ou ombellules), groupées de la même manière que le sont les fleurs d'une ombelle simple. Caractérisant la famille des Ombellifères.

Oosphère : gamète femelle situé à l'intérieur d'un archégone (Bryophytes, Ptéridophytes, Préspermaphytes, Gymnospermes et Chlamydospermes) ou au pôle micropylaire du sac embryonnaire (Angiospermes).

Opercule : chez les Mousses, couvercle de la capsule qui, à maturité, s'en détache, dégageant ainsi le péristome.

Ornithophilie : pollinisation par les Oiseaux.

Ovaire : partie dilatée du pistil contenant les ovules (Angiospermes) et se développant en fruit après la fécondation.

Ovule : petit organe abritant le gamétophyte femelle : endosperme ou sac embryonnaire. L'ovule est nu chez les Préspermaphytes, Gymnospermes et Chlamydospermes, ou enfermé dans l'ovaire (Angiospermes).

Parthénocarpie : développement d'un fruit sans qu'il y ait eu fécondation préalable.

Parthénogenèse : sans fécondation, une oosphère à 2 n chromosomes d'un sac embryonnaire à 2 n, se divise et donne un embryon.

Périanthe : ensemble des pièces florales externes et stériles d'une fleur (calice et corolle).

Péricarpe : paroi du fruit.

Périgynie : organisation d'une fleur dont le périanthe et les étamines sont fixés sur une coupe réceptaculaire non soudée à l'ovaire. Au fond de cette coupe, l'ovaire est *infère.*

Périsperme : tissu dérivé du parenchyme nucellaire après la double fécondation et accumulant la plus grande partie des réserves de certaines graines.

Péristome : chez les Mousses (Bryales), système de dents rigoureusement défini pour chaque espèce, s'enroulant vers l'extérieur par temps sec, libérant ainsi les méiospores.

Pétale : pièce florale stérile appartenant à la corolle.

Phyllome : appendice latéral à *symétrie bilatérale,* végétatif (feuille), stérile, (sépale) ou pouvant porter des organes reproducteurs (sporophylle, carpelle).

Pistil : voir gynécée.

Placenta : zone de la paroi ovarienne sur laquelle sont fixés les ovules par l'intermédiaire de leur funicule.

Pleurocarpe : qualifie des Bryophytes, en particulier des Mousses, dont les bourgeons gamétangiaux puis, après fécondation, les sporogones correspondants, sont situés latéralement sur les axes de la plante (par opposition à acrocarpe).

Pluriannuelle : se dit d'une espèce vivace dont les individus restent à l'état végétatif pendant plusieurs années, mais ne fleurissent et ne fructifient qu'une seule fois avant de disparaître.

Pollacanthe : voir polycarpique.

Pollen : poussière libérée par les anthères et constituée de grains microscopiques dont chacun est un prothalle mâle.

Pollinie : masse compacte de grains de pollen restant agglomérés dans la fleur des Orchidacées. Au nombre de deux par fleur.

Pollinisation : transport des grains de pollen des anthères sur les stigmates. *Directe* quand une seule fleur (ou un seul individu) est en jeu ; *croisée,* au contraire, si deux individus au moins participent à la pollinisation.

Polycarpique (= pollacanthe) : se dit d'une espèce vivace à floraisons et fructifications multiples. S'oppose à hapaxanthe.

Polygamie : une espèce est qualifiée de polygame quand ses fleurs sont de trois sortes : hermaphrodites, mâles et femelles.

Polyploïdie : état d'un noyau, d'une cellule ou d'un organisme dont le nombre de chromosomes correspond à un multiple supérieur à 2 de génomes haploïdes. Pour un tétraploïde, par exemple, $2n = 4x$ (x étant le nombre chromosomique de base correspondant à un génome).

Porogamie : pénétration du tube pollinique par le micropyle de l'ovule pour parvenir au sac embryonnaire.

Préfeuille : pièce de nature foliaire portée par le pédoncule floral entre bractée et périanthe (2 chez les Dicotylédones, 1 chez les Monocotylédones).

Protandrie : voir dichogamie.

Prothalle : génération gamétophytique (*n* chromosomes) issue de la germination d'une méiospore chez les Ptéridophytes.

Protogynie : voir dichogamie.

Protonéma : génération gamétophytique (*n* chromosomes) issue de la germination d'une méiospore chez les Bryophytes.

Pseudomixie : union de deux cellules végétatives voisines d'un prothalle de Fougères d'où il résulte un faux œuf à 2 *n* chromosomes à l'origine d'un nouveau sporophyte.

Raphé : partie supérieure du funicule des ovules anatropes soudée au corps ovulaire.

Réceptacle floral : sommet élargi et dilaté du pédoncule floral prenant des formes très diverses et sur lequel sont fixées les différentes pièces florales.

Rostellum : chez les Orchidacées, la fleur comprend trois stigmates, mais l'un d'entre eux n'est pas fécond. Atrophié, il forme le rostellum, obstacle mécanique s'opposant au dépôt des pollinies sur les stigmates.

Sac embryonnaire : gamétophyte femelle des Angiospermes contenu dans le nucelle de l'ovule.

Samare : akène ailé.

Sarcostesta : couche externe plus ou moins charnue du tégument tripartite de l'ovule des Préspermaphytes.

Sclérotesta : couche moyenne très scléreuse du tégument tripartite de l'ovule des Préspermaphytes.

Sépale : pièce florale stérile appartenant au calice.

Silique : cas particulier de capsule par sa fausse cloison (Crucifères).

Siphonogamie : type de reproduction sexuée des Spermaphytes caractérisé par le fait que les noyaux gamétiques mâles sont conduits par un siphon, le tube pollinique, jusqu'à l'archégone ou le sac embryonnaire (s'oppose à zoïdogamie).

Soie : chez les Bryophytes, pédicelle unissant le pied du sporogone à sa capsule.

Sore : chez des Fougères, groupement de sporanges recouvert ou non par une indusie.

Spadice : épi particulier des Aracées caractérisé par un axe inflorescentiel charnu.

Spathe : grande bractée inflorescentielle (souvent très décorative) du spadice des Aracées.

Sporange : organe dans lequel se forment les méiospores.

Spore : chez les Cormophytes ce sont *toujours* des méiospores (voir ce mot).

Sporocarpe : sore de sporanges très spécial de Fougères aquatiques (Marsiléacées), clos et à paroi épaisse tripartite.

Sporoderme : ensemble des enveloppes entourant le cytoplasme des méiospores et grains de pollen (voir exine et inxine).

Sporogone : génération spophytique des Bryophytes parasitant le gamétophyte qui la précède.

Sporophylle : phyllome portant des sporanges.

Sporophyte (= méiosporophyte) : une des deux générations du cycle de développement, celle qui produit et dissémine les méiospores. Est à 2 *n* chromosomes.

Sporopollénine : substance constituée de hauts polymères oxydés de caroténoïdes et d'esters de caroténoïdes entrant dans la composition de l'exine du sporoderme.

Staminode : étamine stérile dont la forme peut être très éloignée de la forme staminale classique.

Stigmate : chez les Angiospermes, partie supérieure du pistil où germent les grains de pollen qui parviennent à sa surface.

Style : partie du gynécée située entre l'ovaire et le (ou les) stigmate(s).

Supère : se dit de l'ovaire des fleurs hypogynes de par sa position au-dessus de l'androcée et du périanthe.

Suspenseur : dès la première division de l'œuf des Lycopodiales, des Sélaginellales et de certaines Marattiales, la cellule isolée vers le col de l'archégone ne participe plus à l'embryogenèse proprement dite. En se divisant, elle est à l'origine du suspenseur distinct du véritable embryon. On rencontre encore des suspenseurs chez les Préspermaphytes et les Spermaphytes.

Synange : association de sporanges soudés entre eux.

Synanthérie : soudure des étamines au niveau des anthères (Composées = Synanthérées).

Syncarpe : voir gamocarpe.

Synergides : dans le sac embryonnaire, le plus souvent au nombre de deux, cellules entourant l'oosphère.

Synstémonie : soudure des étamines d'une fleur au niveau de leurs filets.

Tapis (= tapetum) : assise nourricière tapissant intérieurement les sporanges et les sacs polliniques, permanente ou passagère, jouant un rôle important dans l'élaboration du sporoderme des spores et des grains de pollen.

Tegmen : tégument interne de la graine réduit à une fine pellicule.

Tépale : pièce périanthaire que l'on ne peut rapporter ni au calice, ni à la corolle, chez les fleurs dont les sépales et les pétales sont morphologiquement identiques.

Testa : tégument externe de la graine pouvant porter pointes, crochets, poils, aile, etc., jouant un rôle dans la dissémination de cette graine.

Tétrade : un groupe de quatre tétraspores issu d'une même cellule-mère forme une tétrade.

Tétraspore : voir méiospore.

Triécie : cas de polygamie pour lequel l'espèce est représentée par trois sortes d'individus portant uniquement des fleurs hermaphrodites, ou des fleurs mâles, ou des fleurs femelles.

Trimonécie : cas de polygamie pour lequel l'espèce est représentée par un seul type d'individus portant à la fois des fleurs hermaphrodites, des fleurs mâles et des fleurs femelles.

Tunica : partie du méristème apical caulinaire constituée d'une ou de plusieurs couches de cellules et coiffant le corpus.

Vectrices : qualifie les Gymnospermes *s.s.*, dont les noyaux gamétiques mâles sont conduits par le tube pollinique jusqu'aux oosphères (siphonogamie, par opposition à la zoïdogamie).

Verticille floral : voir cycle floral.

Vivace : se dit d'une plante qui vit plus d'un an, qu'elle soit à floraison unique ou à floraisons multiples.

Viviparie : la germination de la graine débute alors que celle-ci se trouve encore à l'intérieur du fruit; l'espèce dissémine alors des plantules et non des graines (Palétuviers).

Zoïdogamie : les gamètes mâles sont nageurs grâce à des cils.

Zoïdophilie : pollinisation assurée par des animaux.

Zoochorie : dispersion des diaspores par les animaux.

Zygomorphe : qualifie une fleur à symétrie bilatérale dite également irrégulière (par opposition à actinomorphe).

Zygote : voir œuf.

INDEX ALPHABÉTIQUE DES MATIÈRES

Les nombres en caractères gras renvoient à l'illustration ainsi qu'aux tableaux. Consulter aussi le volume sur l'appareil végétatif et son index alphabétique en particulier pour les chapitres 11 et 12 dans lesquels il est souvent fait appel à des termes se rapportant à l'appareil végétatif. Dans ces deux chapitres, les termes concernant l'appareil reproducteur sont définis et déjà utilisés aux chapitres précédents donc répertoriés dans le présent index.

Les nombres en italique renvoient aux définitions du glossaire.

B

C

D

N

O

P

R

Préparation, mise en pages
et illustrations numériques :
TyPAO Sarl
75011 Paris

MASSON Édit
120, boulevard Saint-
75280 Paris Cede
Dépôt légal : avril 1

SNEL S.A.
Rue Saint-Vincent 12 – B-40
tél. 32(0)4 343 76 91 - fax 32(0)
mars 1997